事故防止のための
社会安全学

防災と被害軽減に繋げる分析と提言

関西大学 社会安全学部 [編]

ミネルヴァ書房

巻　頭　言

　2011年3月11日，東北地方太平洋沖地震が発生し，併発した巨大津波によって行方不明者を含め2万人近い人命が失われ，また冷却手段を失った福島第一原子力発電所の1号機から3号機では，わが国の原子力開発が始まって以来の炉心溶融と放射性物質の大量放出という大事故が引き起こされた。原子力設備のみならず多くの機器や建造物は，これまで確率論的手法であるにしろ過去の実績に基づくにしろ，しかるべき方法で設計仕様・基準が決定され，それに基づいて建設・建造が行われてきたが，今回の津波災害及び原発事故を目の当たりにして，改めてリスク評価の難しさを痛感した。

　安全とコストあるいは性能は二律背反の関係にあり，私たちが社会の中で製造・生産している人工物に「絶対安全」も「絶対不安全」もなく，安全に関する現実的対応としてはその中間，つまりグレーゾーンのいずれかに基準を置くことになる。リスク評価は，そのグレーゾーンのどこに基準を置くかという政策・方針の決定のための手段と位置づけられる。原子力発電に関していえば，従来から絶対安全，絶対不安全といった二分法的議論もあったが，わが国のエネルギー安全保障及び地球環境問題をも勘案した現実的対応を取るための手段として，規制官庁や電力事業者で採用されていた確率論的リスク評価が社会の中でそれなりに尊重されてきた。しかし，今回のような大事故が発生したことで，一般の国民の思考過程においてリスク評価の意味合いは完全にリセットされてしまい，原子力＝悪，自然・再生可能エネルギー＝善とする二分法的思考が露わとなった。加えて，原子力発電の是非をめぐって，戦後の一時期を支配した「一億総懺悔」にも似た議論が横行するようになった。政策決定に責任を負う者でさえわが国の現実的なエネルギー戦略を語らず，マスコミもそれに同調し，皮相な報道に終始しているのは，わが国自身の市民社会の脆弱さを，はしなくも示したものといえないだろうか。

政府原発事故調などによる事故調査は，今回の原発事故の要因として，事故に至るまでの安全に係るシステムの見直しや安全マネジメントの遂行に欠陥があり，さらに事故発生時対応マネジメントに不具合があったことを明らかにした。また，リスク評価によって決定した仕様，基準，操作・点検マニュアルなどは絶えず見直しが必要であったにもかかわらず，そのことがないがしろにされていたことも明らかとなった。同様な問題は，例えば最近のエレベータ事故や中央自動車道のトンネル天井板崩落事故においても顕在化している。つまり，事故・災害に係る問題は，いずれの事象にも共通する構造を伏在させているのである。このような，事故・災害を取り巻く技術，社会，個人を含めた総体としての問題状況を，私たちは「社会安全問題」とよんでいる。この社会安全問題を，研究教育するために2010年4月に開設されたのが関西大学社会安全学部・大学院社会安全研究科である。

　東日本大震災の発災以降，本学部・研究科に所属する教員は，全力で地震・津波災害に起因する社会安全問題の研究に取り組んできた。そして，その成果を2012年2月にミネルヴァ書房から『検証　東日本大震災』として公刊した。同書は，本学部・研究科に課せられた社会の負託の一端に応えるためのものでもあったと考えている。今回，発刊する本書は，本学部・研究科における共同研究の成果物として2012年2月の前著に引き続くものであり，これにより事故の再発防止と減災のための考察と提案を広く社会に発信することを意図している。本書がいささかでも現代社会における事故の減少と被害の軽減に寄与することができれば幸いである。

2012年12月

関西大学社会安全学部長

小澤　守

はしがき

　フランスの思想家であるポール・ヴィリリオ（Paul Virilio）は，「日常生活は，事件から事故へ，大惨事から大災害へ続く一つの万華鏡のようだ」と現代社会の特徴を喝破している。彼が現代文明をそれまでの文明と隔てる特質として挙げているのが，第一に「速度」であり，第二に速度がもたらす「事故」である。ヴィリリオはまた，事故の発生により「大惨事が次第に広がって，単に今日の現実に影響を与えているだけでなく，来るべき世代に対して不安と苦悩を引き起こしている」とも指摘している（小林正巳訳『アクシデント　事故と文明』青土社，2006年）。彼がこうした指摘を行ったのは，2011年に東京電力の福島第一原子力発電所において過酷事故が発生する6年前の2005年のことであるが，これは福島原発事故後に日本社会に生じた事態の描写に援用したとしても，まったく違和感がないほどの鮮やかな洞察である。

　2011年3月11日の東北地方太平洋沖地震と併発した津波により，福島第一原子力発電所の外部電源，及び備えられていたほぼすべての内部電源が失われ，原子炉ならびに使用済み燃料プールが冷却不能となる深刻な過酷事故が起こった。この事故とこれによって引き起こされた原子力災害は，1年9ヶ月以上が経った2012年冬の時点でも収束の兆しを見せておらず，まさにヴィリリオが指摘するがごとく，来るべき世代に対して大きな不安と苦悩を生じさせている。他方，この地震と津波により，太平洋沿岸一帯は青森県から茨城県にかけて約500kmにわたって甚大な被害を受け，1万8000人（行方不明者を含む）を超える人々の生命が失われた。発災から1年9ヶ月が過ぎようしているが，被災地の復旧・復興は，原子力災害の修復と同様に緒についたばかりである。

　2010年4月，関西大学は大阪府高槻市のミューズキャンパスに，社会安全学部ならびに大学院社会安全研究科修士課程（博士課程はその後，修士課程の完成を待って2012年4月に開設）を新設した。構想から開設まで足かけ5年のこ

とである。社会安全学部・社会安全研究科を新設した目的は，安全・安心な社会の構築に寄与するための研究教育の推進にあり，ここでは①自然災害に対する防災と減災，ならびに②事故・社会災害の防止と減災，の二つを研究教育の柱としている。

　この新しい学部・研究科が開設2年目を迎えようとした矢先の2011年3月に起こったのが東日本大震災であった。東日本大震災の発災以降，本学部・研究科のほとんどの教員は，いく度となく現地調査を行いつつ，大震災が引き起こした問題群の考察と復旧・復興に向けた政策立案の研究に取り組んできた。その成果の一端が，2012年2月にミネルヴァ書房から公刊した『検証　東日本大震災』である。本書は，本学部・研究科としては同書に続く第2弾の研究成果となるが，今回は東日本大震災に関わる諸問題は対象としておらず，学部・研究科の研究教育の一方の柱である事故・社会災害問題を扱ったものとなっている。

　本書公刊の最も大きな目的は，事故の防止と事故による被害の低減のための考察，そしてそれに基づく安全・安心を実現するための社会への提言にある。以下，本書の構成を簡単に記しておこう。

　本書は3部構成となっており，まず，「事故の分析」と題された第Ⅰ部には，辛島恵美子による「現代日本社会と『事故』の意味」(第1章)，西村弘・佐藤健宗による「事故と責任に関する考察」(第2章)，川口寿裕による「群集の事故と安全」(第3章)，山川栄樹による「リスク解析のための数理モデル」(第4章)，金子信也による「労働災害と事故防止」(第5章)の五つの章が配置されている。ここでは，事故に関わる概念整理や社会における事故の意味づけ，事故解析の方法など事故の一般問題が取れ扱われている。

　続いて，「事故の現状」と題された第Ⅱ部では，小澤守による「原発事故と技術者の社会的責任」(第6章)，中村隆宏による「ヒューマンエラーと事故」(第7章)，河野和宏による「情報漏洩の事例から考えるセキュリティ対策」(第8章)，高鳥毛敏雄による「食品事件・事故と食品安全システム」(第9章)，土田昭司による「事故の社会心理」(第10章)の五つの問題群が検討されている。すなわち，様々な分野における事故の諸相を探るというのがここでのテー

マである。

　最後の第Ⅲ部では,「事故の防止」に関わる諸問題が取り扱われる。安部誠治による「事故調査制度」(第11章),永田尚三による「火災と消防システム」(第12章),河田惠昭・林能成による「もう一つの安全神話の崩壊」(第13章),亀井克之による「事故と損害保険」(第14章),城下英行による「英国の事故防止教育に学ぶ」(第15章)の五つの論考が盛り込まれている。

　本学部・研究科は,開設の準備段階である2009年度から,着任予定のスタッフの間での問題意識の共有と学際融合研究の推進を目的に,定期的に共同研究会を開催してきた。この研究会は,学部・研究科開設後も名称を社会安全学セミナーと改め,現在もほぼ毎月1回のペースで開催されている。『検証　東日本大震災』の出版の際と同様に,本書の執筆者は,同セミナーでの報告・討論を土台に論考を深めてきた。その点で,本書は,社会安全学部・社会安全研究科のまさに共同研究の成果といえるものである。

　本書が,事故の再発の防止と被害の低減に役立ち,安全な社会の構築への一助となれば執筆者一同,これに勝る喜びはない。

2012年12月

関西大学社会安全学部

事故防止のための社会安全学
―― 防災と被害軽減に繋げる分析と提言 ――

目　次

巻頭言
はしがき

第Ⅰ部　事故の分析

第1章　現代日本社会と「事故」の意味……………辛島恵美子…3
 1　言葉「事故」から考える意図………………………………………3
 2　現代日本社会と事故の特徴…………………………………………5
 3　「事故」の意味と課題………………………………………………13

第2章　事故と責任に関する考察……………西村　弘・佐藤健宗…25
 1　「事故と責任」の何が問題か………………………………………25
 2　「事故の責任」の概念………………………………………………26
 3　因果責任論の意味……………………………………………………28
 4　事故捜査と事故調査：各々の目的と問題点………………………30
 5　現代社会における事故調査の意義…………………………………34
 6　事故の法的責任………………………………………………………35

第3章　群集の事故と安全………………………………川口寿裕…43
 1　群集事故………………………………………………………………43
 2　群集のふるまい………………………………………………………49
 3　群集流動シミュレーション…………………………………………52

第4章　リスク解析のための数理モデル…………………山川栄樹…62
 1　様々な数理モデルとその利用局面…………………………………62
 2　一般線形モデルに基づく回帰分析と統計的検定…………………63
 3　微分方程式モデル……………………………………………………68
 4　確率過程モデル………………………………………………………74

第5章　労働災害と事故防止……………………金子信也…79
1　過重な労働負荷要因に基づく事故の未然防止…………………79
2　使用者の安全配慮義務………………………………………87
3　安全労働衛生法の動向………………………………………91
4　労働災害と事故の防止に向けて……………………………93

第Ⅱ部　事故の現状

第6章　原発事故と技術者の社会的責任………………小澤　守…99
1　原子力開発と事故……………………………………………99
2　蒸気動力発達と第三者検査体制・技術者協会の役割…………101
3　技術発展の課題………………………………………………104
4　戦後わが国の電力事情と原子力開発への道…………………107
5　わが国における原発技術の進展……………………………109
6　人材育成………………………………………………………112
7　原子力関連研究………………………………………………114
8　原発事故と技術者の社会的責任……………………………115

第7章　ヒューマンエラーと事故…………………中村隆宏…120
1　ヒューマンエラーをどのように捉えるか……………………120
2　ヒューマンエラーへの対応…………………………………128
3　ヒューマンエラーへのアプローチ…………………………133
4　これからの方向性……………………………………………137

第8章　情報漏洩の事例から考えるセキュリティ対策……河野和宏…139
1　情報機器やインターネットの普及と問題点…………………139
2　個人がインターネットを使うリスクとその対策……………139
3　企業からの情報漏洩の事例とその対策………………………143

  4 情報漏洩の統計情報から考えるセキュリティ対策……………… 146
  5 セキュリティ教育から見る今後の課題………………………… 152
  6 情報漏洩事件の判例から考える企業・組織の責任……………… 154
  7 情報漏洩がない社会に向けて…………………………………… 157

第9章 食品事件・事故と食品安全システム………高鳥毛敏雄…159
  1 食品安全システムの確立に向けて……………………………… 159
  2 食品安全・衛生システムの歩み………………………………… 159
  3 わが国の食品安全対策の基盤の確立…………………………… 161
  4 食中毒及び食品事故・事件とその対策………………………… 162
  5 食品安全システムの確立：フードチェーン・アプローチとHACCP……… 175
  6 食品安全行政とレギュラトリーサイエンス…………………… 177

第10章 事故の社会心理………………………………土田昭司…182
  1 事故に備える社会心理…………………………………………… 182
  2 事故遭遇時の社会心理…………………………………………… 187
  3 パニック神話とエリート・パニック…………………………… 191
  4 クライシス・コミュニケーション……………………………… 194

第Ⅲ部 事故の防止

第11章 事故調査制度……………………………………安部誠治…201
    ——運輸事故調査を中心に——
  1 事故調査の意義…………………………………………………… 201
  2 事故調査の対象と組織…………………………………………… 202
  3 世界の運輸事故調査制度………………………………………… 205
  4 米国のNTSB……………………………………………………… 213
  5 日本の運輸事故調査制度………………………………………… 216

第12章　火災と消防システム ……………………… 永田尚三 … 225
1　火災の現状 …………………………………………………… 225
2　江戸から戦前期の火災と消防の沿革 ………………………… 226
3　戦後の火災と消防 …………………………………………… 232
4　予防消防の課題 ……………………………………………… 237
5　根本的問題解決のための広域再編，予防への人員確保 ……… 241

第13章　もう一つの安全神話の崩壊 ……… 河田惠昭・林　能成 … 246
──地震時の新幹線の最悪の被災シナリオ──
1　「想定外」を防ぐ最悪の被災シナリオ ………………………… 246
2　新幹線の危機管理の問題点 …………………………………… 248
3　これまでの地震時の新幹線の状況 …………………………… 250
4　新幹線で懸念される地震災害の形態 ………………………… 252
5　新幹線の最悪の被災シナリオ：地震動による走行車両の脱線可能性 … 256
6　地震時の新幹線事故の減災対策 ……………………………… 261
7　さらなる新幹線安全運行に向けて …………………………… 262

第14章　事故と損害保険 ……………………………… 亀井克之 … 265
1　損害保険の意義 ……………………………………………… 265
2　事故と保険 …………………………………………………… 274
3　現代社会における損害保険の課題 …………………………… 279
4　損害保険教育 ………………………………………………… 280

第15章　英国の事故防止教育に学ぶ ………………… 城下英行 … 286
1　なぜ事故防止教育なのか …………………………………… 286
2　事故と自然災害 ……………………………………………… 287
3　英国の事故防止教育 ………………………………………… 290
4　事故防止教育の充実に向けて ……………………………… 300

あとがき……303
索　引……305

第Ⅰ部

事故の分析

第1章
現代日本社会と「事故」の意味

1　言葉「事故」から考える意図

　安全な社会の構築にとって事故防止，災害の防止は極めて重要な課題である。生まれた以上は死なねばならないのは生物の定めであるものの，人の一生において死別は常に恐怖であり，苦しみ，悲しみの原因でもある。とりわけ愛する者の"突然の死"は当人の無念さはもちろんであろうが，残された者にとって勝るとも劣らない耐え難い不条理感が加わるのである。「なぜこのようなことに……」の思いは妄想や錯乱を含む様々な後悔の念をとめどなく湧き上がらせ，心の混乱はしばしばしこりとなって時に固く，肥大化して重苦しさを増幅することにもなる。心の柔軟さ，健全さを取り戻すには相応の時間を要するものではあるが，その中でも自然現象（天変地異）に起因する場合と，事故とよばれる物事に起因する場合とでは，経験的に回復過程にかなりの差異が認められ，抱える課題や対策上の配慮にもかなりの違いが認められる。本書は後者，すなわち事故とよばれる物事に起因する問題を取り上げ，その特徴と配慮等々について学際的アプローチから，しかも実践的・実学的面にウエイトを置き，昨今の社会的関心のある課題を取り上げて事故防止と被害軽減のための制度的・政策的提言を行おうとするものである。

　その中で，本章は先の"自然現象（天変地異）に起因する場合"と"事故とよばれる物事に起因する場合"を仮に「災害（disaster）」と「事故（accident）」と整理することにして，両者の異同について若干の考察をした上で，現代社会において「事故」を論ずる時の特徴と課題について，現状で言い得る若干の提案を試みるものである。事故と分類するか災害と分類するかは，どちらでもい

いとはいえないほど，配慮すべき内容が異なり，安全な社会構築の観点からはゆるがせにできないからである。

　個人的なことであるが，「安全」「危険」の概念は長く研究対象としてきたが，「事故」は無意識に使ってきた言葉であった。「安全」は「しあわせ」や「健康」と似て，失ってはじめて実感できるといわれるほど，憧れながらも実感し難い。見えそうでいて捉え難く，説明や定義を見出すことも難しい。それに比べれば「事故」の言葉は対照的である。少なくとも個々の事故は見えやすく，写真や映像に訴えることもしやすく，分野特有の条件はつくものの，定義の類も簡単に見つけられる。事故原因の解明は難しくても，「事故」の発生自体に疑問を抱くことは少ない。しかしアカデミズムの世界ならともかく，実践の現場，生活の場では縁起が悪いと嫌われがちで，「事故調査」の言葉にまで防衛的な緊張感を覚えたりする。実際に注意を払い，詳細に記録して気にしているのは"個々の事故やその関連諸条件（事情）"であり，各々の"事故"の発生防止に関心があるにもかかわらず，そうした記録の表紙や活動名には「安全対策」「安全記録」「安全運動」のように「安全」の言葉に置き換えられていたりする。なぜなのだろう。なぜ別系統の言葉「安全」にわざわざ置き換える必要があるのだろうか。

　「好き・嫌い」の別自体は自然の感覚でもあるが，その程度においてバランスを欠けば「好き」は贔屓の引き倒し的問題を抱えやすく，「嫌い」は徹底的な隠ぺい問題を抱えやすい。言葉の意味を正すことは理性的に物事を考える基礎作業に該当し，理工系分野の例えでいえば，実験道具の洗浄や測定器具の調整作業に該当しよう。たかが言葉（の理解，解釈）であるものの，されど言葉（の理解，解釈）でもある。汚れた試験管や無調整のままの機器の悪影響と似て，無意識のうちに考える内容，ひいては生き方にまで影響を与えかねない。それが時には命にも関わる大事と関係するのが安全問題であるからこそ，無視するわけにはいかないのである。少なくとも文理融合，分野横断の課題を背負う社会安全学構築の立場からは，そうした基本的課題からのアプローチも欠かせない。そういう事情で本章は，事故統計を材料にして振り返りながら，現代日本社会における「事故」の捉え方とその特徴について論ずるものである。

2 現代日本社会と事故の特徴

(1) 事故統計における分類

「事故統計」と聞いて,真っ先に何を思い浮かべるであろうか。総務省統計局発行の『日本の統計2012』では,国土,人口,経済,社会,文化などの広範な分野の基本統計類から約500の統計表,約60のグラフを選び出し,日本社会の状況,状態を手軽に見渡せるように工夫したもので,26分野に分けて編集されている。その最後"第26章 環境・災害・事故"に「事故」の諸統計が掲載されているのだが,どのようなものが「事故」統計として掲げられているか,見当がつくだろうか。

交通事故 (traffic accident) 統計である。6種類掲載され,うち4種が道路交通事故,残りは鉄道事故と海難事故である。近年では24時間以内の交通事故死者数が5000人／年を割り始め,その数字は1951年の死者数に近い。しかしその死傷者総数は51年の27倍余にもなる。もちろん自動車保有台数,走行距離は当時とは比較にならないほど増加している中での数値であり,かなりの減少実績といえよう。2011年度の負傷者総数は85万人余,第9次交通安全計画完了時の2015年までには70万人まで減少させる計画である。しかしそれでも他領域のそれとは比べようもないほどの犠牲の多さは変わらない。交通事故統計,さらには道路交通事故を事故の代表事例として取り上げるのは納得しやすい。ちなみに"道路交通事故"の定義は「道路における車両等(自動車,原動機付自転車,自転車などの軽車両,路面電車,トロリーバスの全て)の交通に起因する人の死傷又は物の損壊」(道路交通法第67条第2項)である。

鉄道事故 (railroad accident) 統計としては「鉄道運転事故」が掲載されている。具体的には「列車衝突事故,列車脱線事故,列車火災事故,踏切障害事故,道路障害事故,鉄道人身傷害事故〈前記事故に伴うものを除く〉,鉄道物損事故〈500万円以上の物損事故をいう〉[1]」であり,重大な鉄道事故を網羅しているといえよう。しかし細かくいえば,他に「輸送障害[2] (disturbance in the transportation by railway):鉄道による輸送に障害を生じた事態であって,鉄道運転

第Ⅰ部　事故の分析

表1-1　「不慮の事故」分類コード

死因簡易分類コード	死因
20000	傷病及び死亡の外因
20100	不慮の事故
20101	交通事故
20102	転倒・転落
20103	不慮の溺死・溺水
20104	不慮の窒息
20105	煙・火及び火災への曝露
20106	有害物質による不慮の中毒及び有害物質への曝露
20107	その他の不慮の事故
20200	自殺
20300	他殺
20400	その他の外因

（出所）厚生労働省「人口動態統計」を基に筆者作成。

事故以外のもの」「鉄道に係る電気事故（electrical accidents pertaining to railway）」「鉄道に係る災害（disasters pertaining to railway）」などの多くのデータが集められている。

海難事故（marine accident）は，海難審判法（Act on Marine Accident Inquiry）（昭和22年11月19日法律135号）により，「①船舶の運用に関連した船舶又は船舶以外の施設の損傷，②船舶の構造，設備または運用に関連した人の死傷，③船舶の安全又は運航の阻害」を「海難」と定義し，法的には「海難事故」ではないが，英語表現は「marine accident」である。[3] 法律の目的が「職務上の故意又は過失によつて海難を発生させた海技士若しくは小型船舶操縦士又は水先人に対する懲戒を行うため，国土交通省に設置する海難審判所におけるの手続きを定め，もつて海難の発生の防止に寄与すること」（第1条）であり，海難の定義（第2条）により，船舶の要件は欠かせないが，海には限定されず，日本の河川や湖等での船舶関連事故を含む。したがって船舶の絡まない海水浴客死亡事件は海難統計では扱われない。

ただし，厚生労働省の人口動態統計[4]の中の死亡統計に「不慮の事故」分類（表1-1）があり，その中の「20103　不慮の溺死・溺水」で扱われる。これと同格分類に「20101　交通事故」もあり，死亡事故に関しては，先に指摘した警察統計とも重なる。ただし警察統計では「24時間」を死者と負傷者を分ける基準とするが，人口動態統計では市町村で取り扱う死亡届を基礎に死因別に整理したもので，事故発生年と被害者死亡年とが異なる場合もでてくる。

2011年度は東日本大震災の大津波等による犠牲者（1万8877人）の記録が入ってきており，「不慮の事故」死亡者数は5万9596人であり，総死亡者数に

第1章　現代日本社会と「事故」の意味

対する割合は4.8％（前年3.2％）であった。ただし下位分類は「20103　不慮の溺死・溺水」ではなく「20107　その他の不慮の事故」である（死者数2万6384，前年は6966）。当該分類には「自然の力による」の項目もあるからである。ちなみに「不慮の事故」の上位分類「20000　傷病及び死亡の外因」は総死亡者数の7.5％であり，同格分類「20200　自殺」は2.3％，「20300　他殺」は0％（ただし死亡者数409），「20400　その他の外因」は0.4％であった。

　「不慮の事故」分類は保険分野でも使われている。保険者・被保険者双方の合意に基づく自由な契約とその実施が基本であり，公序良俗に反しない限り，どのような定義でも自由であるが，保険金支払い条件については事前に明確にしておかなければ，後日トラブル原因となりかねず，事細かく定義する分野の一つでもある。

　例えば保険業界では「保険事故」は保険金の支払いを約束した"出来事"を指し，死亡，災害，高度障害，満期までの生存がその例である。"満期までの生存"をも"事故"と表現することに抵抗を覚える人もいるに違いない。しかし保険金を支払う側から見れば，結果に関与することのできない立場であり，保険金を支払うべき条件成立の出来事こそが，唯一の関心事であり，儲けられるか否かの判断材料である。

　この業界では「不慮の事故」とは「急激かつ偶発的な外来の事故」すなわち"偶発性，急性，外因性"をその条件と指摘している商品が多い。「自殺」「自殺に類すると見做されかねない回避策の放棄」「疾病による死亡」を除外する意図からであるが，「疾病による死亡」を「不慮の事故」から除外する理由は明快である。代表的な保険商品は疾病による死亡で保険金が支払われるのが一般的であり，それに災害特約を付加すると，その特約に該当する死因であれば支払われる保険金額が大幅に割り増となる商品が多い。その条件に，しばしば「不慮の事故」が登場してくるのである。この業界では「災害」の言葉は台風や大雨，地震等の自然災害を指すばかりでなく，むしろこの「不慮の事故」の意味に近い。保険契約の世界であり，被保険者の意志意図で起きた事故でないと証明できれば，自然災害同様に不可抗力の事故として保険金支払いの対象にするのである。

このように，事故の定義はそれを明示しないと誤解や混乱が予想されるケースで積極的になされている。業法やその関連規則の類で事故の定義が多くなされているのも，そう考えれば当然といえよう。言い換えると，事故の定義は，各々のそれを定める文書の本来の目的に応じて過不足のないように，期待や解釈にずれが生じないように規定されるといってよい。したがって個別の事故の定義内容がそのまま「事故」という言葉の概念を示すことには必ずしもならない。

多種多様な関連事故事例を体系的に整理しようとすれば，まずそれらに共通の特徴を捉え，その共通性を基軸として次に差異性に注目して比較検討しながら，徐々に検討範囲を拡大して，最も合理的に多くの事例を整理し分類していく作業が必要になる。具体的な事例に代わって，関連用語を事例として共通性を抽出していくのが言葉の概念化（作業）である。多くの事例を体系的に整理したければ，すなわち外延量最大化を狙うのであれば，内包量最小化を目指す必要があり，概念整理はその際の有力な補助道具となり得る。

多くの事例どころか，交通事故事例に偏りすぎるものの，これまでの範囲で共通性を探せば次のように整理できよう。一つは事故について人の死亡が大きな関心事であると同時に，物損のみの場合も事故として取り扱う点である。つまり事故で問題にするのは生命，身体，財産の損失ないしは機能不全である。いま一つ指摘できそうなことは，害の偶発性，外因性の特徴である。しかしそう判断するには事例用例からの検討のみでは限界があり，節を改めて言葉の概念検討も加えたい。その前に，人口動態統計内の「平成21年度 不慮の死亡事故統計[5]」結果の紹介を通して分野横断的に現代日本社会の「不慮の事故」の姿をながめることにする。

（2）不慮の事故の実態から見る現代日本社会

図1-1は不慮の事故死者数の1899～2008年までの年次変化である。ちなみに2011年は東日本大震災が発災したために，6万人に届くほどの高さになる（5万9596人）。その記憶の鮮明さのせいか，関東大震災時の被害の大きさに改めて気づかされる。関東大震災は火災型震災であり，その犠牲者数を見ても，

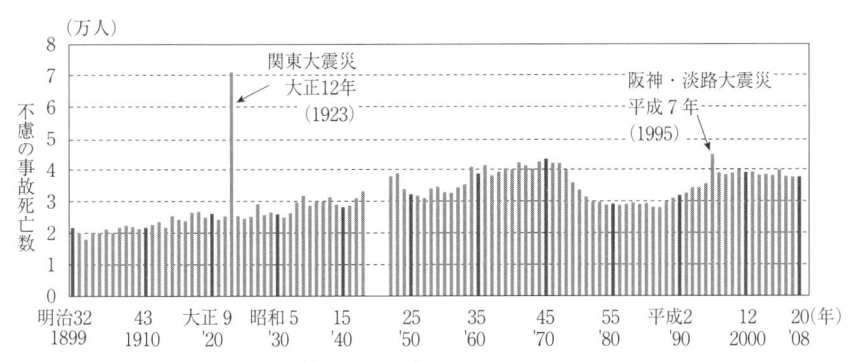

第1章 現代日本社会と「事故」の意味

(万人)

(注) 1944〜46（昭和19〜21）年は資料不備のため省略した。
(出所) 厚生労働省「平成21年度 不慮の事故死亡統計」2010年を筆者一部修正。

図1-1 不慮の事故による死亡数の年次推移（1899-2008年）

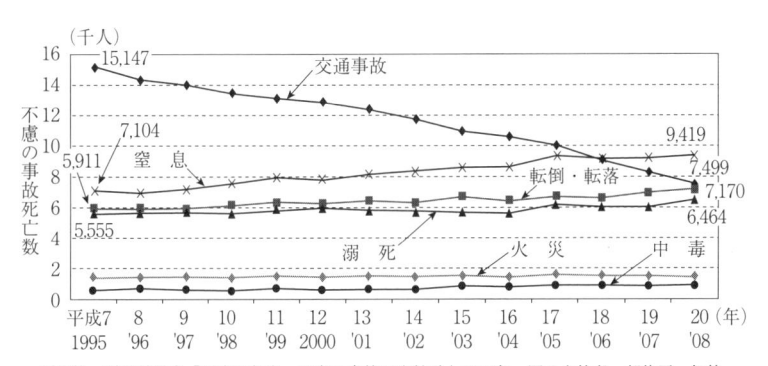

(出所) 厚生労働省「平成21年度 不慮の事故死亡統計」2010年，図2を筆者一部修正・加筆。

図1-2 主な不慮の事故の種類別に見た死亡数の年次推移（1995-2008年）

当時の人々の衝撃の大きさは私たちの想像を超えるかもしれない。昨今，首都圏直下型震災が社会的話題になり始め，振り返ってみた時，日本社会は何をそこから教訓として学び，活かしてきたのだろうか。遅ればせながら何を学ぶべきなのだろうか（辛島，2011）。

図1-2は不慮の事故の種類別に見た死亡数の年次推移である。「不慮の事故」に占める交通事故は死者数に限定すれば，「不慮の転倒・転落」と並ぶまでに減少してきている。もちろん死傷者総数から見れば比較にならないことは先に指摘した通りである。

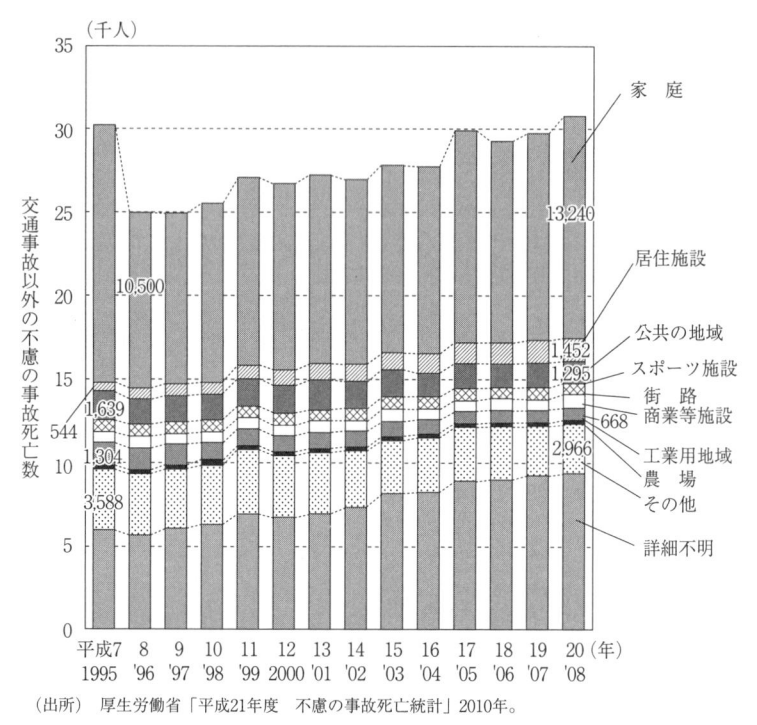

図1-3 発生場所別交通事故以外の不慮の事故死亡数の年次推移（1995-2008年）

（出所）厚生労働省「平成21年度　不慮の事故死亡統計」2010年。

　しかし主な不慮の事故の種類別に年齢（5歳階層）別死亡率（人口10万対）を見ると，総数，交通事故，転倒・転落，溺死及び窒息は全体として低下傾向にあり，特に交通事故では，ほとんどの年齢階級で半減している。その中で転倒・転落，溺死及び窒息が増加傾向にあるのは，死亡率上昇のためではなく，死亡率の高い高齢者が増加しているためと解説されている。

　図1-3は発生場所別から見た交通事故以外の不慮の事故件数の年次推移である。交通事故死以外の死者総数は，阪神・淡路大震災の1995年を除くと増加傾向にある。特に，居住施設は1995年544人〜2008年1452人まで一貫して増加，家庭も1996年1万500人〜2008年1万3240人まで増減を繰り返しながら増加傾向にある。他方，公共の地域は1995年1639人〜2008年1295人

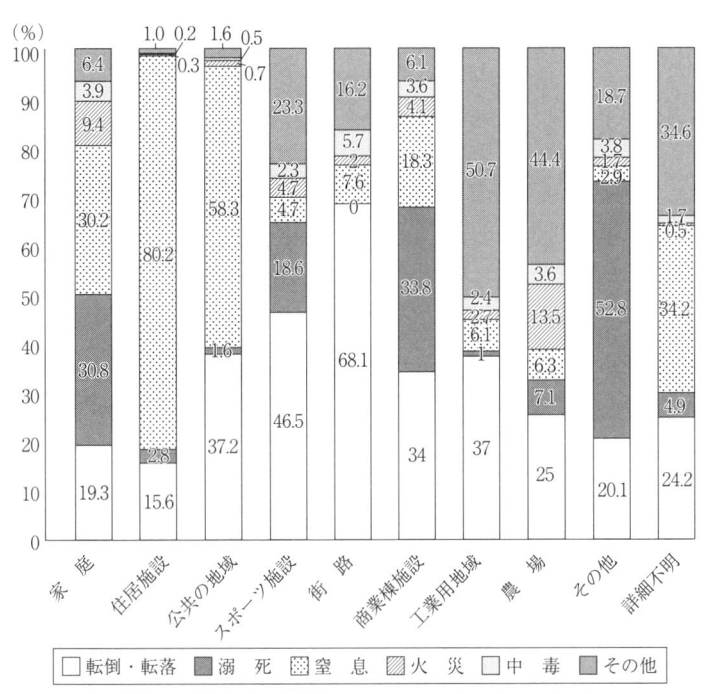

第1章 現代日本社会と「事故」の意味

図1-4 発生場所別交通事故以外の不慮の事故構成割合（2008年度）

（出所）厚生労働省「平成21年度 不慮の事故死亡統計」2010年を基に筆者作成。

まで減少，工業用地域[9]は1995年1304人〜2008年668人まで減少，その他[10]は1995年3588人〜2008年の2966人まで増減を繰り返しながらも，やはり減少傾向にある。言い換えれば，これまで比較的危険と指摘されてきた場所での事故死は確実に減少しつつある反面で，安全・安心と思い込みやすい「家庭」や「乳児院，老人ホームなど」の居住施設での増加傾向が目につく。

図1-4は発生場所別交通事故以外の不慮の事故の種類の構成割合（2008年）であり，図1-5は年齢階層別に不慮の事故の種類別死因割合を見たものである（2008年）。発生場所や年齢階層の特徴がよく反映された結果となっている。老人ホーム，乳児院などを示す「居住施設」では「窒息」が圧倒的な割合を示し，一般家庭とは対照的である。

図1-6は交通事故以外の事故の種類別に発生場所が家庭である割合を示し

11

第Ⅰ部　事故の分析

図1-5　年齢階層別に見た不慮の事故の種類別死亡数構成割合（2008年）

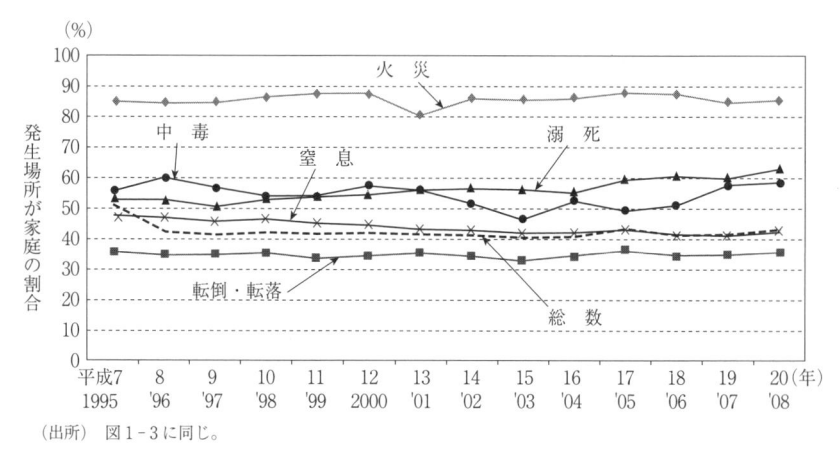

図1-6　交通事故以外の主な不慮の事故の種類別に見た発生場所が家庭の割合の年次推移（1995-2008年）

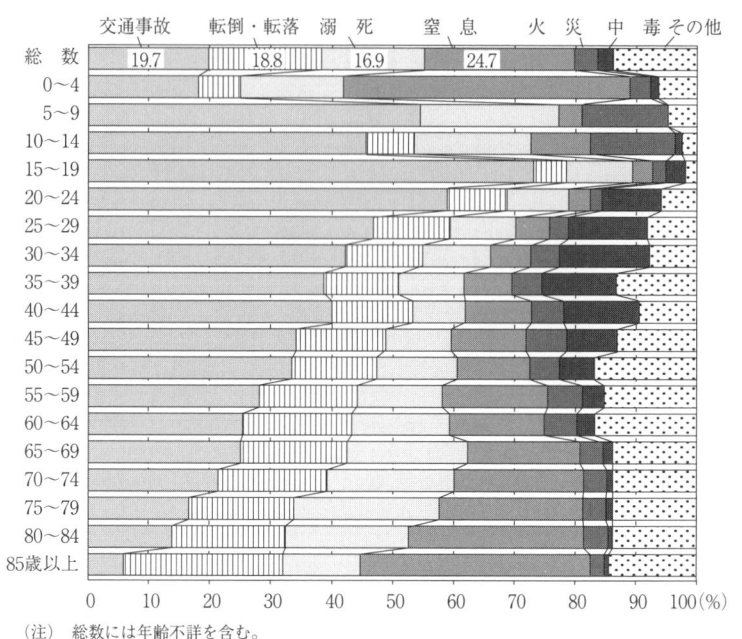

た年次推移である。火災が圧倒的に家庭で起きていることも明らかであるが，労働事故の典型でもある「転落・転倒」は家庭でも結構の割合で起きていることがわかる。高齢社会では，家庭内でのトラブルが増えることが予想される。

3　「事故」の意味と課題

（1）字源と語源からの考察
①漢語「事故」と英語「accident」「incident」

　功績を立てるため従事する職務を古代漢語で *dzïəg といい，「事」で表記し，そのコアイメージは「まっすぐ立てる」である。このイメージから，人の側に立って仕える意味をも表し，この場合は「仕」と同源であり，仕事の意味であることから政治，軍事，催事など様々な内容を包括することにもなる。また具体的内容を捨象し，「ことがら」という抽象的な意味にもなる。熟語の特徴から整理すると，①役に立てる仕事や職務：「事業（仕事）」「祭事（まつりごと）」②ことがら。出来事：「事実（実際にある事柄）」「事件（出来事）」③貴人や目上の人に奉仕する。つかえる：「師事（相手を先生として仕える）」「事大（大きいものに仕える）」（加納，2011，444頁）。

　「古」は「ひからびて固い」イメージから「時間がたってふるびているイメージ」に展開する。「故」は「古＋攴」から成り，時間がたって固定し変えようもない事態になる様子を暗示させる。以前からの関係（つきあい）や時間の立った事柄を古代漢語で *kag といい，「故」で表記し，以前にかかわった事柄の意味の他に，固く引っ掛かりの生じた出来事の意味を派生する。また，現在の事態に至った原因・理由（分け，故）の意味を派生し，さらに，その原因からどうなったかを説明する副詞（ゆえに）の用法が生まれた。熟語からみれば，①古くからの付き合い：「故旧（昔なじみ）・縁故（かかわり，ゆかり）」②以前あったことがら：「故事（昔の事がら）」③さしさわりのある出来事：「事故（不意の変事）・故障（さしさわり）」④死ぬ：「物故（死ぬ）・故人（死んだ人）」⑤わけあって，ことさらに：「故意（わざとすること）・故殺（故意に殺す）」（加納，2011，315頁）。

なお漢字「件」のコアイメージは「一つひとつ分ける」であり，一つひとつ分けて数えられる物事を意味する古代漢語の *gian を表記する。熟語からその特徴を整理すれば「事件（起こった事がら，出来事）」「一件（一つの事がら・出来事）」である。

　「事故」の英訳として広く使われるのは「accident」であろう。「accident」は 14 世紀頃古フランス語 accident かラテン語 accident-em, accidēns（pres. p.）由来の外来語であり，さらに「*accidere* to fall, happen ← *ac*-'ad-' + *cadere* to fall」に遡ることができる（Barnhart, 1988, p. 6）。つまり「偶然，偶発，不慮」にその特徴があり，偶然の出来事，偶発事件，不慮の出来事などと訳されることにもなる。happening, chance などの基本的意味としても偶然であり，常に悪いことばかりを指すわけではないが，人の心配は悪い方に展開する偶然であり，そのため「不幸な出来事，事故，故障，珍事，奇禍，災難」等々の訳にもなる。"必然性を含意しない"のが特徴であり，哲学・論理学では偶有性と訳されるが，しかし生活レベルでは偶然と必然の判別は相対でしかなく，保険事故の判断であれば，故意でなければ偶然と見なすという判断にもなる。

　類似語に「incident」があり，両者の関係は形からいえば接頭辞の「ad- と in-」の違いのみである。「ad- と in-」はともに方向を指示する前綴りであるが，この in- は運動の意を含む動詞の前で，into, against, toward の意を示すのに対し，ad- は移動の方向・変化・完成・近似・固着・付加・増加・開始などを示す。そのため「*cadere* to fall」を共通にしながら，in- は期待ないし予想される結果に向かったという範疇的説明語であるのに対して，ad- は完成・近似の状況を示す。出前注文の遅れに対する苛立ちの督促電話の例えでいえば，督促電話に対して「もう店を出ております」と回答する場合，実際には督促電話の直前に店を出発したケースから注文者の門前に達しているケースまで幅があり得る。in- はこの範囲すべてを示すが，ad- は到達したか門前ないし近傍に達していることを示す。こうした特徴の違いから，incident に対して（付随的な，または，起こりやすい，ありがちな）出来事と訳したり，機械や化学物質や生物汚染等の分野では accident を事故と訳し，incident を小事故と訳したりする。accident よりも小さな出来事と説明することにもなるが，あくまでも文脈によ

るのであり，元々が「大小」「多寡」を示すわけではない。

　以上から考察すれば，漢語「事故」の意味は，引っ掛かりの生じた出来事の意，変事といって差し支えないものの，どのような変事であるかは字の特徴からは何も語られていない。加納は"不意の変事"と説明するが，その根拠は明示されておらず，白川（1996, 682頁）は「変事」と説明するにとどまる。用例としては「（周禮，秋官，小行人）治其事故及其萬民之利害為一書，（韓癒上張僕射書）非有疾病事故輒不許出」（諸橋，1976，412頁）が挙げられており，「故」の用例では周禮や易経で注の形で「故」の意味を詳述する部分を掲載している。「故，凡非常也」（周禮，天官　宮正）「故，事故也」（易，繋辞下）「故，謂禍災」（周禮，天官　宮正）等々である。『日本国語大辞典』では用例に「（続日本書紀－養老5年）（721）二月甲午「詔曰，世諺云，歳在申年，常有事故」」の掲載があるが，『大漢和辞典』とも共通文献も多く，漢語がそのままの形で入ってきている様子が認められる。ただし西国立志編（1870-71）（中村正直訳）[11]に「一旦事故〈（注）フイノコト〉あれば，忽ち赤貧となるもの，甚だ多し」（周禮，秋官）が掲載されている。つまり漢語「事故」の出自は「周禮」に遡るものだが，「フイノコト」と敢えて訳注を付けているということは，時代背景を考慮すれば，英語「accident」の特徴を表そうとしたものと考えることができる。伝統的な漢語「事故」の特徴には多様な「こと」を広く含意し得るものであることは明らかであり，その中に悪い出来事，不慮の出来事の意味も含まれていたものの，"内因か外因か，偶発性か急性か，災害か否か"に決着がつくことは何も語らない，つまりどちらもありだからである。しかし明治維新前後の時期以後に英語「accident」の「偶然，偶発，不慮，不意」の特徴が，漢語「事故」に強く入り込み，あたかも漢語自体の特徴であるかのように使われてきているともいえそうである。現代では多くの人々が「不意の」「偶発性」を当然の特徴として理解している状況にある。これは加納の「不意の」の解釈にもいえる。

　交通事故（traffic accident），不慮の事故死（death by accident）のように，対応の英語が「accident」であれば問題は少ないが，厄介なのは「災害」と書き表しながら訳語には「accident」を当てる場合があることである。その典型例

が「労働災害」である。労働安全衛生法（1972年法律第57号）第一章第二条では「労働災害」を「労働者の就業に係る建設物，設備，原材料，ガス，蒸気，粉じん等により，又は作業行動その他業務に起因して，労働者が負傷し，疾病にかかり，又は死亡することをいう」と定義し，英訳は「"industrial accident" shall be defined as a case in which a worker is injured, contracts a disease or is killed due to cause attributable to buildings, facilities, raw materials, gases, vapors, dusts, etc., in or with which he is employed, or as a result of his work actions or attending to his duties」（日本法令外国語データベースシステムより）である。

どのように翻訳するかは訴えたい内容や程度，背景事情とも関係し，一つの言葉に一つの訳語が自動的に定まるものではない。ここで問題にするのは「災害」の用い方である。「災害」というべき状況で使われているわけでもなく，労働事故，職場での事故，工場事故，労働者の事故と表現しても不自然さを感じさせない場面での使用が目につく。むしろこの英文を読んで労働災害と訳す発想の方が特殊に見える。

②漢語「災害」「損害」と英語「disaster」

漢字「災」の字源は「巛」【サイ：川の流れがせき止められ，あふれて水が横流することを表した象形文字】と「火」の組み合わせによる会意兼形声文字であり，順調な生活をはばんで止める大火を指す。転じて，生活の進行をせき止めて邪魔する物事をいうことにもなる（藤堂，1978，785頁）。烖（サイ）を正字とし，「天火を烖と曰ふ」とする。《周礼》では烖の字を用いることが多く，天譴（テンケン：天の与える咎め）の意がある。災（サイ）は天火のために宮廟などが焼失する意で，天譴によるとする（白川，1996，585頁）。これに対して加納は「巛」「才（堰を描いた図形）」「烖」の三つを挙げ，ともに「途中で断ち切る」「途中で止める」（流れがストップする）をコアイメージとし，「災」は火（山火事や噴火など）によって自然の流れが途中でストップする様子を暗示し，この図形的意匠によって，自然によって起こるわざわいを意味する古代漢語 *tsəg を表記すると説明する（加納，2011，381頁）。

生命などの順調な進行を途中で止めることを意味する古代漢語 *ɦad を「害」

で表記する。「丰（「切れ目をいれる」）＋冖（「覆いかぶせる，ふさいで邪魔をする」）＋口」は人の言葉を途中で断ち切るように邪魔をして，それ以上進ませないといった状況を設定した図形であり，上記の意味を表象する。金文は「覆いかぶせるものの形＋口」からできていて，「断ち切る」のイメージを示す記号を含まないが，蔽いかぶせることが「途中で遮る」につながるので，篆文の解釈とも重なる（加納，2011，112頁）。

　和語「わざわい」の古語の形は「ワザハヒ」であり，「ワザ」と「ハヒ」からなり，「ハヒ」はサキハヒ（幸い，幸延），ニギハヒ（賑い），ナリハヒ（生業，成延）のように使われており，したがって「わざわい」は「ワザ」がたくさんといい得る状態を指す。狩猟採集時代から農業革命を経て社会は大きく変化したが，その際「ワザ」がいっぱい投入される状況にプラス価値を置いていれば，漢字「災」や「禍」の字で翻訳されることはなかったに違いない。支配者であればともかく，労働する人にとって，おそらく狩猟採集以上に過酷な労働条件下にあり，それにもかかわらず天候や病害虫等様々な要因によって成果が得られなければ飢餓との戦いとなる。「ワザ」が「悪しき仕合せ」となって徒労に終わることを恐れる気持ちは今日まで受け継がれ，「わざわい」は積極的には損害を指し，代表的には「災害」とも熟す。災害となれば「幸延」の逆であるが，「サキハヒ」は幸運一杯の意であるが，待機的投機的性格をもつのに対して「わざわい（災）」の場合は本来は偶然の結果をいうものではなく，結果をもたらした力とワザとを含蓄し，自らの意思に反したところに，自らの意志に対抗する優越者の意志意図を見ていう言葉といえる（辛島，1982，178-182頁）。

　もっているもの（現にあるもの）を少しずつ減らしていくという意味の古代漢語 *suən を「損」で表記する。「員（イメージ記号）＋手（限定符号）」を合わせた「損」は，物の一部に穴が開く様子を暗示させる。コアイメージは「後ろへ引き下がる」であり，ある物の中身が後ろに退くようにして少しずつ減っていくというイメージの語である（加納，2011，705頁）。

　「disaster」はフランス語あるいはイタリア語からの外来語で，その原義は《unfavorable aspect of a star》である（Barnhart, 1988, p282）。幸運の星の逆で，運に見放されていること，すなわち不運，不幸を意味し，その結果としての惨

事を指すことにもなる。天災や災害とも訳されるが、星は天にも通ずるが、水や火などの自然現象としての害という捉え方ではない。「a flood disaster」を大水害と訳すにしても、単純な水害を指すのではなく、少なくともその場合には大きな害の意味にウエイトがある（Oxford, 2008, 206頁）。

単なる害を表現する場合には「damage」を使うことが多く、この言葉も古仏語damageからの外来語で、「← dam(me)＜L damnum harm, loss」とラテン語に遡ることができる。「harm」は直接古英語「h(e)arm」からきたもので、その語源は印欧基語 *kormo- に遡るが、意味はpainとされる。「loss」は「lose」からくる言葉で、失う、失くす意味である。

ちなみに災害対策基本法（1961年11月15日法律第223号）の「災害」の定義は「暴風、竜巻、豪雨、豪雪、洪水、高潮、地震、津波、噴火その他の異常な自然現象又は大規模な火事若しくは爆発その他その及ぼす被害の程度においてこれらに類する政令で定める原因により生ずる被害をいう」（第2条）であり、「災」の字の解説に近い内容を問題にしている。もう少し細かくいえば、定義前半では自然現象由来の被害を指摘しているが、定義後半ではそれ以外のものとして、大規模な火事や爆発、その他"人為的原因"ではあっても大規模な被害の予想されるものを対象としている。

（2）考える道具としての言葉の力

字源や最近までの用法の特徴から推察すれば、「害」は本来の機能あるいは順調な流れが断ち切られた、妨げられた状態を意味する言葉であり、「災害」は害の種類を示すと整理することができる。その点では「事故」は害の字こそ使わないが、明らかに異変を指し、害を指しているともいえる。つまり両者は「害」を指す点で同じといえる。「災」は自然（昔はそれを天と称したが、伝統的には「天」を付けない用法も多い）に起因するわざわいと捉え、災害は自然現象に起因する害を指してきた。漢語「事故」には異変内容を特定するものはなく、英語翻訳を「accident」としてきた関係で「偶発性」の特徴を意識する傾向にある。「災害」「事故」の言葉を害の特徴ないしはそこからの立ち直りの観点から整理すると、次のことが指摘できる。

「災害」の場合，自然現象由来であるがゆえに気候風土条件の一致するところ一面一帯に及ぶことが多く，交通事故被害と比較すれば明らかなように，「災害は面的 vs. 事故は点的」とその特徴を整理できる。面的とは被害面積がある程度の広がりのあるタイプの意味，点的とは直接的原因とその被害が相対的に狭く限定的範囲に止まるタイプの意味である。この観点からは，火事は点的に止まるか面的に拡大するかは時々の条件次第であり，中間タイプといえよう。

したがって「災害」と「事故」では被害救済の在り方にも違いが認められる。保険制度はその歴史的経緯から見れば，海上保険が原型といわれ，一件ごとの金銭的補償手段として発達してきた。したがって点的特徴をもつ「事故」の対策といえよう。それだけに中間的性格の火災被害救済対策には相応の工夫が必要であった。木造建築の多い日本社会では明治期に失火法を制定し，通常なら失火責任者が背負う賠償責任を類焼に関しては重過失でないかぎり免責制度を設けている。現代日本社会でこそ，類焼被害補填のためにも家屋の所有者や使用者の火災保険加入意識は広く定着してきているが，当時の状況からいえば，火災はめったに起きないものではないだけに，この発想は許容されたものの，その定着までには様々な悲劇や紛争を経験している。

第1節の事故統計の代表として交通事故統計を紹介したが，一件の事故の関係者数や被害内容には特別な問題がなくても，日本では年間の交通事故総件数は人身事故関係だけでも100万件を超えていた時代も長く，迅速な保険金支払が実現しなければ，社会機能がマヒしかねない状態でもあった。そのため，強制加入による自動車損害賠償責任保険制度を基軸とした安全対策・救済対策を用意したのである。この場合は事故が起これば原則として自動車側に原因ありとして処理する方式であり，事故原因解明は形式に過ぎない。そこに賛否両論あるのは当然であり，今日まで様々な改善がなされてきているものの，大量に発生する事件処理の観点からは，基本構造の変更はいまだに難しい。集団的に一斉に発生するわけではない交通事故の救済制度でもこの状態である。

したがって大規模被害の予想される場合は，国レベルでの救済整備が欠かせず，災害対策基本法はその原則を明らかにしているものの，「広域災害」と認

識していながら被害救済策設計の基本レベルにおいて「事故」分類の発想から脱していないようにも見える。例えば政府が再保険者になる地震保険制度はその一つである。

　「災害」と「事故」の言葉の選択の背景には事故の原因解明に対する姿勢の違いがあるとも推測される。「accident」の特徴は「偶発性」にあり，欧米社会の文化には「偶発性」を徹底的に解明し，どのような条件が重なって起きる出来事であるかを明らかにしようとする強い心の動きが歴史的にも認められる。しかし論理的に整理すれば「偶発性」を起点として，人がどのように発想し行動に移すかは，大別すれば二通りの在り方があり得る。一つは不運な事情が重なって起きた惨事として，多少の時間はかかるにせよ諦めてこの事実を受け容れ，前向き（後ろを振り返っても辛いので，時には忘却も含めて）に出発する在り方（以下A型と略）である。もう一つが，偶然の諸条件の重なりを明らかにする作業を通じて，同じ轍は踏まないようにしようとの在り方（以下B型と略）である。したがって欧米社会の姿勢は当然の帰結というより選択であり，言葉にその力が秘められているというより，因果解明による克服への強い思いがそのような言葉を選ばせたと説明するのが実態に近いであろう。

　このB型の動きがやがてより確かな人為的制御につながってゆき，悪い結果であれば再発させないことに，よい結果であれば確実に繰り返し発生させることにつなげて，現代の高度科学技術文明を構築してきたともいえる。例えば，第二次世界大戦後に多くの期待を受けて登場してきたジェット旅客機（コメット機）が最初に原因不明の爆発炎上事故を繰り返した時（1954年），原因解明に当たったイギリスの事故調査は今日でも高い評価の下で語り継がれている。[12]厳密にいえば，自然環境と無関係に使われる技術などあり得ないものの，相対的に人の設計により作り上げられた機械系を中心とした装置，設備系の世界において，完全制御を目指す雰囲気が強く，原因解明の意識も高く，また徹底してもいる。[13]別の言い方をすれば，自然現象が深く絡んでいる分野（「災害〔disaster〕」），生物体や生態系という人工設計対象外への影響が深く絡む課題や分野においては，原因追及の姿勢はあっても未知の要素が多すぎて実現困難なことも多く，機械系を中心とした装置・設備系分野とは事情を異にする。

第1章　現代日本社会と「事故」の意味

　現代社会とは支配構造が異なり，その復興計画に携わった者の社会的地位も異なるが，1666年のロンドン大火によるロンドン都市近代化への動き，1755年リスボン大震災からの新リスボン誕生（大きな広場，直線状の広い街路が新リスボンの特徴ともなり，その時のポンバル様式建築は世界最初の耐震建築となった）には惨事からの強い克服姿勢を見ることができる。建築レベルではこの時代においても十分な知識の積み上げがあるものの，偶発性の因果解明への強い思いは，先のコメット事故調査体制とは事情が異なる。(14) むしろ対比であれば，同じ時代の江戸の大火の対応や，1923年関東大震災の対応を比較するべきであろう。

　「事故＝accident」と考えられる人も増えた現代日本社会では，B型を当然視する雰囲気も強くなりつつあるが，しかし事故の種類によってはA型にも高度な合理性があり，価値ある選択肢ともなり得る。とりわけ数百年に一度というような，人生スケールから見て大きく外れる頻度の災害に関して，何が合理的判断かは簡単に決着つけられるものではない。今日の日本社会においてもなおA型の感覚をもつ人々は多い(15)（廣井，1986）。それというのも，最近でこそ，事故の被害者自身が事故関係物を保存・展示して再発防止研修の機会とするように働きかける動きも出てきているが，それ以前には"痕跡を消すことが，事故との最終的決別"と観念してきたからである。日本社会には「原因を明らかにして克服策につなげよう」というこだわりよりも「怒りや無念の思い，恨みの心」に関心が強く，その心を鎮め弔うことに，長く苦労してきたともいえるからである。仏教における法事も，見方をかえれば，生き残っている者の心を穏やかにするためのステップであり，科学的追究よりは心の安定の問題として扱われることが多い。

　その点で現代日本社会では変化が起きている。事故発生当初こそ恨みや怒りのこだわりの伴う混乱時期があるにしても，ほぼ同時に二度と同じ思いを繰り返さないための原因解明にも強い思いを抱く人々が増えてきている。まだ少数ではあるものの，旧態然とした社会制度や社会慣習の壁を熱心な活動が少しずつ壊しながら，新しい制度構築，新しい克服策に向かって動き始めている。(16)

　しかし他方で，「労働災害 vs. 労働事故」のように「災害」「事故」の表現を

第Ⅰ部　事故の分析

曖昧に使う姿勢もなお強い。その姿勢には因果解明への強い圧力を回避する姿勢があると指摘できる。「災害」においては被災者と加害者の対立構造は少なくとも初期には多くなく，惨事からの立ち直りに関しても多くの人々が協力的に取り組む特徴がある。それと比べると「事故」は緊急時の対応とほぼ同時に事故の原因解明の課題が浮上する。被害者と加害者が対立し，加害者に対する社会の心理的制裁も厳しいことが多い。加害責任を問われる側にしてみれば，避けたい事情でもあるだろう。しかしかつての鉱山災害と呼ばれた問題と，現代の近代的職場での労働事故とを区別しない結果として，たとえば事故を起こした原子力発電所で働く人々に対する適切な対応を隠す結果になっているとしたら，どうだろうか。自然条件と人工条件という対照的違いはあるが，そこで働く労働者にとって，鉱山災害と極めて似た状況下に置かれている。社会が変われば，また技術が変われば，それにふさわしく分類方法や分類内の項目をも変更していかなければならない。そのためには原則と例外の関係が重要であり，基礎となる言葉が明確に区別できてはじめて変化・変更も混乱を最小限に抑えて行えるのである。言葉を曖昧に使うということ，また言い習わしにこだわり，変化させないことは，結果として日本語の語彙を痩せさせ，考える道具としての言葉の機能を貧弱にしているといわざるを得ないのである。

注
(1)　「鉄道事故等報告規則」(昭和62年2月20日運輸省令第8号)。
(2)　輸送障害は2001年法改正以前には「運転阻害事故」とよばれていた。
(3)　日本法令外国語データベースシステムによる。
(4)　日本における日本人の出生，死亡，死産，婚姻及び離婚に関する統計。死亡統計作成に際しては死亡診断書(死体検案書)を基礎としているがそこに記載された直接死因を死亡統計上の死因としているわけではない。ICD (International Statistic Classification of Diseases and Related Health Problems) 分類を用いてWHOによって統一された方法による「原死因」で統計を作成する。
(5)　厚生労働省が蓄積してきた「不慮の事故統計」を材料に時系列等多面的な分析を行い，人口動態統計特殊報告書として取りまとめたものである (1899～2008年)。
(6)　居住施設：「乳児院，老人ホーム，刑務所，寄宿舎等」。
(7)　家庭：「住宅，農家，アパート，私有地，車庫等」。

第1章 現代日本社会と「事故」の意味

(8) 公共の地域:「学校, 公民館, 幼稚園, 保育園, 郵便局, 病院, 映画館等」。
(9) 工業用地域:「工場の敷地・建物, 作業場, 鉱山, 発電所等の工場用地域及び建築現場」。
(10) その他:「海, 森林, 川, 草原, 遊園地, 動物園, 駐車場, 公園等の明示された場所」。
(11) 初版の翻訳原稿は明治3年10月25日に出来上がり, 出版は明治4年7月中村正直40歳の時であった。この本の翻訳のきっかけは, 1866年に幕府が旗本等の秀才の評判のある少年12名をイギリス留学させる際の監督人の一人として5年の予定で出発したものの幕府瓦解のため1868年6月帰国する際に, イギリスの友人から選別として贈られたことにある。
(12) 当時はチャーチル首相時代であり, 英国の威信をかけての調査であったといわれている。海底からの機体回収による機体復元と, コメット機一機を水槽につけこむ形での加圧実験により事故解明に取り組み, 実験結果から角窓から発生した亀裂が機体破壊の大きな原因であるところまでつかんだ。他方, 回収機体復元からは魚の背開きの形で亀裂が進んだことが判明しており, そこに角窓はなかった。しかしアンテナを出す部分が角窓と同じ構造であり, この部分の回収はできていなかった。そのため, 爆発力を計算し, 模型飛行機を作って爆発させ, その模型のアンテナ部分が落下した位置を確認し, これを現場海域に応用し, 一定範囲を集中的に捜索して回収に成功し, 爆発の経緯を明らかにしている。
(13) 「災害vs.事故」の背景事情としての思考的特徴の区別に関しては, 別論文(辛島, 2012)の中の一部として"自然災害系(土木工学系)"vs."事故系(機械工学系)"の観点から取り上げている。
(14) 「accident」に「disaster」とは区別される徹底的な因果解明をも含めた克服型の姿勢が加味されるのは, 歴史的に考えれば, 少なくとも宗教革命以後であり, 普及までを考慮すれば, 産業革命期以降の可能性, さらにいえば, 先に指摘したコメット機事故の事故調査体制が, 今日の原因解明による事故調査のモデルになった可能性は大きい。国の威信をかけて高度な科学技術製品を普及させようと決意した時代と無関係とは考えにくいからである。
(15) 言葉としては災害観であり, その構成は「天譴論」「運命論」「精神論」と表現されている。ここでは大きく全体をまとめる適切な言葉を筆者が思いつかなかったため, A型の表現にとどめた。
(16) 1985年に発生した日航機123便御巣鷹の峰墜落事故の被害者家族たちは日本航空に事故時の残骸等の遺品を保存・展示させる動きをして実現させ, 広く事故を忘れさせないための活動をしており, また被害者家族同士の横の連絡も取り合い, 事故後の在り方に問題提起をし続けている。

第 I 部　事故の分析

参考文献

加納喜光『常用漢字コアイメージ辞典』中央公論新社，2011 年。

辛島恵美子「震災と安全の思想」関西大学社会安全学部編『検証　東日本大震災』ミネルヴァ書房，2011 年，279-300 頁。

辛島恵美子「安全な社会における思想的基盤——社会安全学構築の視点から」『「社会安全の文理融合型大学教育と学際的研究基盤の確立」に関する研究』（平成 23 年度関西大学重点領域研究助成研究成果報告書）2012 年，3-16 頁。

辛島司朗『しあわせの力学——日本語から見た幸福論』八千代出版，1982 年。

白川静『字通』平凡社，1996 年。

廣井脩『災害と日本人——巨大地震の社会心理』時事通信社，1986 年。

藤堂明保編『漢和大字典』学習研究社，1978 年。

諸橋轍次『大漢和辞典』大修館書店，1976 年。

Oxford『英語類語活用辞典』2008 年。

Barnhart, Robert K. (ed.), *The Barnhart Dictionary of Etymology*, The H. W. Wilson Company, 1988.

（辛島恵美子）

第2章
事故と責任に関する考察

1　「事故と責任」の何が問題か

　負傷者が出るような大きな事故が起きれば，警察・検察による事故捜査がなされる。事故が故意に引き起こされたものなら犯罪であるのは当然だが，たとえ単純な過失が原因であったとしても，業務上過失致死傷罪に問うべき事故責任者の責任を追及する刑事捜査となる。ここでの事故捜査は，まずは「誰が悪い」を特定し，被害者になりかわって罰を与える応報目的の捜査ということになる。一方，事故の原因究明には，処罰を目的とすることなく二度と再び事故を起こさないという目的で行われる事故調査もある。つまり，事故の原因究明には，責任追及を目的とする警察・検察による事故捜査と，事故の再発防止を目的とする事故調査とがある。

　両者が補いあって社会的に望ましい調査ができればよいのであるが，実際には理念的にも，現実的にも，捜査は事故調査を阻害する場合がある。罪に問われるとなれば事故関係者の口は重くならざるを得ず，時に自身の責任を免れるため偽証や証拠湮滅さえ行われる。また，捜査で押収された証拠資料は裁判で公表される以外は一般に公開されないため，事故調査での利用は困難で，たとえ重要な知見があったとしても，再発防止のために活用できないケースも多い。

　このように，捜査には再発防止のための事故調査を不十分にする可能性が多大にあり，その是正は以前から指摘されてきた。例えば，柳田邦男はすでに1976年に，米国のNTSB（国家運輸安全委員会）の事故調査手法を紹介しつつ，過失責任論を技術の立場に立った事故調査論から分離し，過失を「誰がミスをしたか」という観点からではなく科学的立場から解明する必要性を論じていた。[1]

柳田は，そうした調査になるのは「日本の精神風土にこそ問題が」あるとも主張していた。社会を俎上に上げるという点には筆者も同感するが，それは実は，「『事実』と『評価』を区別できる精神構造」の問題ではなく，ましてや単に「遅れている」ということでもないのである。本章で論じたいのは，社会が解釈するところの「事故の事実」「事故の責任」という問題である。

一方に，事故捜査が責任を問うことで合理的な事故調査を行えず，その結果，再発防止対策が不十分になるために社会が被る損失がある。他方に，些細なミス程度なら刑事責任を問わずに十全な事故調査を行い，明らかとなった知見に基づいて再発防止対策を講じることによって得られる利益がある。双方を比べればいずれが有利かは明白に思われる。しかし，現実にはその歩みはなめらかではない。40年近く前の柳田の嘆きは今も続いている。それはいったいなぜなのか。

さらに，単純な事故ならともかく，複雑な要因が絡み合って単独の原因に帰すことができない組織事故のような場合，こうした責任追及は的外れであるばかりか，将来の安全確保にとってマイナスである，ともいわれる。しかしそれでも，「責任を追及しなくてよい」とはすんなり認めがたいものがある。「事故の責任」という観念はしっかりと社会に根づいている。

事故を教訓として将来の安全を図ろうとする立場からは，この責任論が，時に，障害に思われる。しかし，そもそも「責任」とはいかなる概念で，その存在根拠はどのようなものなのか。それを再考しておくことは，安全を優先しようとする立場からも有益と思われる。本章では事故捜査と調査における責任概念の取扱いの違いを考察し，現代社会でますます大きくなっている事故調査の意義を示したい。

2　「事故の責任」の概念

一口に責任といってもその意味内容は様々である。日常使われる責任に関する用語を挙げてみるだけでも，法的責任，道徳的責任，政治的責任，自己責任，結果責任，過失責任，無過失責任，個人責任，集団責任，国家責任，社会的責

任，将来世代への責任，対物・対人責任，刑事責任，民事責任，損害賠償責任等々，多種多様である。ここに列挙したすべてについて論じることは可能でも適切でもなく，ここではあくまでも「事故の責任」に限定して議論したい。

「事故の責任」として通常観念されているのは，当該の事故が生じた原因は何で，その原因に対して誰がどのように関わっており，その結果としてどのような負担（刑罰・損害賠償など）が生じるか，ということであろう。

事故がなぜ生じたかという原因について，法学者は「出来事生成責任」という言葉で語る場合がある。定式化すれば，「ある出来事Yが起こったのと同じような状況で，もしXが起こらなければYも起こらなかったであろうといえる場合に，XはYに対して責任がある」となる。しかしこの場合，責任は原因に等しく，また，人間だけではなく出来事にも関わることとなる。通例，「責任は人格をもつ主体に関わる」と理解されているから，以下では，この意味については「責任」の用語は使わず，「原因」を用いる。また，上の意味での原因となった人間の行為すべてに責任が問われるわけではない。その行為に非難の対象となる何らかの規範違反が認められる場合にだけ責任が問題となる。例えば，列車通過の直前に人がホームから転落して轢かれた場合，運転手の行為はそれがなければ事故が起こらなかったという意味での原因ではあるが，その行為に何らの規範違反もなければ，運転手の責任が問われることはあり得ない。以上を踏まえて本章での事故の責任を，事故という結果をもたらした原因に応じた負担の追及という意味で，「因果責任」と呼ぶことにする。

捜査はこの因果責任論に基づいて行われ，事故原因に関わる人間を見つけ出して法的規範からの逸脱の有無と程度を捜査する。司法はその結論にしたがって原因責任者を特定し，被害者と社会になりかわって処罰を下す。さらに，規範違反は処罰されるということが抑止効果をもち事故の再発防止に役立つ，と主張されるのである。

他方で，事故調査もまた事故が起こったという結果に関わる原因を調査することには変わりがない。違いは何のために原因・結果を見極めるかという目的にある。けれども，目的が異なっても事故の因果関係の説明自体には違いはないと，世間一般には思われている。しかし，本当にそういえるのだろうか。次

にその点を見てみよう。

3　因果責任論の意味

　私たちは，原因があって結果が生じたと考える，あるいは，すべての出来事には原因があると考える。だがそれは，私たちが現実を理解する認識様式なのであって，あらゆる主観を排して存在する客観的真理であることを意味しているわけではない。[(6)]

　D.ヒュームは必然性の観念を分析して，私たちが原因とよぶ対象と結果とよぶ対象が必然性の関係にあると認識するのは，二つの対象が時間と場所において隣接して発生し，前者が後者に先行し，これらが常に隣接と継起の関係をもって反復するからだという。そこから私たちは，原因と結果の因果論的説明を作り出すのである。[(7)] だからといって，ヒュームは因果論的説明を信じるのは間違っているというのではない。[(8)] ただ，客観的真理として原因・結果があり，それを私たちが認識するというのではなく，私たちの解釈として原因・結果があるのであり，それを信じる理由は私たちの社会に有益だから，と主張するのである。[(9)] 筆者も同様に，因果論的説明を受け入れる理由に自覚的であることが，事故と責任の問題を考える上でも重要だといいたいのである。

　その点を今少し，思いがけない人物を通じて，考えてみよう。彼はまず次のような事例を挙げる。

　　「ジョーンズがあるパーティでいつもの分量を超えてアルコールを飲んでの帰途，ブレーキがいかれかかった自動車に乗り，見透しがまったく利かぬブラインド・コーナーで，その角の店で煙草を買おうとして道路を横断していたロビンソンを轢き倒して殺してしまいました」。

　事故の原因として，運転手の酩酊，ブレーキの不具合，見透しの利かない道路等が思い浮かぶ。だが，そこに「ロビンソンが煙草を切らさなかったら，彼は道路を横断しなかったであろうし，殺されなかったであろう，したがって，ロビンソンの煙草への欲求が彼の死の原因である」という主張が現れたらどうだろうか。ロビンソンが愛煙家だったから殺されたのは事実である。先の出来

事生成責任の一要素を構成している。しかし，私たちはこの主張を一顧だにしないであろう[10]。それはなぜなのか。

　上記の文章を綴っているのは，歴史家のE. H. カーである。彼がこの例を持ち出しているのは「歴史とは何か」を明らかにするためである[11]。彼は続けて，「ここで問題になっているケースについて申しますと，運転手の飲酒癖を抑制し，ブレーキのコンディションをもっと精密に検査し，こういう形の道路を改良したら，交通事故による死亡者の数を減らそうという目的に適うであろうと考えるのは意味あることでした。しかし，人びとの喫煙を禁じたら交通事故による死亡者が減るなどと考えるのはまったく意味がなかったのです。これが，われわれが区別する場合の規準だったのであります」[12]と論じる。

　何を結果に対する原因と見るか。出来事生成責任説では等価であった諸原因も，ある目的にかなう意味で選別されなければ，意味がないのである。歴史を構成する事実も種々様々であるが，それらの何を取り上げ，何を取り上げないかは歴史家の恣意によるのではなく，歴史を書こうとする目的意識によるのである。そして，目的の観念は必然的に価値判断を含む。「歴史における解釈はいつでも価値判断と結びついているものであり，因果関係は解釈と結びついている」[13]。

　捜査が行う因果説明と事故調査のそれとは，異なる目的をもった異なる説明である。同じ事象を扱っているゆえに，各々の目的に背馳しない限りは一致するが，目的にそぐわない部分で相互に異なる事実を取り上げ，異なる解釈が示されても，それは当然のことなのである。誰がどのような目的で歴史を書くかによって，同じ史的事実についてさえ解釈が異なるという事例は数多く，広く一般にも認められているところであろう。しかし，同じことは事故の因果関係や事故の責任に関してもいえるのである。

　それを認めた上で次に考えねばならないことは，どちらの調査がより社会にとって有益であるか，ということであろう。

4 事故捜査と事故調査：各々の目的と問題点

(1) 事故捜査の目的と問題点

　事故捜査の目的は，すでに述べたように，法律違反をした事故責任者を見出して処罰し，それをもって予防効果とすることである。こうした処罰前提の捜査は，現実に処罰される立場にいる人々からは強い疑念をもたれてきた。S. デッカーは，そもそもヒューマンエラーは犯罪ではないと主張しつつ，医療や航空業界などに携わる専門的実務者のヒューマンエラーが犯罪化されるようになっている近年の状況を描き，そこに次のような問題点があると指摘している。

　第一に，実務者が非協力的になることである。再発を防止しようとして正直に失敗を報告したら，それが取り上げられて罪に問われる場合がある。失敗を開示すればつらい状況に追い込まれる可能性があるとわかれば，インシデントは報告されなくなる。それをデッカーは，「専門家がミスで裁判にかけられると，ほぼ必ずといってよいほど安全性が犠牲になる」[14]とまでいう。

　第二に，捜査が公正ではないということである。人々は，ある失敗がひどい結果をもたらした時，そうでなかった場合よりも，罪が重いものと見なしがちである。いわゆる「後知恵バイアス」である。結果が悪ければ悪いほど，より多くの説明が求められ，「これに気づくべきであった」と責められる。だが，後知恵によってどんな失敗があったかを見つけるのは容易であり，しかも些細な過失でも罪と認定されやすい。この後知恵バイアスは，心理学では定説であるにもかかわらず，捜査では配慮されていない。[15]

　第三に，捜査が実務者の仕事のパフォーマンスを低下させることである。実務者は罪に問われるかもしれないと考えてストレスや孤独感を感じている。また，実務において質の高い作業に当てられるべき注意力が，どうすれば法的トラブルに巻き込まれないかに割かれてしまう。[16]

　第四に，捜査が必ずしも被害者の満足するものにはならないということがある。得てして裁判は，最前線の実務者だけを罪に問い，事故の全容も背後の責任者も明らかにしないで終わることが多い。しかし，被害者に残された数少な

い願いの一つは，事故の再発防止と，自分が味わった苦しみを他者には免れさせたいということなのである。

　最後に，捜査が社会を分断することである。責任者が特定され，裁判にかけられれば，そこには必ず勝者と敗者が生まれる。その時，社会は敵と味方に分かれて共通の利益を消失させ，信頼と関係性が破壊される。

　また，デッカーは，捜査の目的の一つである予防効果も，見当違いであるという。それは彼が，ヒューマンエラーは「原因」と見なすべきではなく，システム内部の深いところにある問題の結果現れている「症状」と考えるからである。すべきでない行為と理解していても，人間であるがゆえに起こしやすい誤った行動は存在する。ヒューマンエラーは「人間の本性」でもある。そうしたエラーは大なり小なりの確率で起こらざるを得ない。事故となる以前のトラブルやインシデントのうちに，その発現を許してしまったシステムに目を向けて再発防止に取り組むべきなのである。

　こうした点をより深く追求しているのがJ. リーズンである。彼は事故をその影響が個人レベルで収まる個人事故と，組織全体に及ぶ「組織事故」に分け，組織事故については「即発的エラー（最前線にいた個人の不安全行為）」だけでなく，「潜在的原因」も見なければならないとする。システムの安全は多重の防護層によって守られているが，その各層には穴がある。通常は，その穴の位置がすべて揃うことはないので事故は起きないが，各層は状況に応じて揺れ動いたり，取り外されたりする（はたまた，つけ加えられるべきだったのに実行されなかったりする）。これが潜在的原因である。たまたま防護層の穴が一致してしまった時に，最後の砦である第一線の個人の即発的エラーが生じれば，事故が起きてしまう。いわゆる「スイスチーズモデル」である。捜査はこの不運な個人に責任を押しつけてしまう。

　また，小坂井敏晶は，捜査の場における取調官と被疑者の心情にも問題があるとする。取調官が「被害者の無念を晴らしたい」と強く思えば思うほど，また，被疑者が厳しい取り調べに耐えきれず「軽い罪なら認めてもよい」と考えれば考えるほど，真相の解明は遠のき，冤罪を生みやすくなる。

（2）事故調査の目的と問題点

次に，事故調査の目的と問題点を見てみよう。

福知山線列車脱線事故調査報告書に関わる検証メンバー・チーム（以下，「検証メンバー」と略）は，「事故調査の主たる目的（任務）」について，次の二つを指摘している。第一に，事故及び人的被害の発生の原因を構造的に明らかにすること，第二に，調査結果から，事故の再発防止の方策を提示すること，である。潜在的なリスク要因を洗い出して，組織の安全性を高め，広く事故の再発防止を図り，それによって社会の安全の構築に寄与することが目的なのである。すなわち，因果関係を明らかにすることが目的で，責任追及は目的としていない。むしろ，事故調査が責任追及から独立しており，調査対象者にその趣旨を理解してもらうことが重要，とさえいわれる。

この「責任追及しない」ことこそが事故調査の問題点となる。その要点は三つある。

第一は，責任追及しなければ予防の効果がなくなるというものである。先に見たように，責任を追及することで予防効果が損なわれるという議論には一理あるが，それは責任追及しないことからも生じ得る。何をしても責任を問われない，処罰されないということになれば，人が慎重な行動を取ろうとするインセンティブも，他者の失敗から教訓を学びとろうという意欲も減少してしまう。また，スイスチーズモデルを認めるとしても，依然として現場の第一線の実務者が「最後の砦」となっている事実は変わりがなく，その注意力を高めて事故を防ぐことは重要である。エラーをすれば処罰されるという事情が，注意喚起になっていないわけではない。少なくとも，責任追及によってどのようなエラーがあったのかが広く知られ，一定の期間は効果があると一般に信じられている。

第二は，専門的実務者と一般人とのバランスの問題である。業務上過失致死傷罪に問われるのは専門家だけではない。一般人も，例えば自動車事故を起こせば，その過失が罪（＝自動車運転過失致死傷罪）に問われ得る。たとえ外形的には同じ過失でも，専門家が起こした場合は再発防止に力点をおいて罪に問われず，一般人が起こしたありふれた事故の場合は罪に問われる，というのでは

社会的な理解は得にくい。この関係は，組織事故と個人事故についてもいえる。組織事故には潜在的原因があるので即発的エラーだけを必ずしも問題にしないが，個人事故はそうではないとなると疑問が生じる。どこかでバランスを取らねばならないのである。

　第三は，責任追及しなければ応報目的が果たされない，という点である。近代国家は被害者の加害者に対する個人的な報復を認めておらず，国家が応報行為を代理する。どのような処罰になるかは法と裁判によるのであるが，被害者ならびに社会の報復感情をまるで配慮せずに決定することは困難である。多数の事故被害者が出た場合はなおさらのことであろう。しかし，そもそも事故の責任があるから処罰する，というのではないのかもしれない。ニーチェは，「人間の歴史のごく長い期間にわたって，悪しき行為を為した者は，その行為の責任があるからという理由で，処罰されてはこなかったのである。——むしろ現代でも親が怒りのために子どもを罰するように，加害者がもたらした被害の大きさに対する怒りによって罰が加えられたのである」（傍点原文）と述べていた。小坂井も同様に，「犯罪は怒りや悲しみをもたらす。その感情的反応が責任者を求め，処罰を与える」と論じて責任概念の虚構性を主張し，事件のけじめをつけるために責任者が探しだされ，処罰されるという構図を指摘している。社会を擁護するためのこうした構図は，デッカーもまた現実の事例をふまえて同様の指摘をしている。

　以上述べてきたように，事故調査と捜査の各々に目的があり，その観点からは互いの調査に問題があるように思われる。ただ，二つの調査がともに各々の意味での「安全」を目的にしている，とはいえるのである。すなわち，事故調査の「安全」は物理的な安全であり，捜査の「安全」はそれに加えて「社会の安全（＝治安）」，すなわち，被害をもたらしたものを処罰することでけじめをつけ，秩序を回復する，ということである。

　共通する「物理的な安全」という部分では，その手法は異なれども両方が必要であることは間違いがない。また，事故調査は責任追及を目的にしないとはいえ，どのような過失も免罪するべきだと主張しているわけではない。事故捜

査も再発防止を犠牲にしてでも責任者さえ処罰できればよいというわけでもない。事故調査に重きを置く者にとっても「許されない過失」の概念は重要だし，事故捜査に携わる者も責任追及と社会の利益のバランスを考えないわけではない。したがって，この部分で妥協が成立することは十分あり得ることであり，それを図ることは望ましいことでもある。

　問題は治安目的である。最後にこの点に注目して，事故調査を捜査に優先すべき理由があるのかどうかを考えよう。

5　現代社会における事故調査の意義

　以上のような調査と捜査の対比は原理的なものであり，現実の両者の在りようは様々であり得る。両者の緊張関係がさほどでもない場合もあろうし，反対に高い場合もあろう。どのようであるかはおそらく，社会が人々の物理的安全と治安という意味での社会の安全を，それぞれどのように考えているかという価値観に関わっていると思われる。そうした価値観の相違は，社会が遅れているかどうかとは直接の関係はなく，社会におけるコンセンサスの関数といえるだろう。また，そのコンセンサスは不変ではなく，状況次第で変わるものでもある。

　その上で，物理的な安全と治安（＝社会の安全）のいずれを優先するかは悩ましい問題である。治安の要諦は，社会自体は悪くはなく，悪いのは常にその一部ないし外部であり，それを糾すことで社会の機能は回復する，ということを世間の人々に納得させることである。犯罪は，社会に対する侮辱であり反逆であり，社会秩序への挑戦である。社会はそれに感情的に反応し，犯罪のシンボルを破壊する儀式を通じて秩序を回復する。この犯罪のシンボルこそ「責任者」である。治安の観点からは，社会的な感情を沈静させ，この納得を獲得するためならスケープ・ゴートを作り出すことさえ辞さないのである。事故もまた社会の憤慨を引き起こす「悪しき一部」と目され，前述のような問題点があったとしても，責任者が処罰されてきたのである。

　しかし，今日，私たちの「事故観」はこのようなものに止どまることはもは

や許されないのではなかろうか。高度で複雑化し，システム的に巨大になった現代社会における事故は，「悪しき一部」が引き起こす問題ではない。例えば，福島第一原発の事故は「誰か」が悪かったのだろうか。責任者を追い求めていってそこに見出すのは，平凡なサラリーマンや公務員，学者・研究者，政治家等々であろう。彼らはいわばたまたまそこにいたのであり，場合によれば，そこにいたのが別の誰か（＝私たち）であってもおかしくはないのである。その彼らが，時々の事情と組織の論理で小さな決定を積み上げていったあげくの事故といえるのではないか。[37]

U．ベックは，「高度に細分化された分業体制こそ，すべてに関わる真犯人」であると喝破した。分業体制が常に共犯となっていることが全般的な無責任体制をもたらし，それぞれが原因であり，かつ結果であり，それと同時に原因ではない，という状況になっている。[38]ベックは現代社会を，産業社会に産業と科学によって生み出された危険が加わって生まれた社会，すなわち「危険社会」と命名し，その本質的特徴が「危険の根源を社会の外部に求めることができなくなったことにある」と主張する。[39]つまり，悪しき一部が存在するのではなく，あるとすれば「悪しき全体」「悪しき社会」，すなわち危険社会があるだけなのである。

したがって，治安＝社会の安全の課題は，悪しき一部（ないし外部）を社会から分離して処罰するだけではもはや十分ではない。一部の責任だけを取り上げて糾弾してみても，社会そのものを脅かす危険を取り除けるわけではない。社会自体に責任があることを見極めた私たちは，冷静にその内部にメスを入れ，安全の諸方策を講じなければならないのである。その意味で事故調査は治安にも貢献し得るとはいえ，捜査に阻害されてはならないと考える。事故調査の意義はますます高まっている。

6　事故の法的責任

（1）事故の原因と責任

事故が起きて被害が生じた時に真っ先に議論されるのは，事故の原因がどの

ようなもので，誰が責任を負うのかということであろう。両者は問題領域が重なることもあるが，完全には重なり合わず独自の問題として考察されることもある。例えば天災が主要な原因となって事故が起きた時，原因は熱心に議論されるが，責任はほとんど議論されない。しかし実際には，事故の原因と責任は密接な関連性をもっている。事故の責任を明確にするには，事故の原因が究明されなければならないし，事故の原因を解明する過程で事故の責任がどこに，または誰にあるのかが明らかになることも多い。その意味では，事故の原因だけが独立して論じられることはほとんどなく，事故の原因とは基本的には事故の責任を追及することを含んだ用語であるということもできる。

しかし近年は，責任追及と原因調査とは峻別されるべきであり，敢えて責任追及を目的にせず，事故の再発防止を目的にした原因調査を事故調査として重視する考えが有力になっているのは前節までで検討したとおりである。

本節では，それを前提にした上で，事故が起きた場合にどのような責任が問題となるのかを検討してみたい。

事故が起きた場合の責任といっても，その内容は極めて広範に及ぶ。例えば法的責任（法的責任にも刑事責任，民事責任，行政責任がある），説明責任，経営上の責任，道義的責任，社会的責任，政治的責任などである。

以下では法的責任について検討することにする。

（2）民事責任と刑事責任の分離

人が社会の秩序に反して第三者に損害を与えた場合，加害者に制裁を加えることは人類の歴史に古くから見られるところである（古くはハムラビ法典）。制裁の目的としては，①加害者の処罰，②被害者の満足，③被侵害利益の填補，④社会秩序の回復，⑤反社会行為の予防などであるが，刑事的制裁と民事的制裁とが未分化の状態が長く続いた。

やがて刑事責任と民事責任が分化し，刑法と民法の不法行為法がその機能を分かつようになると，刑法の機能から③が脱落して①と④に集中し，他方で不法行為法の機能からは①の色彩が大きく薄れ，③が強調されながらも，これらの機能が競合してその法理に影響を与えているといわれる[40]。

（3）事故の民事責任（民法の不法行為原則）

　事故が起き，損害が発生した場合，近代法制の下では民事責任として損害賠償義務が発生する。わが国の場合，これを定めているのは民法709条である。故意または過失により他人の権利（生命，身体または財産）を侵害した場合，それによって発生した損害を賠償する責任を負う，と定められている。故意に引き起こされたものは事故とはよばないので，事故で問題とされるのは過失である。過失とは，法律上要求される注意を怠ったことである。言い換えると，注意義務違反である。例えば交通法規が定める信号の順守や速度規制に違反して，赤信号を冒進したり，速度を超過した結果，事故を引き起こしたということである。民法学ではこの注意義務違反をさらに分析して，予見可能性と結果回避義務違反に分けて考察している。

　次に不法行為によって損害が生じた場合，加害者はその損害を賠償する義務を負う。損害の賠償といっても，無限に責任を負わされるのではなく，過失と相当因果関係のある損害について賠償の責任を負う。

　事故は一人の人間によって起こされることもあるが，航空機事故や原発事故のように巨大な組織によって起こされるものもある。いわゆる組織事故といわれるものである。日本の裁判例は，法人組織それ自体による不法行為責任を認めておらず，使用者責任（民法715条では，従業員が使用者の事業を執行していたときに第三者に損害を与えた場合は，使用者も賠償義務を負うとすることとされている）によって法人組織に賠償責任を負わせる構成を取っている。組織事故という考え方が一般的になる中で，日本の裁判例は特異な発想というべきであるが，その検討は別の機会に譲りたい。

（4）刑事責任

　そもそも刑罰は何を目的にしているのであろうか。一般的には，応報主義と予防主義を兼ねているとされる。さらに予防主義は一般予防主義と特別予防主義の二つを含むとされている。具体的にいうと，事故を起こしたものに刑事的制裁（その典型的なものは，懲役刑を科して刑務所に収容すること）を科することにより，事故を起こした責任を償わせ（応報刑），行為者が二度と過失を起こ

さないように自覚と反省を促し（特別予防），社会全体に対して事故の責任を示して事故の防止に向けた注意を促す（一般予防）ことである。

　ところで近年のヒューマン・ファクターの研究によって人間のミスやエラーは避けがたいものであることが明らかにされてきており，特に特別予防主義としての刑事責任の追及にはどれほどの効果があるのかが議論されている。また組織事故の場合に，特定の行為者だけに応報刑としての刑事制裁を科することの不平等感や不公正感の指摘も次第に大きくなっている。今後，刑法学と安全学との間で真摯な対話が期待される課題である。

　事故が起き，人の死傷という結果が発生した場合，日本の刑法では業務上過失致死傷罪（自動車運転中の事故の場合は自動車運転過失致死傷罪，刑法211条）が問題とされる。

　刑事責任の成立要件としての過失は，民事責任の過失と基本的に同じであり，法律上の注意義務に違反して行われた行為であるとされている。ただし，注意義務の内容は行為者の立場・知識経験・業務内容によって大きく異なるため，注意義務違反というだけでは判断基準としてあまりにも不明確である。例えば巨大な航空機の操縦と普通乗用自動車の運転では，注意義務の内容は全く異なってくるといえば理解いただけるであろう。これまで極めて多くの裁判例によって注意義務の内容が補充され，ある程度の客観的基準になっている。

　刑事責任の追及においても，組織事故への対応については問題がある。現在のわが国の刑事法制では，ごくわずかの例外を除いて，刑事責任は個人に対する責任であり，法人組織に対する刑事責任が問われることはない。最近の例では，福知山線の脱線事故でJR西日本の元社長が起訴されたが，神戸地方裁判所が無罪判決を言い渡した事案が記憶に新しい。組織全体としては色々な安全上の問題を抱えていても，それを特定の個人に対する刑事責任の追及という形で問うことは困難であることが明らかにされたのである。今後，法人に対する刑事責任を科するべきなのかが議論されることになろう。

注
(1) 柳田（1976）。ただし，引用は柳田（1981, 307-326頁）より行った。また，筆者の

第2章 事故と責任に関する考察

管見の限りであるので，同様の主張はさらに以前にされているかもしれない。
(2) 瀧川（2003, 214頁）。ただし，この記述は「因果責任」について述べたものである。注(5)参照。
(3) 「難破は嵐の責任である」とはいわず，「嵐のせい」という。自然物が主たる原因であれば，人にできることはあきらめ以外にない。ただし，自然災害をあきらめるしかないものと放置しておくような社会に対しては，別の責任の求めようがあろう。
(4) 刑法では，犯罪が成立するためには，構成要件に該当する違法な行為について，さらに，その行為者に非難が可能であることが必要とされる。すなわち，「非難可能性という意味での責任」である（山口，2011, 7頁）。非難可能なものとなるには，その行為が「自発的」なものであることが条件となる。「行為においては，『自発的』なものには賞讃や非難が与えられ，『非自発的』なものには赦しが，時には憐れみさえ与えられる」（アリストテレス，2002, 90頁）。違反が問われる規範の相違によって，法的責任や道徳的責任といった違いが生じる。例えば，2006年に問題になったパロマ給湯器による事故は，法的な逸脱はほとんど問題がなかった。しかし，「無事故の安心給湯器」をキャッチフレーズにして製造・販売していたにもかかわらず，悲惨な死亡事故が相次ぐ事態を放置していたことが社会的規範からの逸脱と捉えられ，社会的責任が厳しく問われた，と指摘される（郷原，2007, 92-93頁）。ただし，2010年，東京地裁はパロマの元社長と元品質管理部長に対して業務上過失致死傷罪で有罪とする判決を下した。
(5) ここでの因果責任は，法学者の用法とは異なるのかもしれない。瀧川裕英は，法学者が用いる因果責任は，「出来事生成責任」と同じとしている（瀧川，2003, 32頁）。
(6) 少なくとも反証主義の観点からは科学的命題でないことは，明らかである。カントは，「いったい原因がないということを，経験によって証明しうる人があるだろうか。経験は，我々がその原因を覚知しなかったということしか教えない」という（カント，1976, 82頁）。
(7) ヒューム（1948, 240-242頁），ヒューム（1995, 183-184頁）。ここには，原因現象と結果現象をともに生み出す共通原因が隠れているかもしれないという懐疑が残る。これを除去することは原理的に不可能であろう。ところで，このヒュームの因果律批判が，カントに「独断のまどろみ」から目覚めさせたといわしめたのは有名な話だが（カント『プロレゴメナ』序言），カントはさらに進んで，ヒュームでは経験の反復が概念を生むとしているところを，概念のアプリオリな枠組みがなければ経験の認識も生じないという。研究だけでなく，日常生活においてもこの視点は重要だと思われる。
(8) 因果論的説明が「法則」といわれることもあるが，たとえ法則が実験によって確かめられたとしても，それによって未来永劫の「真理」を主張し得るものではない。反復が何度生じようとも，それは帰納的推論を補強するものでしかないからである。しかし，だからといって，法則を信じないのは愚かなことなのである。それは，今まで一度も生じなかったことが，次は起こるというに等しいからである。

(9) ヒュームは，人間の行動に原因と結果の必然的結合がなければ，正義や道徳的公正と適合する罰を科することは不可能であるばかりか，罰を科すということさえ思い浮かばないだろうと述べている（ヒューム，1951，199頁）。
(10) 日航ジャンボ機事故の意見聴取会で「山があったから事故が起こった」という意見陳述をした大学教授がいたが，遺族の怒りと失笑を買っただけであったという。
(11) 見当違いの人物を持ち出したと思われるかもしれないが，柳田邦男は「事故に至るヒストリーを明らかにする作業が，事故調査」と述べていた（柳田，1981，330頁）。あながちそうでもないのではなかろうか。
(12) カー（1962，153-157頁）。「そして，同じことは歴史における原因に対するわれわれの態度にも当て嵌まります」と続ける。
(13) カー（1962，158頁）。
(14) デッカー（2009，37頁）。
(15) デッカー（2009，114-116頁）。
(16) デッカー（2009，172頁）。
(17) デッカー（2009，184頁）。
(18) デッカー（2009，245頁）。
(19) デッカー（2009，166頁）。
(20) デッカー（2009，219頁）。
(21) これはJR西日本福知山線脱線事故におけるATS-Pのような問題といえよう（福知山線列車脱線事故調査報告書に関わる検証メンバー・チーム〔以下，「検証メンバー」と略〕2011，75頁）。
(22) リーズン（1999，11-15頁）。
(23) 「不運」というのは，彼がミスを犯したのが事実だとしても，他の時期なら，つまり防護層の穴が揃っていなければ，事故は起きなかったからである。彼には，穴が揃うか否かを意のままにする力はないのである。この問題についてより詳しくは，T. ネーゲル「道徳における運の問題」（ネーゲル，1989）を参照されたい。また，「運」の要素は他にもある。事故被害者の救急搬送が渋滞に巻き込まれなかったかどうか，救命にあたった医者が名医か藪医者かは，ミスを犯した人間には無関係な要因である。しかし，被害者が助かるか否かは，後知恵バイアスが働く状況では大きな問題となる（小坂井，2008，145頁）。
(24) 小坂井（2008，102，106頁）。
(25) この検証メンバーは，2005年のJR西日本福知山線列車脱線事故の調査に当たった航空・鉄道事故調査委員会の委員が，JR西日本から依頼されて調査情報を漏洩させ，報告書の書き換えを求められていたという不祥事が発覚した際，その全容の解明と当該調査報告書の信頼性を検証するために組織されたチームである。前掲の検証メンバー（2011）はその報告であると同時に，あるべき事故調査の姿を提言したものである。

⑳　検証メンバー（2011, 66 頁）。
㉗　検証メンバー（2011, 139 頁）。
㉘　航空やバスの事故などで，原因がヒューマンエラーである場合，「当面はかえって気をつけるのでは」と考えて事故を気にせず利用する一般客は多い。反対に，日航ジャンボ機事故のような場合は，利用客は他の交通手段に流れた。
㉙　2012 年 4 月，京都府亀岡市で 18 歳の少年が無免許の居眠り運転で小学生ら 10 人を死傷させた事件では，少年を自動車運転過失致死傷罪ではなく，より刑罰が重い危険運転致死傷罪の適用を求める世論が高まった。だが，少年は無免許とはいえ運転能力は有しており，居眠り運転自体は「過失」にすぎないことから，同罪は適用されなかった。しかし，被害者と社会の反撥は強く，「準危険運転致死傷罪」の創設，「危険運転致死傷罪」の構成要件拡大に向けた動きとなっている。
㉚　ニーチェ（2009, 110 頁）。
㉛　小坂井（2008, 157, 256 頁）。
㉜　「『医療システム』に対する信頼を維持するために，非難を受け止め，乳児の死に対する説明責任と道徳的重みを背負うべきひとりの悪役を選び出すという構造が必要だったのである」（デッカー, 2009, 149 頁）。
㉝　デッカーもリーズンも責任ある過失をどのように見分けるかという問題を論じている（デッカー, 2009, 第 11 章；リーズン, 1999, 第 9 章）。
㉞　アメリカの司法取引制度はこうしたものであろう。
㉟　例えば，検証メンバー（2011）は両者の関係を分析し，運輸安全委員会に嘱託される鑑定書のあり方などの具体的な改善提言を行っており，意義深い（138-140 頁）。
㊱　小坂井（2008, 191 頁）。シンボルとして動物や，石や木などの自然物が裁判にかけられることもあったという（小坂井, 2008, 187 頁）。
㊲　ハンナ・アレントが『イェルサレムのアイヒマン』で示した，「悪の陳腐さ（凡庸さ）」が想起される。
㊳　ベック（1998, 45 頁）。
㊴　ベック（1998, 376 頁）。ここで「危険」と訳されているのはドイツ語の Risiko（英語の risk に当たる）であり，「ある人為的な企てに伴う」というニュアンスをもっている。詳しくは，同書 462 頁の訳者あとがきを参照されたい。
㊵　我妻・有泉（1977, 408 頁）。

参考文献
アリストテレス『ニコマコス倫理学』京都大学学術出版会, 2002 年。
カー, E. H.『歴史とは何か』岩波新書, 1962 年。
カント, I.『道徳形而上学原論』岩波文庫, 1976 年。
郷原信郎『「法令遵守」が日本を滅ぼす』新潮新書, 2007 年。

第 I 部　事故の分析

小坂井敏晶『責任という虚構』東京大学出版会，2008 年。
瀧川裕英『責任の意味と制度』勁草書房，2003 年。
デッカー，S.『ヒューマンエラーは裁けるか』東京大学出版会，2009 年。
ニーチェ，F.『道徳の起源』光文社文庫，2009 年。
ネーゲル，T.『コウモリであるとはどのようなことか』勁層書房，1989 年。
ヒューム，D.『人性論（一）』岩波文庫，1948 年。
ヒューム，D.『人間本性論　第 1 巻』法政大学出版局，1995 年。
ヒューム，D.『人性論（三）』岩波文庫，1951 年。
福知山線列車脱線事故調査報告書に関わる検証メンバー・チーム『JR 西日本福知山線事故調査に関わる不祥事問題の検証と事故調査システムの改革に関わる提言』運輸安全委員会，2011 年。
ベック，U.『危険社会』法政大学出版局，1998 年。
柳田邦男「システム事故論の視角」『おおぞら』1976 年春号。
柳田邦男『失速・事故の視角』文春文庫，1981 年。
山口厚『刑法　第 2 版』有斐閣，2011 年。
リーズン，J.『組織事故』日科技連，1999 年。
我妻榮・有泉亨『民法 2　債権法　第 3 版』一粒社，1977 年。

$$\left(\begin{array}{ll}第 1 \sim 5 節 & 西村　弘 \\ 第 6 節 & 佐藤健宗\end{array}\right)$$

第3章
群集の事故と安全

1 群集事故

（1）群集事故の分類

「群集」とは多くの人が群れ集まっている状態もしくはその人々のことを意味する。何らかの原因で群集の中の誰かが転倒し、それをきっかけに周囲の人々が連鎖的に転倒するタイプの事故を「群集事故」とよぶ。「群集」の代わりに「群衆」の文字が用いられることもあるが、慣習的に「群集」という表記が用いられることが多いので、本書では「群集」に統一する。

群集事故は「将棋倒し」と「群集なだれ」の2種類に大別される。それぞれの事故形態の特徴について説明する。ここで、群集の混雑具合を表すのに、群集密度を「$1m^2$当たりの人数」で定義し、「人／m^2」の単位を用いる。

①将棋倒し

例えば、順番待ちの行列が進む時、段差で誰かがつまずいて前の人の背中を押し、押された人が前の人に倒れかかる、といったことが連鎖的に起こり、多くの人が転倒に巻き込まれることがある。このような形態の事故を将棋倒しとよぶ。将棋倒しでは、人の転倒が一方向に伝播するのが特徴である。

一般に、将棋倒しが発生するのは3〜5人／m^2程度の群集密度とされる。これは、一列に並んでいる行列を考えた場合、人の肩幅をおよそ50cm程度として、2mの間に3〜5人の人が並んでいるような行列を意味する。2mの中に5人が一列に並んだ状態を考えると、立っているだけなら問題はないが、かなり歩きにくい状態であることが想像できる。また、足下が見えにくい状態であるから、段差などにもつまずきやすい。

第Ⅰ部　事故の分析

表3-1　国内における主な群集事故

年　月	場　所	イベント	死者数
1904年5月	宮城馬場先門（東京）	戦勝祝賀提灯行列	20
1934年1月	国鉄京都駅（京都）	海兵団入営者見送り	77
1948年8月	万代橋（新潟）	花火大会	11
1954年1月	皇居二重橋（東京）	正月一般参賀	16
1956年1月	越後一宮弥彦神社（新潟）	初詣餅まき	124
1960年3月	横浜公園体育館（神奈川）	公開録音	12
1961年1月	松尾鉱山小学校（岩手）	映画会	10
2001年7月	朝霧歩道橋（兵庫）	花火大会	11

（出所）明石市民夏まつり事故調査委員会（2002, 59-73頁），日外アソシエーツ編集部（2010）を基に筆者作成。

②群集なだれ

　群集密度がさらに大きくなると，人々が接触し，互いに支え合うことで微妙なバランスを保つような状態になる。何らかのきっかけでこの均衡が崩れ，つっかえ棒を失ったように人々が倒れ込むタイプの事故を群集なだれとよぶ。通常は，その「つっかえ棒が外れた」場所に四方八方から人々が倒れ込み，すり鉢状に群集が崩壊する。雪山で発生する，いわゆる「雪崩」からのイメージとは異なるため，この形態の群集事故を「内部崩壊型の倒れ込み」と表現することもある。しかし本書では，新聞等でも広く用いられている「群集なだれ」という表現で統一することにする。

　群集なだれが発生する群集密度は10人／m^{2}程度以上とされている。この状態では群集の中の人々には大きな力がかかっており，その力は群集密度の増加とともに指数関数的に増加することが知られている[1]。

（2）群集事故の例

　1900年以降，日本国内で10人以上の死者を出す群集事故は8件発生している（表3-1）。最大の死者数を出した弥彦神社事故と最も新しい朝霧歩道橋事故について，簡単に説明する。

○弥彦神社事故

　1956年1月1日，初詣で拝殿前の斎庭に集まった客に対して餅まきが行わ

(出所) 筆者撮影（2012年9月3日）。

図3-1　随神門と石段

れた。餅まき終了後，帰路につく集団と，遅延した臨時列車から拝殿に向かう集団がタイミング悪く出くわすこととなった。両者は随神門付近および石段（図3-1）で衝突し，群集事故が発生した。

　この神社には二年参り（大晦日に旧年の無事を感謝するために一度お参りし，年が明けてから新年の無病息災を願って再度お参りする）の風習がある。このため，午前0時前後の短時間に多くの参拝客が集中しやすい。ここに臨時列車遅延という不運が重なり，集団同士が石段上の狭いスペースで衝突することになった。群集の圧力は玉垣を崩壊させるほどで，そこから人々が次々に転落し，多くの人が圧死した。また，当時の警備員は駐車場整理や臨時列車からの誘導に割かれ，拝殿付近には配置されていなかったことも事故の拡大を防げなかった要因といえる。

　○朝霧歩道橋事故

　2001年7月21日，兵庫県明石市で行われた明石市民夏まつりの花火大会終了後，会場から駅へと帰路につく客と駅から会場へ向かう客が朝霧歩道橋内で衝突し，群集事故が発生した。

　歩道橋は幅6m，長さ100mの南北の直線部分が南端で西側に折れ，階段に

第Ⅰ部　事故の分析

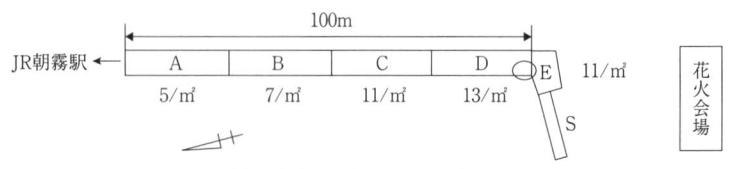

```
                    ←―――100m―――→
JR朝霧駅← │  A  │  B  │  C  │  D  │E  11/m²   花火会場
          │5/m² │7/m² │11/m²│13/m²│
                                    S
```

（出所）　明石市民夏まつり事故調査委員会（2002, 93-94頁）を基に筆者作成。

図3-2　事故時の歩道橋内群集密度

接続されている。群集事故が発生したのは，図3-2の丸印で示したコーナー付近であった。図3-2には歩道橋内をA～Eの五つの領域（図中Sは階段）に分けた時の各領域の群集密度を見積もった数値も示してある。[(2)] 事故が発生したコーナー付近では13～15人／m^2という超過密状態であったと考えられている。

この事故の死者11人の内訳は，9人が10歳未満の子どもであり，2人が70歳代の女性である。いわゆる災害弱者（高齢者，子ども，女性）が被害者となった典型的な例といえる。

表3-1のこれら以外の事故についても概要を示しておく。

・宮城馬場先門事故

　　日露戦争の勝利を祝う提灯行列が馬場先門に行く手を遮られて人々が混乱し，群集事故が発生した。

・国鉄京都駅事故

　　呉の海兵団への入団者とその付添人を見送る人が京都駅の跨線橋で押し合い，なだれ落ちた。

・万代橋事故

　　信濃川で開催された花火大会の開始とともに観衆が万代橋に押し掛け，欄干が約40mにわたって崩落し，約100人が信濃川に転落した。

・皇居二重橋事故

　　皇室一般参賀に集まった人を二重橋手前で通行規制したが，この情報が後方に伝わらず，人が押し寄せた。圧迫される最前列の人を解放するため，警備員が規制を緩めたところ，制御しきれずに人が殺到した。

・横浜公園事故

　　人気タレントを集めたラジオの公開録音で，開場前に定員を超える客が

集まった。急遽，入り口を変更したが，移動の際に順番が狂ったなどの不満の声が上がっていた。開場時，入場券をもたない人が列に割り込み，混乱状態となり，群集事故が発生した。

・松尾鉱山小学校事故

　小学校での新年祝賀会の後，児童らは鉱業所の会館で開かれる映画会のために移動した。階段を降りてすぐのところに下足場があり，履き替えのために腰を屈めた児童の上に後続の児童が乗りかかるようにして次々と転倒した。

　群集事故は海外でも発生している。以下にいくつかの例を示す。

・石投げの儀式（サウジアラビア）

　イスラム教の儀式に数十万〜数百万人の信者が集まる。ジャマラ橋で行われる石投げの儀式において，1990年に1400人以上の死者を出したのをはじめ，1994年に266人，2004年に249人，2006年に346人など，多くの死者を出す群集事故が頻発している。

・ヒンズー教寺院（インド）

　近年，インドのヒンズー教寺院において，2005年に340人，2008年に249人など，多くの死者を出す群集事故が多発している。

・モスク（イラク）

　2005年8月，バグダットのモスクで巡礼者の移動中に「自爆テロ」の流言が流れた。パニックが発生し，群集事故により965人が死亡した。

・水祭り（カンボジア）

　2010年11月，雨季明けを祝うカンボジアの伝統行事において，橋の上で群集パニックが発生した。溺死・圧死により347人が死亡した。

・ラブパレード（ドイツ）

　2010年7月，ベルリンの壁崩壊の年以降，毎年行われていた野外音楽イベントがデュイスブルクで行われた。会場に向かうトンネル内で，行き帰りの客が衝突し，21人が死亡した。

・サッカー場

　1964年にはペルーで318人，1982年にはソ連で340人，1985年にはベ

ルギーで39人，1989年にはイギリスで96人など，ヨーロッパや南米ではサッカー場の観客による群集事故が発生している。

（3）群集事故発生要因と対策

群集事故が発生するのは「多くの人が集まる場所」である。前項で紹介した過去の群集事故例から，具体的には以下のような場所で多くの事故が発生していることがわかる。

○宗教的行事

石投げの儀式，ヒンズー教寺院等で多くの人が亡くなる群集事故が繰り返し発生している。また，国内においても最大の死者数を出した群集事故は初詣（弥彦神社）の際に発生している。

○祭り・イベント

カンボジア水祭り，音楽イベント（ラブパレード，横浜公園），花火大会（朝霧歩道橋，万代橋）など，国内外を問わず，多くの群集事故発生例が見られる。

○スポーツ観戦

海外ではサッカー場，国内では野球場での事故が多い。宗教的行事や祭り・イベントでもいえることだが，人々が興奮状態にあると群集事故発生の危険性が高まる。

これらの場所に行き，気がつくと群集密度10人/m^2というような密集状態の中に入ってしまうことがあるかも知れない。前述のとおり，群集事故発生の危険性が高い密度である。しかし，たとえ危険性を認識していても，この状況では自分の意志や力ではどうすることもできない。群集事故に巻き込まれないようにするには，上記のような場所に近づくことを避けるのが最も確実である。

上記のように多くの人が集まる場所において，以下のような要因があると，さらに群集事故発生の危険性が高まる。逆に，これらの要因を排除・軽減することが群集事故発生への予防対策であるといえる。

○対面通行

群集密度がそれほど大きくなければ，第2節第3項で示すように，対面通行

においては自発的にレーン形成しながらすれ違うことができる。しかし，群集密度が大きくなると両方向の歩行者が衝突し，滞留しながら押し合うことになる。朝霧歩道橋事故，弥彦神社事故，ラブパレード事故など，この形態による群集事故は数多く発生している。一方通行や通路の分離などにより，異なる方向への歩行者同士の衝突を避けることが事故防止につながる。

○階段・段差

群集密度が大きい状態では足元が見えにくく，ちょっとした段差でつまずきやすい。それがきっかけで群集事故に至ることも多い。二重橋事故や横浜公園事故はこのことがきっかけであるとされている。できるだけ段差を作らず，スロープを設けるといった対策が効果的である。

○群集の集中

イベントやスポーツの試合などでは，早くから来る人もいればギリギリになって入場する人もいるため，入場時の混雑は分散されやすい。これに対して，終了後は一斉に退場するため，群集が集中しやすい。弥彦神社の二年参りの風習なども群集の集中を招く要因となっていた。プロスポーツの試合では，試合終了後にヒーローインタビューが行われることが多いが，これには退場客を分散させる効果がある。また，競馬では1日の全12レースのうち，メインレースを11番目に設定している。これも退場客を分散させる効果を狙ってのことである。これらを参考に，多くの人が集まるイベント等を行う際には，特に終了後の退場者を分散させる手段を検討するべきである。

2　群集のふるまい

群集密度が非常に小さい時には，個々の歩行者が自由に行動できるため，群集のふるまいは個人の単純な重ね合わせとなる。しかし，群集密度が大きくなるにつれて，歩行者は他の歩行者からの影響を受け，自分の意志だけでは行動できなくなるため，群集としての特徴的なふるまいを示すようになる。本節ではそれらのうち代表的なものについて紹介する。

第 I 部　事故の分析

（1）群集密度と歩行速度

　仮に全歩行者が一方向にまったく同じ速度で歩行するならば，群集密度が大きくなっても同じ速度で歩くことができるはずである。しかし，実際には各人で歩行速度にばらつきがあるため，ある程度以上の群集密度になると全体の歩行速度が低下する。群集密度 $\rho\,[\text{人}/\text{m}^2]$ と歩行速度 $v\,[\text{m/s}]$ の関係については古くから実験的研究が行われてきた。以下に主なものを挙げる。

(1) 木村・伊原式（べき乗）[3]

$$v = 1.272 \rho^{-0.7954}$$

(2) 戸川式（反比例）[4]

$$v = \frac{1.5}{\rho}$$

(3) Fruin 式（直線）[5]

$$v = -0.417 \rho + 1.433$$

　これらの実験式をグラフにまとめると図3-3のようになる。三つの式に差があるように見えるが，歩行速度については，測定者ごとのデータ間に差があり，また特定の測定者のデータ内でも比較的大きなバラツキがあるため，上記の関係式の優劣は判断しづらい。

（2）アーチアクション

　道幅が急に狭くなる部分をボトルネックとよぶ。建物の出入り口，橋や階段などがその例である。ボトルネックでは群集の流れが悪くなることで，群集密度が大きくなりやすく，群集事故が発生しやすい。

　ラッシュアワーの電車から出ようとして多くの人が一斉に扉に向かうと，人々の肩同士が引っかかり，一瞬動きが止まるような状態になることがある。このような時は，出口に向かって眼鏡橋のような群集のアーチが形成されていることが多い。これをアーチアクションとよぶ。例えば，建物内で火災が発生し，人々が扉から脱出する際，アーチアクションが発生すると脱出効率が低下してしまう。

　西成活裕ら[6]は次のような実験を行った（図3-4）。部屋の中に40人の人を

第**3**章　群集の事故と安全

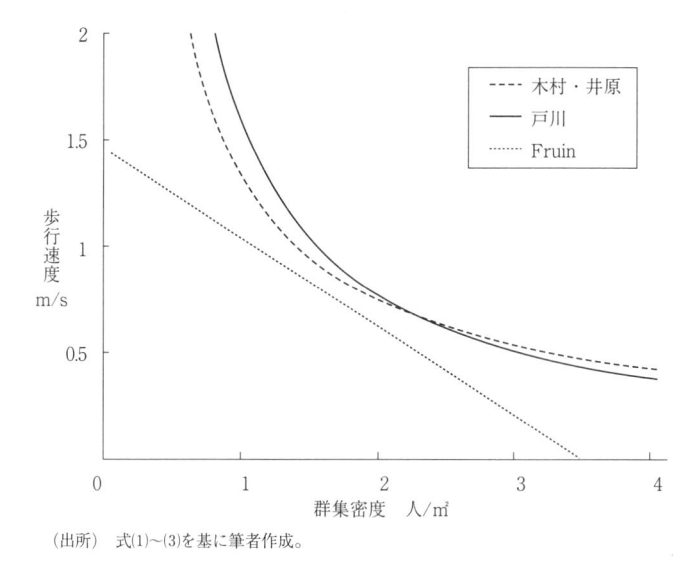

(出所)　式(1)～(3)を基に筆者作成。

図 3-3　群集密度と歩行速度の関係

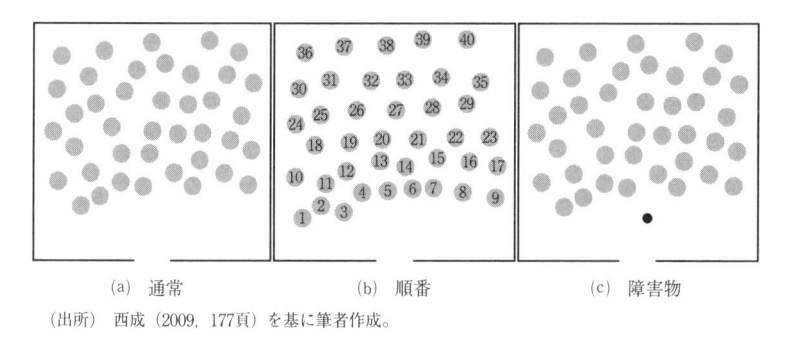

(a)　通常　　　　　(b)　順番　　　　　(c)　障害物

(出所)　西成（2009, 177頁）を基に筆者作成。

図 3-4　部屋からの脱出実験

入れ，幅 50 cm の出口から脱出してもらう。この脱出実験を 6 回行ったところ，脱出に要した時間の平均は 35.73 秒であった。次に，40 人に順番を決め，順番通りに脱出するよう指示したところ，6 回の平均脱出時間は 30.55 秒と 5 秒以上短縮された。これは，順序よく脱出することにより，出口でのアーチアクションの発生を回避できるためであると説明できる。最後に，出口付近に障害物（直径 20 cm のポール）を設置し，順番を決めずに脱出してもらったところ，

51

6回の平均脱出時間は33.70秒であった。障害物を置いていない時よりも，2秒以上短縮されている。直感的には，出口付近に障害物があると脱出の妨げとなり，脱出時間が長くなるように感じる。しかしこの結果は，障害物を適切な位置に配置することで，障害物を置かない時よりも効率的に脱出できることを示している。ビンに米粒を詰め，逆さまにするとアーチが形成されて出てこなくなるが，このとき，爪楊枝を出口から差し込んでやると米が排出されるようになる。これは爪楊枝が米のアーチを崩しているからであるが，この実験における障害物は爪楊枝と同様の役割を果たしているものと考えればよいだろう。

（3）レーン形成

駅前の横断歩道などで，多くの人が対向しながら歩いている時，人々は自発的にレーンを形成しながらすれ違う。いったんレーンが形成されると，それらのレーンは比較的安定して維持される。ただし，第1節第3項で述べたように，対面通行において群集密度が大きくなるとレーンは形成されず，閉塞状態となる。この状態では群集事故発生の危険性が非常に高い。自発的にレーンが形成される臨界群集密度は，通行規制の要・不要を判断するのに重要な情報といえる。

3　群集流動シミュレーション

過去の群集事故事例を基に，多くの教訓が得られてきた。各種イベントではそれらに基づいて事故発生防止対策がなされている。しかし，それでも群集事故の発生をゼロにすることはできない。新たな群集事故が発生した時には，その発生メカニズムについて十分な調査を行い，さらなる教訓を得ることが必要となる。発生した群集事故について調べるのに，人間を使って再現実験を行うのは危険である。そこで，コンピュータを利用した群集流動シミュレーションが有用なツールとなり得る。群集流動シミュレーションは事故解析に用いられるだけでなく，建築空間や都市空間のデザインにも利用される。

群集流動シミュレーションには様々な種類がある。以下，主なものについて

第3章　群集の事故と安全

説明する。

(1) セルオートマトン

　空間を「セル」とよばれる格子に分割し，各セルは「占有されている」か「空っぽ」かの2種類のうちのいずれかの状態を取るものとする。次の時刻におけるセルの状態は近傍のセルの状態によってあらかじめ定められた「ルール」を基に決定される。占有されている状態はその場所に人が立っていることを表し，空っぽの状態はそこに誰も立っていないことを表しているとすれば，歩行者の流れの時間発展が表現されることになる。

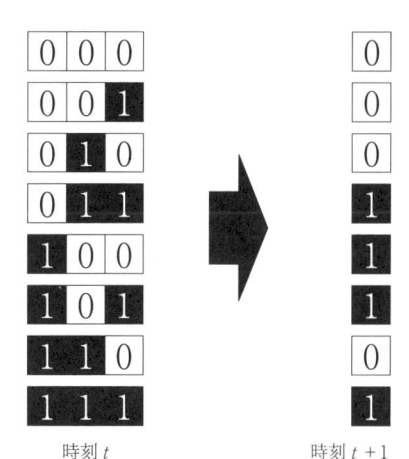

図3-5　1次元セルオートマトンにおけるルールの例
(出所)　西成（2009, 107頁）を基に筆者作成。

　以下に具体例を示す。話を1次元に限定すると，ある時刻 t における隣接3セルの状態は，図3-5の左側に示す8種類しかない。ここでは，セルが占有されている状態を1で表し，空っぽの状態を0で表している。それぞれの状態に対して，次の時刻 $t+1$ で中央のセルがどのような状態になるか（すなわち，1になるか0になるか）をルールとして決めておく。例えば，時刻 t での8つの状態に対して，時刻 $t+1$ ではそれぞれ図3-5の右側のようになると決めておく。

　このルールにしたがって歩行者の流れを作ってみよう。時刻 t において，図3-6の一番上の状態であったとする。つまり，15個のセルが一直線に並んでおり，そのうち6個のセルが占有されている。これは，15人の人が並べる直線通路に6人の人が立っている状態と考えればよい。左から3つのセルは「0, 0, 1」の並びになっているので，図3-5の上から2番目の状態である。この時，次の時刻において，中央のセルは「0」となるルールなので，図3-6の時刻 $t+1$ において，左から2番目のセルは「0」となっている。同様に，時

53

第Ⅰ部　事故の分析

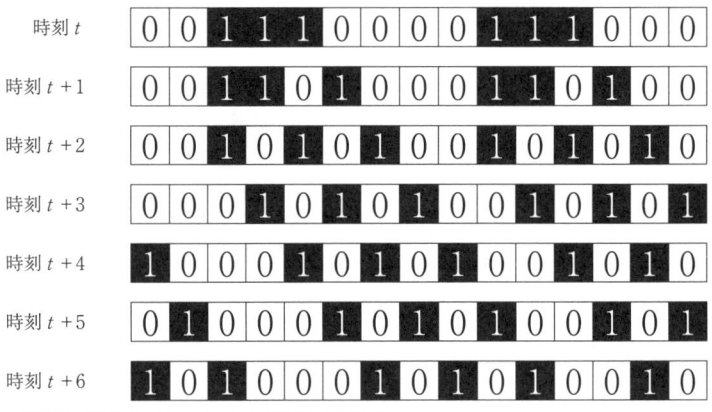

時刻 t 　　　0 0 1 1 1 0 0 0 0 1 1 1 0 0 0
時刻 $t+1$ 　　0 0 1 1 0 1 0 0 0 1 1 0 1 0 0
時刻 $t+2$ 　　0 0 1 0 1 0 1 0 0 1 0 1 0 1 0
時刻 $t+3$ 　　0 0 0 1 0 1 0 1 0 1 0 0 1 0 1
時刻 $t+4$ 　　1 0 0 1 0 1 0 1 0 1 0 0 1 0 0
時刻 $t+5$ 　　0 1 0 0 0 1 0 1 0 0 1 0 0 1 0 1
時刻 $t+6$ 　　1 0 1 0 0 0 1 0 1 0 1 0 0 1 0

（出所）　西成（2009, 107頁）などを基に筆者作成。

図3-6　セルオートマトンの実行例

刻 t において左から4，5，6番目のセルは「1，1，0」の並びなので，図3-5の上から7番目のルールにより，時刻 $t+1$ において，5番目のセルは「0」になっている。他のセルについても同様である。ただし，左右端は繋がっているものとして扱う。すなわち，1番左のセルの時刻 $t+1$ での状態を決めるには，時刻 t における15，1，2番目のセルの並び「0，0，0」に対して図3-5のルールを適用する。このようにすると，時間とともに歩行者がどのように進んでいくかを表すことができる。図3-5の歩行ルールは，自分の右側が空いていれば一歩右に進み，右側が空いていなければその場にとどまる，というものになっている。したがって，図3-6のように，時間とともに歩行者は右側に進んで行くことが表現されている。

（2）エージェントシミュレーション

　エージェントとは，コンピュータ上で発生させる自律的な行動主体を指す。特に複数のエージェントが相互作用するものをマルチエージェントシミュレーションとよぶ。歩行者の流れは基本的にマルチエージェントとなる。

　エージェントシミュレーションにおいても，セルオートマトンと同様に歩行ルールが定められる。例えば，図3-7に示すように，(a)前に誰もいなければ

第**3**章　群集の事故と安全

(a)　　　　　　　　　(b)　　　　　　　　　(c)

（出所）兼田（2010, 80頁）を基に筆者作成。

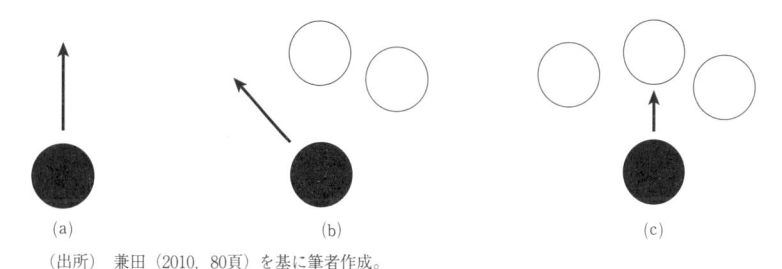

図3-7　エージェントシミュレーションにおける歩行ルールの例

真っすぐ進むが，(b)前に人がいる場合，それを避けて進もうとする。(c)避ける方向がなければ，歩く速度を緩める。

　ルールベースで歩行者の挙動を模擬する，という点ではセルオートマトンと同様であるが，エージェントシミュレーションは個々のエージェントを個別に追跡するところが最大の特徴である。図3-6では歩行者が右側に進んでいるように見えるが，実際には空間に固定されたセルの値が0か1かで変化しているだけである。図3-5で「右側に進んでいるように見えるルール」を設定したからそのように見えるだけで，特定の歩行者が進んでいるわけではない。ちょうど，スポーツ観戦中に観覧席で見られるウェーブのようなものと考えればよい。観客はそれぞれの座席で立ったり座ったりしているだけであるが，遠くから見ると「波」が移動しているように見える。これに対して，エージェントシミュレーションでは個別のエージェントを実際に動かす。したがって，エージェントシミュレーションでは個々のエージェントに個性の違いをもたせることができる。また，セルオートマトンでは空間に固定されたセル上にしか歩行者が存在できないが，エージェントシミュレーションでは自由空間内を移動できることになる。ただし，図3-5のような歩行ルールを作るのにセルを使う方が便利であることから，エージェントの移動をセル上に制限することも多い。

（3）流体モデル

　あらゆる物質は固体・液体・気体の三つの状態を取り得るが，このうち，液体と気体を総称して流体とよぶ。流体の運動については流体力学という学問分

野が確立されており，気象，スポーツ（球技，水泳，スキージャンプなど），乗り物（飛行機，レーシングカーなど）など，私たちの身の周りの多くの現象と関連している。群集全体を流体と捉え，群集の流れを表すのに，確立された流体力学を利用しよう，というアイデアに基づいたものが流体モデルである。

　例えば，流体力学における基礎的かつ重要な式に連続の式がある。これは質量保存則であり，漏れがないホースの中の水の流れなどに対しては，

　　　　　（水の密度）×（ホースの断面積）×（水の流れる速度）＝一定

と表される。水を撒いていて，ホースの出口を指でつまむと，水が遠くまで飛ぶことを経験的に知っているだろう。このことは，上式を使って次のように説明できる。指でつまむことによってホースの断面積が小さくなる。水の密度は変わらないとすると，全体を一定に保つためには水の速度が大きくならないといけない（例えば断面積が2分の1になったのであれば，速度は2倍にならないといけない）。だからホースの出口を指でつまむと水が遠くまで飛ぶ。

　これを人の流れに当てはめてみる。

　　　　　　　　（群集密度）×（道幅）×（歩行速度）＝一定

　これは「質量保存」という観点からは正しい式といえる。流体力学を人の流れにも適用できそうである。ところで，ホースの水まきでは，出口を狭めると水が速く流れた。しかし，道幅が狭いところで人の歩行速度は速くなるだろうか。実際にはむしろ逆で，狭いところでは人の流れが悪くなり，歩行速度は遅くなるだろう。流体と人とではどこが違うのだろうか。

　ホースの水まきでは「水の密度は変わらないとする」としていた。したがって，断面積が小さくなると速度が速くなるしかなかった。しかし，密度が変化できるのであれば，断面積が小さくなった時，水の速度が大きくなるかわりに，密度が大きくなっても連続の式が満たされる。私たちの日常生活の上では，水や空気の密度はほぼ一定であると考えて差し支えない。だが，人の流れにおける群集密度は変化する。道幅が狭くなった時，群集密度がかなり大きくなれば，歩行速度が小さくなっても全体を一定に保つことが可能である。このように，密度変化を考えた流体力学であれば，人の流れに適用できそうである。

　流体力学では，連続の式以外に，力を受けた時に流体がどのように動くかを

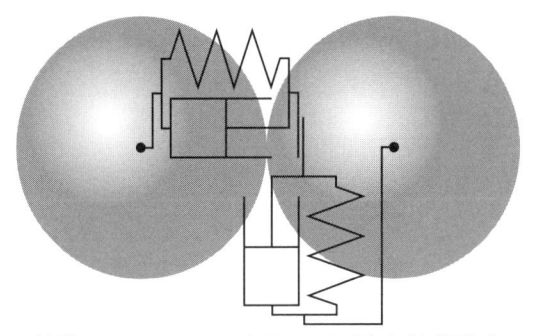

(出所) Cundall and Strack（1979，pp. 47-65）を基に筆者作成。

図3-8　離散要素法

表す式（運動方程式）も確立されている。つまり，セルオートマトンやエージェントシミュレーションと違って，流体モデルは力学的モデルとなっており，作用する力の解析などを行うこともできる。

（4）粒子モデル

　群集事故をコンピュータで解析する際には，流体モデルのような力学的モデルを用いて力の分布を解析することも必要となる。一方，事故に至る経緯を解析する上では，各人の個性の違いが重要な意味をもつこともあり，エージェントシミュレーションのような手法が必要なこともあるだろう。両者の特長を兼ね備えた手法として，粒子モデルがある。

　図3-8は離散要素法（DEM：Discrete Element Method）[7]とよばれる手法のモデル図で，もともとは土質力学における岩石や粉体工学における粉粒体の挙動をコンピュータ・シミュレーションするのに用いられてきた。岩石や粉粒体が互いに衝突したり回転したりすることも考慮しながら，一つひとつの動きをすべて計算し，全体の挙動を求めようとする手法である。この岩石や粉粒体を表す粒子を人と捉えることで，群集の挙動を模擬できる可能性がある。

　図3-9はDEMを用いた計算例である[8]。これは朝霧歩道橋事故の解析を想定して行われたものである。色の濃さは粒子（人間）にかかる力の大きさを表している。第1節第2項で述べたように，実際の事故はコーナー部で発生した。

57

第Ⅰ部　事故の分析

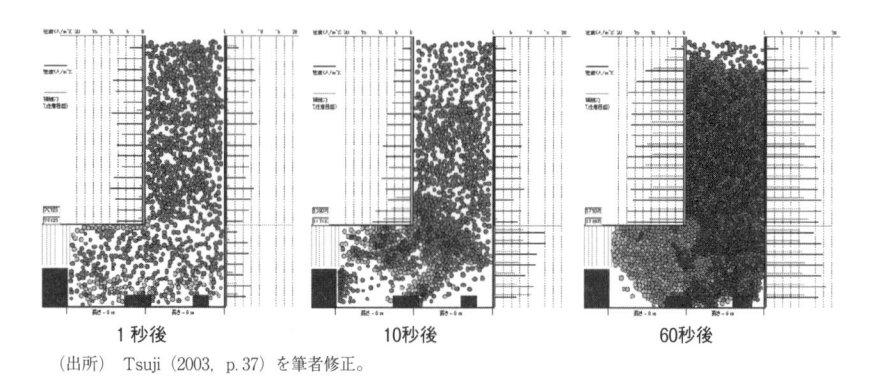

|1秒後|10秒後|60秒後|

（出所）　Tsuji（2003, p.37）を筆者修正。

図3-9　粒子モデルによる計算例

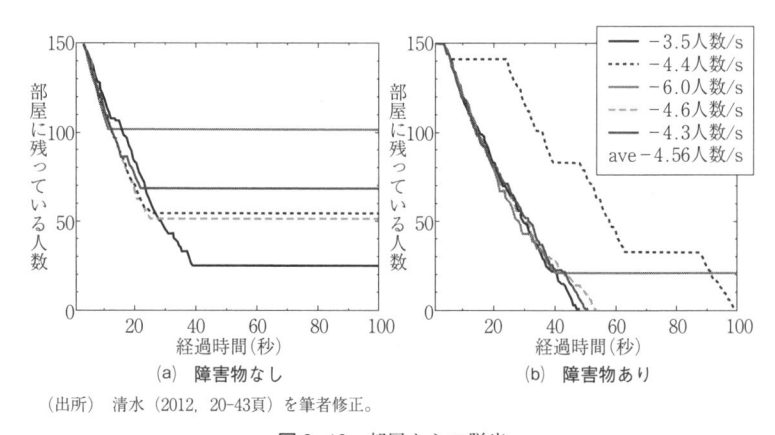

(a)　障害物なし
(b)　障害物あり

凡例：－3.5人数/s、－4.4人数/s、－6.0人数/s、－4.6人数/s、－4.3人数/s、ave－4.56人数/s

（出所）　清水（2012, 20-43頁）を筆者修正。

図3-10　部屋からの脱出

図3-9においても群集密度の増加とともにコーナー部で大きな力が発生し始めることが確認できる。また，最終的に密集した状態においても，色の薄い場所，すなわちあまり大きな力を受けていない人の集団が島状に存在することがわかる。これは満員電車の車内でも経験することで，周りから大きな力を受け，足が浮くほどの時もあれば，ふとした時に両手を自由に動かせる状態になることもある。実際，この事故時に歩道橋内にいた人からの聞き取りから，歩道橋内がそのような状態であったことが確認されている。第3節第3項の流体モデルでも力の解析を行うことができるが，流体では力は均一に分布する。このよ

うな離散的な現象は粒子モデルでしか表現することができない。

　別の適用例として，部屋に150人の人（直径40cmの円で表現）を配置し，幅80cmの出口から脱出する時の挙動を解析した。図3-10は部屋に残っている人数の時間経過を表すグラフである。(9)人の初期配置を変えて計算を5回行ったが，いずれの場合もアーチアクションが発生し，途中で脱出に失敗した（図3-10(a)）。もちろん，実際の人間はアーチアクションが発生しても自分たちでそれを崩し，最終的には全員が脱出できるが，少なくともアーチアクションの発生により時間のロスが生じる。次に，西成らの実験(10)（図3-4参照）を参考に，出口付近に障害物（直径80cmの円）を置いたところ，5回中1回はアーチアクション発生による脱出失敗があったが，残る4回は全員が脱出することに成功した。特にそのうち3回はアーチアクションを発生することなく，スムーズな脱出に成功していることがわかる。

　セルオートマトンやエージェントシミュレーションにおいて，前方に人がいる場合にはその場にとどまる，というルールを入れておけば，図3-9のように，対向する群集同士が詰まってしまうような状況を再現することは可能である。しかし，アーチアクションのように，前方が空いているにも関わらず，前に進めないような状況は，単純な歩行ルールを設定するだけでは表現できない。アーチアクションを再現することを目的とした特殊なルールを設定することが必要となるだろう。アーチアクションのように力学的な作用による現象を自然に再現できることは，粒子モデルの大きな特長である。

　以上のことから，群集事故が発生するような群集密度が非常に高い状況の解析を行うには，粒子モデルが有用であるといえる。ただし，粒子モデルはセルオートマトンやエージェントシミュレーションに比べて計算負荷が格段に大きいという制約がある。必要に応じて，適切なモデルを用いることが望ましい。

注
(1)　吉村（2007, 72-77頁）。
(2)　明石市民夏まつり事故調査委員会（2002, 93-94頁）。
(3)　木村・伊原（1937, 307-316頁）。

第Ⅰ部　事故の分析

(4)　戸川（1963）。
(5)　フルーイン／長島訳（1974）。
(6)　Nishinari, Suma, Yanagisawa, Tomoeda, Kimura and Nishi（2008, pp. 293-307）。
(7)　Cundall and Strack（1979, pp. 47-65）。
(8)　Tsuji（2003, pp. 27-38）。
(9)　清水（2012, 20-43頁）。
(10)　Nishinari, Suma, Yanagisawa, Tomoeda, Kimura and Nishi（2008, pp. 293-307）。

参考文献

明石市民夏まつり事故調査委員会『第32回明石市民夏まつりにおける花火大会事故調査報告書』2002年。

岡田光正『群集安全工学』鹿島出版会，2011年。

梶秀樹・塚越功『都市防災工学』学芸出版社，2007年。

兼田敏之『artisocで始める歩行者エージェントシミュレーション』構造計画研究所，2010年。

木村幸一郎・伊原貞敏「建築物内に於ける群集流動状態の観察」『建築学会大会論文集』1937年。

清野純史・三浦房紀・瀧本浩一「被災時の群集避難行動シミュレーションへの個別要素法の適用について」『土木学会論文集』第537巻，1996年。

釘原直樹『グループ・ダイナミックス』有斐閣，2011年。

清水貴史「群集避難シミュレーションに対する力学的モデルの開発」修士論文，2012年。

日外アソシエーツ編集部『日本災害史事典 1868-2009』日外アソシエーツ，2010年。

西成活裕『渋滞学』新潮選書，2006年。

西成活裕『図解雑学　よくわかる渋滞学』ナツメ社，2009年。

戸川喜久二「群衆流の観測に基づく避難施設の研究」学位論文，1963年。

フルーイン，ジョン・J.／長島正充訳『歩行者の空間』鹿島出版会，1974年。

吉村英祐「群集事故を解析する──明石歩道橋事故での群集圧力と群集密度の推定」『生産と技術』第59巻第3号，2007年。

Blue, V. J., Adler, J. L., "Cellular Automata Microsimulation of Bi-Directional Pedestrian Flows," *Journal of the Transportation Research Board*, Vol. 1678, 2000.

Cundall, P. A., Strack, O. D. L., "A Discrete Numerical Model for Granular Assemblies," *Geotechnique*, Vol. 29, No. 1, 1979.

Gipps, G. P., Marksjo, B., "A Microsimulation Model for Pedestrian Flows," *Mathematics and Computers in Simulation*, Vol. 27, 1985.

Helbing, D., "A Fluid Dynamic Model for the Movement of Pedestrian," *Complex Systems*, Vol. 6, 1992.

Helbing, D., Farkas, I. and Vicsek, T., "Simulating Dynamical Features of Escape Panic," *Nature*, Vol. 407, 2000.

Henderson, L. F., "On the Fluid Mechanics of Human Crowd Motion," *Transportation Research*, Vol. 8, 1974.

Hillier, B., Penn, A., Hanson, J. and Grajewski, T., "Natural Movement ; or Configuration and Attraction in Urban Space Use," *Environment and Planning B : Planning and Design*, Vol. 20, 1993.

Nishinari, K., Suma, Y., Yanagisawa, D., Tomoeda, A., Kimura, A. and Nishi, R., "Toward Smooth Movement of Crowds," *Pedestrian and Evacuation Dynamics 2008*, 2008.

Tsuji, Y., "Numerical Simulation of Pedestrian Flow at High Densities," *Pedestrian and Evacuation Dynamics 2003*, 2003.

(川口寿裕)

第4章
リスク解析のための数理モデル

1 様々な数理モデルとその利用局面

　その発生時期が明確でなく，人間社会に対して何らかの損害をもたらす可能性がある事象は，リスクをもつといわれる。社会の高度化，複雑化に伴い，私たちが日々直面するリスクは多種多様なものとなっているため，それらすべてを完全に回避することは不可能といわざるを得ない。したがって，リスクを伴う事象の発生時期や損害の大きさ，考えられる対処方法の有効性などを定量的に評価した上で，個人や社会がそれぞれの立場において必要な対策を適切に実行することが重要になっている。

　リスクの定量的解析を行うためには，リスクを伴う事象の発現の有無あるいはその程度を表すデータを，その事象に関連すると思われるいくつかの要因によって説明・予測する数理モデルを構築することが必要になる。注目している事柄に関する物理・化学法則を基にモデル式を定式化できる場合もあるが，関連すると思われる要因をいくつか選択してモデル式の構造を仮定し，観測データを基に回帰分析の手法を用いて各要因の係数などを決定するとともに，モデル式の妥当性を統計的に検定するというプロセスを繰り返すことによって，試行錯誤的に数理モデルを構築せざるを得ない場合も少なくない。

　一般に，ある事象に伴って発生するリスクの大きさや，それに対する対策の有効性は，時間とともに変化する。時間の経過に伴って状態が変化するシステムを記述する数理モデルは力学モデルとよばれ，ある要因が時間とともに変化する割合をいくつかの要因の関数で規定する微分方程式で表現することが多い。微分方程式が解析的に解ける場合はまれであるが，各要因の大きさが時間的に

変化しない平衡点とよばれる点が見つかれば，その近傍で各要因が互いに関連しながらどのように変化するかを明らかにできる場合がある。

　回帰分析によって得られる数理モデルや，微分方程式で記述される力学モデルは，外乱のない理想的な状況におけるシステムの挙動を表現したものと見なすことができる。一方，現実のシステムを構成する個々の要素は，様々な要因が積み重なってより不確実な状態変化を示す。時間的に変化する確率現象は，確率過程とよばれる数学モデルで記述できる。確率過程を用いると，個々の要素がある状態から別な状態に遷移する確率を適切に定義することにより，システムの状態がどのように変化していくかを解析できる。

　一方，システムを構成する一つひとつの要素の挙動を細かく定義した individual based model とよばれる数理モデルを構築し，計算機シミュレーションによってシステムの状態変化を再現しようとする研究も盛んに行われている。しかしながら，実用規模のシミュレーションを行うには膨大な計算機パワーが必要となるため，現場で対策の効果をリアルタイムで評価しなければならないような場合には，システム全体のマクロな振舞を記述する微分方程式や確率過程モデルを用いる方が有利である場合も少なくない。

　そこで，この章では，一般線形モデルに基づく回帰分析と統計的検定，微分方程式モデル，確率過程モデルを用いたリスク解析の方法について簡単に紹介する。

2　一般線形モデルに基づく回帰分析と統計的検定

　例えば，ある機械の冷却水に海水を用いると故障しやすくなることを検証したい時，様々な事例を調査してその結果を表4-1のようにまとめると，定量的に評価できる。表4-1のように，縦方向に原因と思われる要因を，横方向に結果となる要因を配置して，交差する部分に対応する事例の発生件数を記述した表をクロス集計表という。

　海水を使うと，淡水を使う場合に比べて故障する頻度がどれぐらい大きくなるかは，式

表 4-1 クロス集計表の例

事例の数		一定期間内に	
		故障する	故障しない
冷却水	海 水	a	b
	淡 水	c	d

$$r = \frac{a}{a+b} \div \frac{c}{c+d} = \frac{a(c+d)}{(a+b)c}$$

により定義されるリスク比で評価できる。リスク比を計算するには，冷却水に海水を用いる事例と冷却水に淡水を用いる事例をいくつか用意して，それぞれについて使用開始から一定期間追跡調査を行い，故障が起きたか否かを記録する要因対象研究を行う必要がある。

要因対象研究を行う時間的余裕がない場合には，一定期間内に故障した事例と故障しなかった事例をいくつか集めて，使用した冷却水が海水であったか淡水であったかを調査する結果対象研究を行う。結果対象研究で得られたクロス集計表を用いる時は，式

$$s = \frac{a}{c} \div \frac{b}{d} = \frac{ad}{bc}$$

により定義されるオッズ比を用いて，冷却水に海水を用いることの危険性を評価する。なお，a が b より十分小さく，c が d より十分小さければ，オッズ比はリスク比のよい近似となる。

リスク比やオッズ比は，クロス集計表を作成するために選択した事例に依存するので，その値が1より大きくても，直ちに冷却水に海水を用いると故障しやすいと結論することはできない。そこで，検証したい事柄を否定した帰無仮説の下で，ある統計量が観測データから得られるような値になる確率を求め，その値が有意水準とよばれる値より小さければ，帰無仮説が成り立つ可能性は非常に低いので検証したい事柄は成り立つと結論づける統計的仮説検定という手法を用いる。

クロス集計表の縦と横に割り当てられた要因の因果関係を検証するには，カイ2乗検定とよばれる手法を用いる。表 4-2 を因果関係がない場合に得られるはずのクロス集計表とすると，表 4-1 より各欄の値は

$$\bar{a} = \frac{(a+b)(a+c)}{a+b+c+d},\ \bar{b} = \frac{(a+b)(b+d)}{a+b+c+d},\ \bar{c} = \frac{(c+d)(a+c)}{a+b+c+d},\ \bar{d} = \frac{(c+d)(b+d)}{a+b+c+d}$$

となるはずである。したがって表 4-1 と表 4-2 の差を測るカイ 2 乗値とよばれる統計量

$$\chi^2 = \frac{(a-\bar{a})^2}{\bar{a}} + \frac{(b-\bar{b})^2}{\bar{b}} + \frac{(c-\bar{c})^2}{\bar{c}} + \frac{(d-\bar{d})^2}{\bar{d}}$$

表 4-2　因果関係がない場合のクロス集計表

事例の数		一定期間内に	
		故障する	故障しない
冷却水	海水	$\bar{a}$	$\bar{b}$
	淡水	$\bar{c}$	$\bar{d}$

の値が大きいほど,「冷却水に海水を用いても,故障しやすくなるとはいえない」という帰無仮説が成り立つ確率は低くなることがわかる。帰無仮説を棄却する具体的な基準など,カイ 2 乗検定の詳細については,土田・山川(2011)を参照されたい。

クロス集計表に対するカイ 2 乗検定は,カテゴリー型のデータをもつ一つの要因が,注目する事象の発生に関係があるかを検証する方法である。数量データをもつ要因の影響を検証する場合や関係する要因が複数考えられる場合は,回帰分析を用いる必要がある。

要因 1 と要因 2 の観測データの組 (x_1, x_2) に対して,式

$$y(x_1, x_2 ; a_1, a_2, b) = \frac{1}{1 + e^{-(a_1 x_1 + a_2 x_2 + b)}}$$

で定義される関数 y が機械の故障など注目する事象のおきる確率を表すように,係数 a_1, a_2 と定数 b の値を推定する方法をロジスティック回帰分析という。係数 a_1, a_2 と定数 b の推定値 $\hat{a}_1, \hat{a}_2, \hat{b}$ は,最尤法とよばれる方法により定めることができる。例えば,機械が故障した場合の観測データが $(x_1^{(1)}, x_2^{(1)})$, $\cdots$, $(x_1^{(m)}, x_2^{(m)})$, 故障しなかった場合の観測データが $(x_1^{(m+1)}, x_2^{(m+1)})$, $\cdots$, $(x_1^{(n)}, x_2^{(n)})$ である時,非線形最適化の手法(福島, 2011)を用いて,式

$$L(a_1, a_2, b) = y(x_1^{(1)}, x_2^{(1)}, a_1, a_2, b) \times \cdots \times y(x_1^{(m)}, x_2^{(m)}, a_1, a_2, b) \\ \times \{1 - y(x_1^{(m+1)}, x_2^{(m+1)}, a_1, a_2, b)\} \times \cdots \times \{1 - y(x_1^{(n)}, x_2^{(n)}, a_1, a_2, b)\}$$

で定義される尤度関数 L を最大にする a_1, a_2, b の値を求めて $\hat{a}_1, \hat{a}_2, \hat{b}$ とすればよい。

関数 y は,二つの要因の値 (x_1, x_2) から注目する事象が起きる確率を予測

する関数である。関数 y がある閾値より大きい時にその事象が起き，閾値以下の時はその事象が起きないと考えることにすれば，$y(x_1^{(1)}, x_2^{(1)}; \hat{a}_1, \hat{a}_2, \hat{b})$，…，$y(x_1^{(m)}, x_2^{(m)}; \hat{a}_1, \hat{a}_2, \hat{b})$ の中で閾値を超えるものの数と，$y(x_1^{(m+1)}, x_2^{(m+1)}; \hat{a}_1, \hat{a}_2, \hat{b})$，…，$y(x_1^{(n)}, x_2^{(n)}; \hat{a}_1, \hat{a}_2, \hat{b})$ の中で閾値を超えないものの数の和を n で割った値は，関数 y の予測精度と見なすことができる。

関数 y の定義より，機械の故障などの注目する事象のオッズ，すなわち，その事象が起きる確率と起きない確率の比は，次式で計算できる。

$$\frac{y(x_1, x_2; \hat{a}_1, \hat{a}_2)}{1 - y(x_1, x_2; \hat{a}_1, \hat{a}_2)} = e^{\hat{a}_1 x_1 + \hat{a}_2 x_2 + \hat{b}}$$

したがって，冷却水に海水を用いることを $x_1 = 1$，淡水を用いることを $x_1 = 0$ で表せば，

$$\frac{\dfrac{y(1, x_2; \hat{a}_1, \hat{a}_2)}{1 - y(1, x_2; \hat{a}_1, \hat{a}_2)}}{\dfrac{y(0, x_2; \hat{a}_1, \hat{a}_2)}{1 - y(0, x_2; \hat{a}_1, \hat{a}_2)}} = \frac{e^{\hat{a}_1 + \hat{a}_2 x_2 + \hat{b}}}{e^{\hat{a}_2 x_2 + \hat{b}}} = e^{\hat{a}_1}$$

より，$e^{\hat{a}_1}$ は冷却水に海水を用いることの危険性を評価するオッズ比となることがわかる。

注目する事象の発生確率 y を要因 1, 2 の値 x_1, x_2 の関数として記述することの妥当性は，y が x_1, x_2 の関数ではない，すなわち，$a_1 = a_2 = 0$ という帰無仮説の下での尤度関数 $L(0, 0, b)$ の最大値が，$L(\hat{a}_1, \hat{a}_2, \hat{b})$ よりも極めて小さいことを確かめる尤度比検定を行うことによって検証できる。なお，$L(0, 0, b)$ を最大にする b の値を $\bar{b}$ とすると

$$\bar{b} = \log m - \log(n - m),$$
$$\log L(0, 0, \bar{b}) = m \log m + (n - m) \log(n - m) - n \log n$$

となることがわかる。また，式

$$R^2 = 1 - \frac{\log L(\hat{a}_1, \hat{a}_2, \hat{b})}{\log L(0, 0, \bar{b})}$$

で定義される R^2 は寄与率とよばれ，ロジスティック回帰分析の精度を評価する一つの指標となる。この他，観測データの選び方によって a_1, a_2 の推定値がばらつくことを考慮して，$\hat{a}_1, \hat{a}_2$ の妥当性を個別に検定する方法にワルド検定

がある。これらの検定法の詳細やロジスティック回帰分析の応用例については，丹後・山岡・高木（1996），Kleinbaum and Klein／神田監訳（2012）を参照されたい。

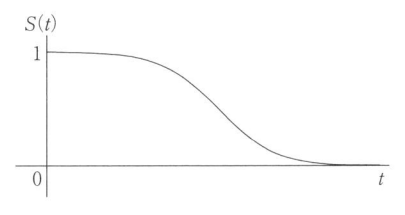

図4-1　生存関数の例

ロジスティック回帰分析は，ある機械が稼働開始後一定期間内に故障する確率を教えてくれる。しかし，保守の現場では，稼働開始後 t 日経過した機械が今日のうちに故障する確率がわかる方がありがたい。一般に，機械の故障など注目する事象が起きるまでの時間を生存時間という。生存時間は 0 以上の任意の実数値をとり得るが，その値は確率的に変動するため確率変数として取扱う必要がある。生存時間が t 以上である確率を t の関数として表現したものを生存関数といい，$S(t)$ と書く。図4-1 に示すように，生存関数は $S(0)=1, \lim_{t \to \infty} S(t) = 0$ を満たす単調非増加関数である。

生存時間の解析には，次式で定義されるハザード関数 $h(t)$ を用いる方がわかりやすい。

$$h(t) = -\frac{S'(t)}{S(t)} \quad \text{あるいは} \quad S(t) = e^{-\int_0^t h(u)\,du}$$

ただし，$S'(t)$ は $S(t)$ を t で 1 階微分した関数である。この時，$-S'(t)$ は稼働後 t 時間における単位時間当たりの故障率であるから，ハザード関数 $h(t)$ は，t 時間後まで稼働している機械がこの単位時間内にどれくらいの割合で故障するかを表す。例えば，

$$h(t) = \lambda p (\lambda t)^{p-1} \quad \text{あるいは} \quad S(t) = e^{-(\lambda t)^p}$$

とすると，$\lambda=1$ とおくことにより故障発生率が常に一定のモデルを，また，$\lambda>1$ （$\lambda<1$）とおくことにより環境の悪化（改善）により故障発生率が時間とともに増加（減少）するモデルを構成できる。また，故障発生までの時間に関する観測データを用いて生存関数を推定する方法に，カプラン・マイヤー法（高橋，2007）がある。

生存時間の従う分布は，サンプルのもつ特性によって異なると考えるのが自

然である。そこで，生存時間に影響を与える要因1と要因2の観測データの組 (x_1, x_2) に対して，式

$$h(t, x_1, x_2 ; a_1, a_2) = h_0(t)e^{a_1x_1+a_2x_2}$$

で定義される関数 h が対応するサンプルのハザード関数となるように係数 a_1, a_2 の値を推定する方法をコックス回帰分析，関数 h を比例ハザードモデルという。係数 a_1, a_2 の推定値 $\hat{a}_1, \hat{a}_2$ は，部分尤度法とよばれる方法により定めることができる。今，故障するまでの時間が $t^{(1)} < t^{(2)} < \cdots < t^{(n)}$ である n 個の機械の観測データを，それぞれ $(x_1^{(1)}, x_2^{(1)}), (x_1^{(2)}, x_2^{(2)}), \cdots, (x_1^{(n)}, x_2^{(n)})$ とする。その時，$t^{(k)}$ 時間後までに稼働している機械は $k, k+1, \cdots, n$ のいずれかであるから，そのいずれかが今故障するという条件の下で，実際に故障するのが k 番目の機械である確率 $L^{(k)}(a_1, a_2)$ は，次式で近似できる。

$$L^{(k)}(a_1, a_2) \approx \frac{e^{a_1x_1^{(k)}+a_2x_2^{(k)}}}{e^{a_1x_1^{(k)}+a_2x_2^{(k)}}+\cdots+e^{a_1x_1^{(n)}+a_2x_2^{(n)}}}$$

したがって，非線形最適化の手法を用いて部分尤度関数 $L^{(1)}(a_1, a_2) \times \cdots \times L^{(n)}(a_1, a_2)$ を最大にする a_1, a_2 の値を求めて $\hat{a}_1, \hat{a}_2$ とすればよい。係数 $\hat{a}_1, \hat{a}_2$ の妥当性は，尤度比検定やワルド検定で検証できる。これらの検定の詳細は，中村（2001）を参照されたい。

要因の値が異なるハザード関数の比をハザード比という。比例ハザードモデルでは，式

$$\frac{h(t, x_1^{(\ell)}, x_2^{(\ell)} ; \hat{a}_1, \hat{a}_2)}{h(t, x_1^{(m)}, x_2^{(m)} ; \hat{a}_1, \hat{a}_2)} = e^{\hat{a}_1(x_1^{(\ell)}-x_1^{(m)})} + e^{\hat{a}_2(x_2^{(\ell)}-x_2^{(m)})}$$

からわかるように，ハザード比は t に依存しない定数となる。したがって，ハザード比は要因の値の違いによってリスクの大きさがどの程度違うかを評価する指標となる。

3　微分方程式モデル

新型インフルエンザをはじめとする様々な感染症は，古来より人間社会を脅かす大きな脅威となっている。ある地域に感染者が侵入した時に，どの程度感

染が広がるのか，予防接種や感染者の隔離，移動制限によってどの程度の抑止効果があるのかを予測・評価するために，様々な数理モデルが活用されている（稲葉，2008；大日・菅原，2009）。ここでは，比較的少ない計算量で特定地域の感染の状況や予防接種の効果を評価できる微分方程式モデルについて述べる。

ある地域に住むある生物の時刻 t における個体数を $x(t)$ とすると，その1階微分 $x'(t)$ は，この生物の単位時間当たりの増加数を表す。各個体は単位時間当たり一定の数の子どもを出産すると考えられるが，同種の個体数が増えるにつれて，食糧不足などにより生き残れる子どもの数は減少してしまう。このような状況は，次式でモデル化できる。

$$x'(t) = (\lambda - \alpha x)x \quad (\lambda > \alpha > 0)$$

一般に，ある関数とその微分を含む方程式を微分方程式という。この微分方程式は

$$x(t) = \frac{k}{1 - ce^{-\lambda t}} \quad \left(k = \frac{\lambda}{\alpha}, \ c = 1 - \frac{k}{x(0)}\right)$$

のように解析的に解けて，十分時間がたつと個体数が k に落ち着くことがわかる。

次に，ある地域に餌となる生物が x 個体とそれを捕食する生物が y 個体いる場合を考える。この時，餌生物の各個体は単位時間当たり一定の数の子どもを出産するが，捕食者の数が多くなるほど生き残れる数が減る。一方，捕食者の各個体は単位時間当たり一定の割合で死滅するが，餌生物の数が多くなるほど死滅する割合は減少すると考えられる。このような競争的状況は，次のような連立微分方程式でモデル化できる。

$$x'(t) = (\lambda - \alpha y)x \quad (\lambda > \alpha > 0)$$
$$y'(t) = (\beta x - \gamma)y \quad (\gamma > \beta > 0)$$

この連立微分方程式を解析的に解くことは困難であるが，時間がたっても餌生物，捕食者の数がともに変化しない平衡点を求めることができる。実際，$x'(t) = y'(t) = 0$ とおくと，$(x, y) = (0, 0)$，$(\gamma/\beta, \lambda/\alpha)$ の2点が平衡点であることがわかる。

平衡点については，感染者の侵入など外乱が加わった時にどのような状態に

遷移するかを明らかにすることが重要である．外乱が加わると平衡点からどんどん離れていく場合を不安定，平衡点を含む一定の領域にとどまる場合を安定という．特に，外乱が微小ならばもとの平衡点に戻る場合を漸近安定という．ある平衡点 (x^*, y^*) を含む領域で，条件

$$\frac{dV(x^*, y^*)}{dt} = 0$$

$$\frac{dV(x, y)}{dt} < 0, \quad V(x, y) > V(x^*, y^*)$$

$$((x, y) \neq (x^*, y^*))$$

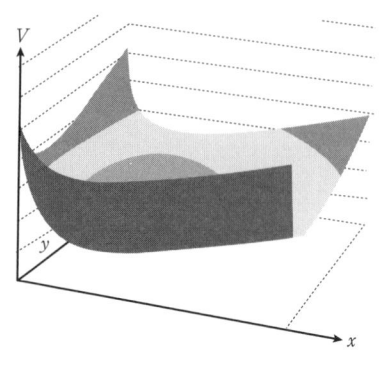

図 4-2 リアプノフ関数の概形

を満たすリアプノフ関数とよばれる関数 V が存在すれば，平衡点 (x^*, y^*) は漸近安定である．上の例の場合，

$$V(x, y) = \beta x - \gamma \log x + \alpha y - \lambda \log y$$

とおくと，元の微分方程式より dV/dt は (x, y) の値に関係なく 0 となるから，(x, y) は図 4-2 に示す V の等高線に沿って平衡点 $(\gamma/\beta, \lambda/\alpha)$ のまわりを周回する．

　感染症の流行をモデル化する場合には，免疫がなく感染への感受性がある者を餌生物，他人に感染させる力をもつ感染性状態の者を捕食者と考えて，餌生物と捕食者のモデルを適用すればよい．特に，流行が短期的で出生や死亡を考慮する必要がなく，感染性状態から回復すると免疫を保持して再感染しない感染症の場合には，連立微分方程式

$$x'(t) = (-\beta y) x$$
$$y'(t) = (\beta x - \gamma) y$$
$$z'(t) = \gamma y$$

でモデル化できる．ただし，$x(t), y(t), z(t)$ はそれぞれ時刻 t において感受性，感染性，回復状態にある個体数，β は各感染者が単位時間当たり感受性状態にある個体のどれくらいの割合に感染させるかを表すパラメータ，γ は感染

者のどれくらいの割合が単位時間当たりに治癒するかを表すパラメータであり，$0 < \beta < \gamma < 1$ とする。この連立微分方程式は，感染症の流行を記述する最も基本的な数理モデルの1つで，SIR モデルとよばれる。

総人口を $n(t) = x(t) + y(t) + z(t)$ とすると，SIR モデルでは $n'(t) = 0$ となるから，$n(t)$ は一定であり，(x, y) の挙動のみを分析すれば十分である。そこで，$x'(t) = y'(t) = 0$ とおくと，$(x, y) = (0, 0)$，$(\gamma/\beta, 0)$ の2点が平衡点であることがわかる。また，$x > 0$，$y > 0$ ならば $x'(t) < 0$ であり，$y'(t)$ の値は $x > \gamma/\beta$ のとき正，$x = \gamma/\beta$ のとき 0，$x < \gamma/\beta$ のとき負となる。さらに，リアプノフ関数として

$$V(x, y) = \beta x - \gamma \log x + \beta y$$

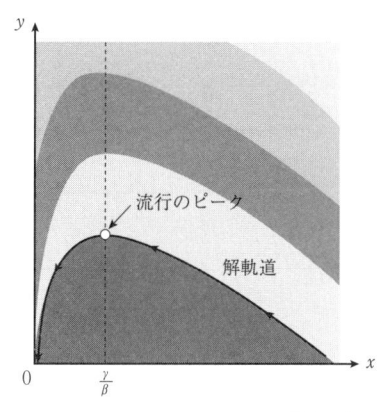

図 4-3 リアプノフ関数の等高線と SIR モデルの解軌道

を考えると，$dV/dt = 0$ であり，V の等高線は図 4-3 のようになる。よって，初期感受性人口 $x(0)$ が γ/β より少なければ，初期感染者数 $y(0)$ が正でも感染は広がらないが，$x(0) > \gamma/\beta$ ならば，ごく少数の感染者が侵入しても $(x(t), y(t))$ は V の等高線に沿って平衡点 $(\gamma/\beta, 0)$ のまわりを左回りに周回し，流行が起きることがわかる。したがって，予防接種等により初期感受性人口 $x(0)$ を γ/β 未満に抑えることが重要になる。なお，流行のピークは $x = \gamma/\beta$ の時であり，感染者数 y の最大値 $y_{\max}$ は

$$y_{\max} = x_{(0)} + y_{(0)} - \frac{\gamma}{\beta}(1 + \log R_0)$$

となることがわかる。ただし，$R_0 = \beta x(0)/\gamma$ である。

ところで，γ は感染者の回復率を表しているから，感染から τ 時間経過してもなお感染性状態にある確率は $e^{-\gamma\tau}$ である。よって，感染性状態にある期間の期待値を $\bar{t}$ とすると

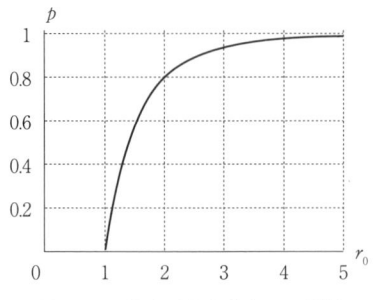

図 4-4 基本再生産数と p の関係

表 4-3 基本再生産数の推定値

感染症	R_0
ポリオ	5〜7
ジフテリア	6〜7
百日咳	12〜17
麻疹	12〜18
風疹	6〜7
おたふくかぜ	4〜7

$$\bar{t} = \int_0^\infty e^{-\gamma\tau} d\tau = \frac{1}{\gamma}$$

となる。一方、β は各感染者が感受性状態にある人に感染させる割合を表しているから、$R_0 = \beta x(0)/\gamma$ は侵入した感染者が治癒するまでに感染させる感受性人口の総数、すなわち、1人の感染者から発生する2次感染者数の期待値である。一般に R_0 は基本再生産数とよばれ、感染症の流行を分析する上での重要な指標の一つとなる。実際、SIR モデルでは $x(0) > \gamma/\beta$ ならば流行が広がるが、この条件は $R_0 > 1$ と等価である。なお、初期感受性人口の中で流行が終息するまでに感染した人の割合を p とすると、リアプノフ関数の値が時間的に不変であることから、

$$R_0 = -\frac{\log(1-p)}{p}$$

となることがわかる。図 4-4 は、R_0 と p の関係を図示したものである。流行が終息した時点で感染の強度 p を評価できれば、上式を用いて R_0 の値を推定できる。また、流行の初期段階では $x(t) \approx x(0)$ だから、連立微分方程式の第2式は次式で近似できる。

$$y'(t) = \{\beta x(0) - \gamma\} y = \gamma (R_0 - 1) y$$

よって、感染者数の増加率 δ が観測できれば、式

$$R_0 = 1 + \frac{\delta}{\gamma}$$

により基本再生産数 R_0 の値を推定できる．これ以外にも，R_0 の推定方法は種々提案されている（Roberts and Heesterbeek, 2007）．Fine（1993）では，免疫をもつ人がほとんどいない状況で感染が広がった事例を基に，主な感染症の基本再生産数 R_0 を表4-3のように推定している．また，Lipsitch et al.（2003）では，シンガポールにおいて2003年2月から4月に流行した重症急性呼吸器症候群（SARS）の R_0 を2.2～3.6と推定している．さらに，日本国内で2009年5月から6月に発生した新型インフルエンザ（H1N1）の R_0 は2.0～2.6と推定されている（Nishiura, Castillo-Chavez, Safan, Chowell, 2009）．

　日本では，幼児期に公費でポリオ，ジフテリア，百日咳などの予防接種を実施している．感染症の長期的な流行と予防接種の効果を評価するには，単位時間当たりの出生数 λ と死亡率 μ，予防接種の実施率 v を組込んだ次のような連立微分方程式を考えるとよい．

$$x'(t) = \lambda(1-v) - \mu x - \beta xy$$
$$y'(t) = - \mu y + \beta xy - \gamma y$$
$$z'(t) = \lambda v - \mu z + \gamma y$$

このモデルでは，死亡率は感染の有無に関係なく一定で，新生児は感受性状態にあるが，予防接種により回復状態に移行するとしている．また，$n'(t) = \lambda - \mu n(t)$ より $n(t) = \lambda/\mu + \{n(0) - \lambda/\mu\}e^{-\mu t}$ となるが，$\lim_{t \to \infty} n(t) = \lambda/\mu$ より総人口は λ/μ で一定と考えてよい．この時，初期感受性人口は $x(0) = (1-v)\lambda/\mu$ となる．各感染者は単位時間当たり確率 γ で治癒するか確率 μ で死亡するから，感染性状態にある期間の期待値は $\bar{t} = 1/(\gamma + \mu)$ となる．よって，1人の感染者から発生する2次感染者数の期待値を R とすると，

$$R = \beta x(0)\bar{t} = \frac{(1-v)\beta\lambda}{(\gamma+\mu)\mu}$$

を得る．R は，実効再生産数とよばれており，$R > 1$ ならば，予防接種を実施しても流行は広がる．また，$v = 0$ とおいた時の R が基本再生産数 R_0 であり，$R = (1-v)R_0$ が成り立つ．したがって，流行を抑止するためには，$v > 1 - 1/R_0$ としなければならない．

　SIRモデルの他にも，潜伏期間を考慮したSEIRモデル，治癒すると感受性

状態に戻る SIS モデル，年齢や性別による感染率の違いを考慮したモデルなど，感染症のタイプに応じて様々な数理モデルが考案されている。これらの詳細は，稲葉（2008）を参照されたい。

4 確率過程モデル

大きな地震のあとに発生する余震のように，時間の経過とともにその特性が変動する偶発現象を記述する数学モデルの一つに確率過程がある。確率過程は，時刻 t と試行 ω の組に実数値を対応づける関数であり，$X(t, \omega)$ あるいは単に $X(t)$ のように記述する。実際に観測される偶発現象は，試行を表すパラメータ ω を固定したもので，見本過程とよばれる。一方，時刻を表すパラメータ t を固定すると確率変数となり，その確率分布，すなわち，$X(t)$ がある値（以下）になる確率を求めることが解析における一つの目標となる。

将来のある時刻における確率分布が現在の状態のみに依存し，過去の履歴に影響されない確率過程をマルコフ過程という。現時刻を s とする時，マルコフ過程は時刻 $t > s$ に関する条件付確率 $P(X(t) \leq y \mid X(s) = x)$ で特徴づけられる。この条件付確率を，マルコフ過程の推移確率という。特に，推移確率が時間幅 $t - s$ のみに依存し，時刻 s と t に依存しない時，このマルコフ過程は斉時性をもつという。

同時に 2 回以上発生しないようなある偶発現象の k 回目の発生時刻を T_k とし，$T_0 = 0$ と置くと，$U_k = T_k - T_{k-1}$ ($k = 1, 2, \cdots$) はこの現象の発生間隔を表す。さらに，$k = 1, 2, \cdots$ のそれぞれに対して，式
$$N(t) = k \qquad (T_k \leq t < T_{k+1})$$
で定義される $N(t)$ は，時刻 t までの発生回数を表す確率過程となる。一般に，$N(t)$ は計数過程とよばれ，そのグラフは図 4-5 に示すような階段型となる。

計数過程 $N(t)$ において，時間幅を十分小さくとれば，その間に事象が 2 回以上発生することはなく，事象が 1 回発生する確率は時間幅に比例し，現時刻や過去の発生状況に依存しない時，$N(t)$ は斉時性をもつマルコフ過程となり，

定常ポアソン過程とよばれる。定常ポアソン過程は，店舗への客の到着や，交差点での交通事故，製造ラインにおける不良品の発生など，偶発事象の発生回数をモデル化する際に広く利用される。数学的には，

$$P(N(t+h) - N(t) = 1 \mid N(t) = k) = \lambda h + o(h)$$
$$P(N(t+h) - N(t) \geq 2 \mid N(t) = k) = o(h)$$

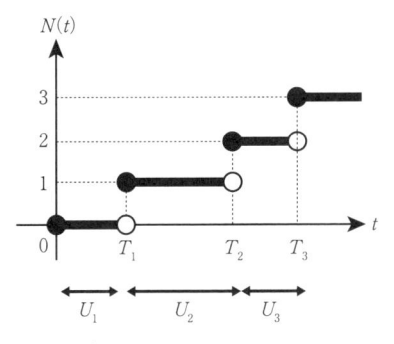

図4-5 偶発現象の発生時刻と発生回数のモデル

あるいは，

$$P(dN(t) = 1 \mid N(t) = k) = \lambda dt + o(dt)$$
$$P(dN(t) = 0 \mid N(t) = k) = 1 - \lambda dt + o(dt)$$

と記述される。ただし，λ は単位時間当たりの平均発生回数を表すパラメータで，強度とよばれる。また，h あるいは dt は微小な時間幅を表し，$\lim_{h \to 0} o(h)/h = 0$ である。

表記を簡単にするために，$N(t)$ の確率分布 $P(N(t)=k)$ を $p_k(t)$ と書く。その時，時刻 $t+h$ までに事象が k 回発生するのは，時刻 t までに事象が k 回発生して，時刻 t から $t+h$ までに1回も発生しない場合と，時刻 t までに事象が $k-1$ 回発生して，時刻 t から $t+h$ までに1回発生する場合に限られるから，次の微分差分方程式が成り立つ。

$$p'_0(t) = -\lambda p_0(t)$$
$$p'_k(t) = -\lambda p_k(t) + \lambda p_{k-1}(t) \quad (k = 1, 2, \cdots)$$

この微分差分方程式を，初期条件 $p_0(0) = 1$, $p_1(0) = p_2(0) = \cdots = 0$ の下で解くと，

$$p_k(t) = \frac{(\lambda t)^k}{k!} e^{-\lambda t} \quad (t \geq 0)$$

を得る。この確率分布はパラメータ λt のポアソン分布とよばれており，事象の発生回数の期待値と分散はともに λt となることがわかる。

また，事象の発生間隔は独立で同一の分布に従うと考えられるため，U_kの確率分布は

$$P(U_k \leqq u) = P(U_0 \leqq u) = 1 - P(U_0 > u) = 1 - p_0(u) = 1 - e^{-\lambda u}$$

となる．この確率分布は，パラメータ λ の指数分布とよばれ，発生間隔の期待値は $1/\lambda$，分散は $1/\lambda^2$ となることがわかる．さらに，$T_k \leqq t$ が $N(t) \geqq k$ と等価であることに注意すると，事象の発生時刻 T_K の従う確率分布は

$$P(T_k \leqq t) = P(N(t) \geqq k) = 1 - P(N(t) \leqq k-1) = 1 - p_0(t) - \cdots - p_{k-1}(t)$$

となるが，$p'_0(t) = -\lambda p_0(t)$, $p'_k(t) = -\lambda p_k(t) + \lambda p_{k-1}(t)$ ($k=1, 2, \cdots$) より

$$\frac{dP(T_k \leqq t)}{dt} = -p'_0(t) - \cdots - p'_{k-1}(t) = \lambda p_{k-1}(t) = \frac{\lambda(\lambda t)^{k-1}}{(k-1)!} e^{-\lambda t}$$

を得る．この確率分布は，フェーズ k のアーラン分布とよばれ，k 番目の事象の発生時刻の期待値は k/λ，分散は k/λ^2 となることがわかる．なお，$T_k = U_1 + \cdots + U_k$ だから，フェーズ k のアーラン分布は，k 個の独立な同一の指数分布の和であることがわかる．

現実には，単位時間当たりの事象の平均発生回数 λ が，時刻 t や事象の発生回数 k に依存することも少なくない．例えば，地震の規模と発生度数の関係を表すグーテンベルク・リヒターの式と本震からの経過時間と余震の発生頻度の関係を表す改良大森公式を組合せると，本震発生の t 時間後におけるマグニチュード M 以上の余震の単位時間当たりの平均発生回数は，次のように評価できる（地震調査委員会，1998）．

$$\lambda(t) = \frac{Ke^{a-bM}}{(t+c)^q}$$

ただし，a, b, c, K, q は定数であり，特に，c は本震直後の余震の起こりやすさを表すパラメータ，q は余震の頻度が時間とともに減衰する度合いを表すパラメータである．

定常ポアソン過程の前提条件を緩和して，単位時間当たりの事象の平均発生回数が時刻 t に依存するとした計数過程を非定常ポアソン過程とよぶ．非定常ポアソン過程 $N(t)$ の確率分布を $p_k(t)$ とする時，$p_k(t)$ は次の微分差分方程式を満たす．

$$p'_0(t) = -\lambda(t)p_0(t)$$
$$p'_k(t) = -\lambda(t)p_k(t) + \lambda(t)p_{k-1}(t) \qquad (k=1, 2, \cdots)$$

これを解くと，非定常ポアソン過程の分布関数

$$p_k(t) = \frac{\rho(t)^k}{k!}e^{-\rho(t)}$$

を得る．ただし，$\rho(t)$ は次式で定義される平均値関数である．

$$\rho(t) = \int_0^t \lambda(\tau)\,d\tau$$

なお，前節で連立微分方程式により定式化した SIR モデルは，計数過程を用いると

$$P(dN(t)=1, dz(t)=0 \mid x(t)=k) = \beta \bar{x}(t) y(t)\,dt + o(dt)$$
$$P(dN(t)=0, dz(t)=1 \mid x(t)=k) = \gamma y(t)\,dt + o(dt)$$
$$P(dN(t)=0, dz(t)=0 \mid x(t)=k) = 1 - \beta \bar{x}(t) y(t)\,dt - \gamma y(t) + o(dt)$$

と記述できる．ただし，$N(t) = x(0) - x(t)$ は時刻 t までに感染した人の数，$\bar{x}(t) = x(t)/n(t)$ は感受性状態にある人口の比率を表す．Becker and Britton (1999) では，この確率過程版 SIR モデルから基本再生産数 R_0 を推定する方法を示している．

一方，時刻 t において感染状態にある人口を確率過程でモデル化しようとすると，単位時間当たりに感受性状態から感染状態に流入する人口の平均値と，感染状態から回復状態へ流出する人口の平均値が必要になるが，これらはいずれも現在感染状態にある人口に依存すると考えられる．そこで，前者を λ_k，後者を μ_k と書くと，感染状態にある人口が k である確率 $p_k(t)$ は，次の微分差分方程式を満たす．

$$p'_0(t) = -\lambda_0 p_0(t) + \mu_1 p_1(t)$$
$$p'_k(t) = -(\lambda_k + \mu_k)p_k(t) + \lambda_{k-1}p_{k-1}(t) + \mu_{k+1}p_{k+1}(t) \qquad (k=1, 2, \cdots)$$

この時，感染性状態の人口は出生死滅過程に従うという．出生死滅過程は，原子炉内における核分裂に伴う中性子数の増減をモデル化する場合などにも用いられる（ウィリアムズ／斉藤訳，1978）．出生死滅過程の詳細については，西田 (1973) などを参照されたい．

参考文献

稲葉寿『感染症の数理モデル』培風館，2008年．

ウィリアムズ，M. M. R.／斉藤慶一訳『原子炉の確率過程』みすず書房，1978年．

大日康史・菅原民枝『パンデミック・シミュレーション——感染症数理モデルの応用』技術評論社，2009年．

地震調査委員会「余震の確率評価手法について」総理府地震調査研究推進本部，1998年．

高橋信『すぐ読める生存時間解析』東京図書，2007年．

丹後俊郎・山岡和枝・高木晴良『ロジスティック回帰分析——SASを利用した統計解析の実際』朝倉書店，1996年．

土田昭司・山川栄樹『新・社会調査のためのデータ分析入門——実証科学への招待』有斐閣，2011年．

中村剛『Cox比例ハザードモデル』朝倉書店，2001年．

西田俊夫『応用確率論』培風館，1973年．

福島雅夫『新版 数理計画入門』朝倉書店，2011年．

Becker, N. G., Britton, T., "Statistical studies of infectious disease incidence," *Journal of the Royal Statistical Society Series B*, Vol. 61, 1999, pp. 287-301.

Fine, P. E. M., "Herd immunity : History, theory, practice," *Epidemiologic Reviews*, Vol .15, 1993, pp. 265-302.

Kleinbaum, D. G., Klein, M.／神田英一郎監訳『初心者のためのロジスティック回帰分析入門』丸善出版，2012年．

Lipsitch, M. et al., "Transmission dynamics and control of severe acute respiratory syndrome," *Science*, Vol. 300, 2003, pp. 1966-1970.

Nishiura, H., Castillo-Chavez, C., Safan, M. and Chowell, G., "Transmission potential of the new influenza A (H1N1) virus and its age-specificity in Japan," *Eurosurveillance*, Vol. 14, 2009, pp. 1-4.

Roberts, M. G., Heesterbeek, J. A. P., "Model-consistent estimation of the basic reproduction number from the incidence of an emerging infection," *Journal of Mathematical Biology*, Vol. 55, 2007, pp. 803-816.

（山川栄樹）

第5章
労働災害と事故防止

1 過重な労働負荷要因に基づく事故の未然防止

（1）近年の労働災害の動向

　労働災害とは「労働者が業務遂行中に業務に起因して負傷，疾病または死亡すること」である。労働災害は，当事者のみならず，家族や同僚にも大きな影響を与える。労働災害はまた，そのことが原因となって，事故の発生につながることがある。事故の原因の多くは，ヒューマンエラーに起因しているが，ヒューマンエラーを誘発する重要な要因の一つが労働条件であり，労働条件の維持・改善は事故防止という点で極めて重要である。

　働く人々の安全と健康が確保されることは万人の願いといっても過言ではない。労働災害による死亡者数は，ピーク時の1961年には6712人を記録していたが，その後，長期的には減少してきた。これは，作業管理，作業環境管理，健康管理のいわゆる「労働衛生の3管理」に留意した取組みが職場で展開されてきた結果と考えられるが，今なお年間約11万人前後の労働災害による死傷者（うち死亡者は約1000人）が発生しているという厳しい現実がある。

　ところで，労働災害による死傷者数は，長期的には減少しているとはいえ，看過できない問題が残されている。すなわち，一時に3人以上の労働者が業務上死傷または罹病した災害を「重大災害」とよぶが，この重大災害は，1985年に141件といったん底を打ったものの，その後増加傾向にあるという点である。2011年の重大災害発生状況について見てみると，全産業では前年の2010年の245件から255件へと4％増加し，特に交通運輸業では前年の8件から10件へと25％も増加している。[1] さらに最新のデータによれば，最近の10年

第Ⅰ部　事故の分析

表5-1　業種別死傷災害発生状況

	2011年(人)	構成比(%)	2010年(人)	構成比(%)	2009年(人)	構成比(%)	2008年(人)	構成比(%)	2007年(人)	構成比(%)	2006年(人)	構成比(%)
全産業	111,349	100.0	107,759	100.0	105,718	100.0	119,291	100.0	121,356	100.0	121,378	100.0
製造業	23,589	21.2	23,028	21.4	23,046	21.8	28,259	23.7	29,458	24.3	29,732	24.5
鉱業	308	0.3	322	0.3	345	0.3	362	0.3	439	0.4	476	0.4
建設業	22,372	20.1	21,398	19.9	21,465	20.3	24,382	20.4	26,106	21.5	26,872	22.1
交通運輸業	2,066	1.9	2,009	1.9	1,965	1.9	2,059	1.7	2,034	1.7	2,012	1.7
陸上貨物運送事業	13,543	12.2	13,040	12.1	12,794	12.1	14,691	12.3	13,427	11.1	13,402	11.0
港湾荷役業	245	0.2	219	0.2	228	0.2	290	0.2	307	0.3	298	0.2
林業	2,010	1.8	2,149	2.0	2,128	2.0	2,073	1.7	2,080	1.7	1,972	1.6
その他	47,216	42.4	45,594	42.3	43,747	41.4	47,175	39.5	47,505	39.1	46,614	38.4

	2005年(人)	構成比(%)	2004年(人)	構成比(%)	2003年(人)	構成比(%)	2002年(人)	構成比(%)	2001年(人)	構成比(%)	2009年対2001年の減少数(人)(減少率(%))
全産業	120,354	100.0	122,804	100.0	125,750	100.0	125,918	100.0	133,598	100.0	22,249減(16.7減)
製造業	30,054	25.0	31,275	25.5	32,518	25.9	32,921	26.1	36,165	27.1	12,576減(34.8減)
鉱業	561	0.5	597	0.5	669	0.5	628	0.5	729	0.5	421減(57.8減)
建設業	27,193	22.6	28,414	23.1	29,263	23.3	30,650	24.3	32,608	24.4	10,236減(31.4減)
交通運輸業	1,953	1.6	2,011	1.6	1,963	1.6	1,880	1.5	1,892	1.4	174増(9.2増)
陸上貨物運送事業	13,208	11.0	13,703	11.2	13,991	11.2	13,858	11.0	14,988	11.2	1,445減(9.6減)
港湾荷役業	323	0.3	334	0.3	348	0.3	389	0.3	406	0.3	161減(39.7減)
林業	2,171	1.8	2,392	1.9	2,572	1.9	2,531	2.0	2,633	2.0	623減(23.7減)
その他	44,891	37.3	44,078	35.9	44,426	35.3	43,061	34.2	44,177	33.1	3,039増(6.9増)

(注)　2011年は東日本大震災を直接の原因とする死傷者（2,827人）を除いた数。
(出所)　厚生労働省「平成23年の死亡災害・重大災害発生状況等について」2012年（http://www.mhlw.go.jp/stf/houdou/2r985200000bbw-att/2r985200000bcq.pdf　2012年9月20日アクセス）。

間における業種別死傷災害発生状況（表5-1）では，ほとんどの業種では減少しているのに対し，交通運輸業での増加率の高さが目を引く（9.2％増）。[2]

（2）労働災害と事故の背景要因

　2012年4月29日，群馬県藤岡市内の関越自動車道を走行中の高速ツアーバスが側壁に衝突し，乗員乗客45名中，7名が死亡，38名が重軽傷を負うという痛ましい事故が発生した。この事故の直接的な原因は運転手の居眠りであるが，事故後の立ち入り検査等により，バス事業者による極めて不適切な多くの法令違反が確認された。事故の背景には日雇い運転手に長時間労働を強いた結果，疲労が極に達し過労運転を誘発した構造的要因が潜在していたことは明白である。この事故から遡ること5年前の2007年2月18日に大阪府吹田市で発生した重大事故では，法定労働時間を大幅に超えた過酷な運転業務を旅行会社側が強要していたことが明らかとなり，規制緩和後の貸切バス業界が置かれた過酷な現実を示すものとして，大きく報道されたことも記憶に新しい。このような鉄道，船舶，航空等，不特定多数の乗客を輸送する公共交通機関が関連した事故の場合，運行に携わる乗務員もさることながら，何の罪もない，たまたま乗り合わせた乗客への被害も大きく，痛ましい事態が生じることとなる。上述の高速ツアーバスの事故は，労働災害の分類上は重大災害には該当しないとはいえ，それを引き起こした要因が運転手の過労にあり，しかもその背景要因として，運転手に対し，過労を押して業務を強いる仕組みがそのまま等閑にされてきたのであれば，速やかな法的規制の整備が急務となろう。

　すでに，国土交通省は2012年7月20日，関越道の事故を受けて，旅客自動車運送事業運輸規則の解釈等を示した通達の一部を改正し，高速ツアーバス等の夜間運行における交替運転者の配置基準等を見直しているが，過酷な労働状況で疲弊した勤務者が過誤を犯しかねない同様の構図は，特に医療の現場などにおいても危惧されている。その一つが，病院管理者，勤務医双方で法令の定める最低限の労働条件基準と労働者の安全と健康を守る基準に関する十分な知識を有する必要性を強く提唱する，「小児科医に必要な労働基準法の知識」と題する報告である。本報告では，過労死・過労自殺といった不幸な末路を辿る

医師の事例が報じられる一方，勤務医に関する労務管理の不適切さが数多く報道されている現状に触れ，早期の医療体制の整備を次のように指摘している。

「医療に携わる者は，患者に対して重い責任を持たなければならない。しかし，このことは長時間勤務を意味しない。疲労した医師は医療安全を脅かす危険性もある。安全な医療を提供するためには，自らが疲弊してはいけないのである。長時間の連続勤務は判断力を低下させ，事故を起こすリスクも高まる。

長時間労働により事故リスクが高まるため，旅客の生命と安全を脅かす恐れのあるバスやタクシーの運転手などに対しては，1日に16時間を超える拘束時間を禁止し，勤務終了後に継続した8時間以上の休息期間を与えることを求めた基準を，労働省告示第7号（平成元〔1989〕年2月9日）は示している。そして，バスやタクシー事業の免許行政を所管する国土交通省は，『旅客自動車運送事業運輸規則第二十一条第一項の規定に基づく事業用自動車の運転者の勤務時間及び乗務時間に係る基準』（平成13〔2001〕年12月3日，国土交通省告示第1675号）により，勤務時間等の基準を守らないバスやタクシー事業者の免許を認めない運用をしている。また，平成21（2009）年夏には，長時間勤務をさせた大手タクシー会社が事業免許取消の処分を受け，社会的に大きな話題となった。

しかし，残念ながら医療に従事する勤務医に対してはこのような規制が無く，労働条件の最低限度の基準である労働基準法が医師には適用されることさえも十分に周知されていない。その結果，病院勤務医は過酷な長時間連続労働を余儀なくされ，医師と医療体制そのものを疲弊させている。今や，持続性のある医療体制の構築と維持には，医師の過労を防ぐ適切な労務管理が不可欠である」（小児科医のQOLを改善するプロジェクトチーム「小児科医に必要な労働基準法の知識」『日本小児科学会雑誌』第114巻第6号，2010年，1016頁）。

過重労働の負担の結果として招き得る医療事故は治療者側，患者側双方にとって誠に残念なことであり，未然に回避すべき事象である。わが国の医療機関で年間どれほどの医療事故が生じているか，その実態はいまだ把握されていな

い。日本の医療事故の全体像を推計する考え方に基づきまとめられた「医療事故の全国的発生頻度に関する研究」(3)に基づくと、年間約2万358人が医療過誤で死亡する計算となる。過誤の有無を問わず医療事故での死亡者数が年間2万人を超える現実に対し、医療事故の第三者調査制度の構築及び院内事故調査制度の法制化を求める動き(4)も見られる。

　医療事故そのものが疲労に起因していたとされる事例について、「勤務医に関する意識調査報告書」に手掛かりを求めたい。これは日本病院会会員病院の勤務医の意見を集約し、病院団体として施策立案の参考とすることを目的にまとめられたものである。本報告によると、医療事故からヒヤリ・ハット事例を含む医療過誤の原因として、過剰な業務に伴う慢性疲労を挙げた者が7割を超えていた。過重労働の結果、睡眠時間に制約を受けた場合を想定し、外科医の腹腔鏡手術能力を調べた実験によれば、一晩の断眠は、腹腔鏡操作の誤りを20％増加させ、操作のスピードも14％遅延させたという。近年の研究では、覚醒時間が13時間を超えると作業能率は低下し始め、17時間以上になると、血中アルコール濃度が0.05％の時と同じくらいに作業能率が低下することが確かめられている。長時間勤務が針刺し事故の増加と関係したことも報告されている。また3日に1回の頻度で24時間以上の連続勤務をした長時間勤務の場合と、連続勤務の上限を16時間、週当たりの勤務時間を60～63時間までに制限した勤務の場合を比較した報告では、前者の長時間勤務の場合で処方ミスと診断ミスが明らかに多かったことが確認されている。これら医師の労働時間や医師への負担に関する研究は、彼らが負担する長時間の過重労働が良質で安全な医療の提供の妨げとなる高い蓋然性を示しているといえる。現場での深刻な医療従事者不足という背景もあり、対策は容易ではないが、前述した長距離運転における走行距離制限、乗務時間制限と同様の規制を視野に考慮すべきであろう。

（3）勤務医の過酷な労働環境

　長時間労働が医療事故を招きかねないという恐れは従来から指摘されていたことであるが、この問題の解明につながる興味深い約3500人の勤務医を対象

とした「勤務医の就労実態と意識に関する調査」[5]調査結果が最近，公表された。すなわち，この調査は，勤務実態などを把握しにくい勤務医を対象としてインターネットを用いて2011年12月1日から9日までの9日間，民間の医療領域専門調査会社により実施されたもので，全国の20床以上の病院に勤務する24歳以上の医師（院長は除外）1万1145人を対象としている。

有効回答数は3467票（有効回答率31.0％）で，職場の医師の不足感は，68.6％の医師が「感じる」と回答している。加えて，診療科別，所在地の地域性によっても左右される結果を見た。労働時間については「主たる勤務先での週当たり労働時間」と「他の勤務先も含めた週当たりの全労働時間」でまとめられている。このように複数就業の現状についても調査されており，約半数が複数の勤務先で働いていた。宿直1回当たりの平均睡眠（仮眠）時間を見ると，「4時間以上」が52.7％と最も割合が高く，次いで「3～4時間未満」27.7％，「2～3時間未満」10.4％，「2時間未満」5.8％となっており，「ほとんど睡眠できない」の3.5％を合わせると，半数弱の者の平均睡眠時間が4時間未満であった。これを宿直1回当たりの平均患者数別に見ると，患者数が増えるほど，平均睡眠時間は少なくなり，「ほとんど睡眠できない」とする割合が高くなっていた。

主たる勤務先での1週間当たりの実際の労働時間は[6]，平均で46.6時間であり，労働基準法で定められている週当たりの法定労働時間40時間を下回っていたのは精神科のみで，その他の診療科では軒並み上回っていた。その分布を見ると，「40～50時間未満」が26.6％，「50～60時間未満」が23.5％，「60～70時間未満」が15.5％などとなっている。「60時間以上」（「60～70時間未満」「70～80時間未満」「80時間以上」の合計）の割合は，27.4％となっており，この「60時間以上」の割合を診療科別に確認すると，「外科」が43.1％で最も割合が高く，次いで，「救急科」41.7％，「脳神経外科」40.2％，「小児科」39.5％という内訳であった。加えて約半数の医師が複数個所で就業をしており，他の勤務先を含めた1週間当たりの全労働時間の平均は53.2時間で，「60時間以上」（「60～70時間未満」「70～80時間未満」「80時間以上」の合計）の割合は40.0％にも上るという。

このような労働状況下における，医師自らの体調についての結果を見ると，自身の「疲労感」「睡眠不足感」「健康不安」について，それぞれ「感じる」（「非常に感じる」「まあ感じる」の合計）と回答した者の割合は，「疲労感」が60.3％，「睡眠不足感」が45.5％，「健康不安」が49.2％という結果であった。疲労感に対する認識別に健康不安の有無を見ると，疲労を感じている者の健康不安を「感じる」割合は73.8％であり，また，睡眠不足感に対する認識別に健康不安の有無を見ると，睡眠不足感を感じている者の健康不安を「感じる」割合は80.7％であった。患者に養生を勧める医師自身が，自分の健康に注意しないことから転じて，正しいとわかっていながら実行が伴わないことを，昔からことわざで「医者の不養生」といわれているが，単に医者の不養生では済まない医療事故につながるおそれが以下のとおり調査結果から垣間見える。

　すなわち，調査では，「医療事故につながりかねないような『ヒヤリ』あるいは『ハット』した体験があるか」について尋ねていた。患者に被害を及ぼすことはなかったが，日常診療の現場で，"ヒヤリ"とした経験，"ハッ"とした経験を有する事例のことを「ヒヤリ・ハット事例」とよぶ。具体的には，ある医療行為が，①患者には実施されなかったが，仮に実施されたとすれば，何らかの被害が予測される場合，また，②患者には実施されたが，結果的に被害がなく，またその後の観察も不要であった場合等を指す。このような経験，すなわち「ヒヤリ・ハット体験」の有無について，「ほとんどそうである」が8.9％，「ときどきそうである」が68.0％，「ほとんどない」が23.0％となっていた。つまり，「何らかのヒヤリ・ハット体験がある」（「ほとんどそうである」「ときどきそうである」の合計）とする割合は76.9％に上っていた。さらにこれを疲労感に対する認識別に見ると，疲労感を感じている者ほど，「ほとんどそうである」とする割合は高くなっていた。睡眠不足感に対する認識別に見ても，睡眠不足を感じている者ほど，「何らかのヒヤリ・ハット体験がある」とする割合が高く，85％を示し，主たる勤務先の週当たり労働時間別で見ると，「何らかのヒヤリ・ハット体験がある」とする割合は，「80時間以上」で85.3％，「60〜80時間未満」で82.7％と他よりも高かった。

　勤務医をこのような過重労働に強いる要因を探る手掛かりとなる，勤務環境

改善の際に障害となる理由を聞いた質問に対しては,「地域・診療科による医師数の偏在」という回答が53.8％に上り,次いで「医療行為以外の業務量の多さ」51.1％,「絶対的な医師不足」46.5％,「時間外診療,救急診療の増加」38.9％と続いている（ただし,複数回答）。また,具体的な勤務環境改善策について,「医師数の増加（非常勤・研修医を含む）」が55.4％,次いで「当直明けの休み・休憩時間の確保」53.4％,「他職種（看護師,薬剤師など）との役割分担の促進」50.8％,「診療以外の業務の負担軽減」45.9％などとなっている。

　3467人の勤務医を対象とした勤務実態と意識調査の回答結果から,約77％の医師が「何らかのヒヤリ・ハット体験がある」と回答した。中でも睡眠不足感を有する医師の85％がヒヤリ・ハット体験を有していた。その背景として,宿直がある人の半数弱で平均睡眠時間が4時間未満であることなど,厳しい勤務実態が判明した。勤務医に関する意識調査報告書においても,医療過誤の原因として71.3％の医師が「過剰な業務のために慢性的に疲労している」ことを挙げている。ヒヤリ・ハットの考え方の根底にはハインリッヒの法則が根付いており,すなわち1件の重大な労働災害発生の背景には同種の軽い労働災害が29件,傷害事故には至らなかった同種の事故が300件あり,さらに,その裾野には,数千から数万の危険行為ないし危険を予感させる状態が存在するとされる。某県立病院における医療事故及びヒヤリ・ハット事例の状況[7]を例に見ても,年間700件台の医療事故件数の背景に3000件強のヒヤリ・ハット事例が確認された。内科研修医を対象とした調査によると,医療ミスに回答した39％の医師で少なくとも1回の重大な医療ミスがあり,医療ミスと疲労との間には関連が見られ,疲労スコアの高い時は医療ミスの発生率が14％増加し,眠気スコアが高い時はミスの発生率が10％増加した。

　医師以外には勤務医の過酷な労働環境はほとんど知られておらず,病院においては労働基準法違反が常態化しており,公共交通機関の運転手等については禁じられている長時間労働が医師には半ば「強制されている」現実があることを直視し,対策を進めることが求められよう。長時間勤務によるワークライフバランスの悪化は著しい睡眠時間の減少と睡眠感の悪さを助長させ,心身の疲労を蓄積させる。この大きな要因は,回答結果が示すように,業務の絶対量が

膨大であること，地域及び診療科による医師数の偏在と現場の医師数の不足といえようが，持続性が求められる医療においては，限りある医療資源をどう有効利用するかが鍵である。この状況に対し，政府・与党が作成した「緊急医師確保対策について」(2007年5月31日)では，勤務医の過重労働を解消するための勤務環境の整備の推進が打ち出されており，実際的効果が現れるまでには時間を要するものの，今後の展開に期待できる。聖職の名の下，長時間労働を余儀なくされてきた医師の多くはこのような労働環境に異議を唱えることができずにここまで来たが，過労死認定基準を上回る勤務を長年続けることは，労働衛生上決して好ましいことではない。医師自ら過労死や医療事故を招くことのないよう，改めて勤務医は労働基準法など法令の定める最低限の労働条件の基準，及び労働者の健康と安全を守る基準に関して十分な知識を獲得し，労働環境の整備を自らも主張する必要があろう。

2　使用者の安全配慮義務

(1) 労働契約法の夜明け

　2008年3月1日から施行された労働契約法は，今までの判例を基に，労働基準法とは別の民事的な労働契約に係わる規則を定めたものであるが，特筆すべきは「第5条　労働者の安全への配慮」が立法上，明文化されたことである。これにより使用者の義務が強化され，法律で定められた以上の労働災害発生の危険防止についても，使用者は安全配慮義務を負うと考えられており，ましてや労働安全衛生法を遵守しないまま労働災害が発生した場合，刑事責任だけでなく，労災保険給付を超える民事上の損害賠償責任も問われる可能性が高まったことから，労働安全衛生法の役割がさらに重要性を増したものといえる。

　同法の趣旨は通常の場合，労働者は，使用者の指定した場所に配置され，使用者の供給する設備等を用いて労働に従事するものであることから，具体的に定めずとも，労働契約に伴い信義則上当然，使用者は，労働者を危険から保護するよう配慮すべき安全配慮義務を負っているものとされていたが，当時，民法等の規定からは明らかになっていなかったため，改めて規定されたものであ

る。これについては，以下の裁判例が参考となった。[9]

○陸上自衛隊事件（最高裁 1975 年 2 月 25 日第三小法廷判決）

　陸上自衛隊員が自衛隊内の車両整備工場で車両整備中，後退してきたトラックにひかれて死亡した事故につき，国は公務の管理に当たって，公務員の生命及び健康等を危険から保護するよう配慮すべき義務（安全配慮義務）を負っているとされた事例である。

○川義事件（最高裁 1984 年 4 月 10 日第三小法廷判決）

　宿直勤務中の従業員が盗賊に殺害された事故につき，会社に安全配慮義務の違背に基づく損害賠償責任があるとされた事例である。

　上記判例等により確立され，その積み重ねによって内容が具体化されてきた安全配慮義務の思想は，2008 年になって労働契約法の施行という形で結実した。安全配慮義務違反の事例として有名なものに，電通事件が挙げられる。新入社員の 24 歳の男性が，慢性的な長時間労働に従事していたところ，うつ病に罹患し，自殺するに至ったことから，遺族である両親が会社に対して損害賠償を請求した事案で，主な争点は長時間労働によるうつ病の発症との因果関係と会社側の注意義務ないし安全配慮義務違反の認定であった。最高裁での判決日（2000 年 3 月 24 日）時点は労働契約法の施行以前であり，本判決は従業員の過労自殺に関わる民事上の損害賠償請求事案について，因果関係を認めた初めての最高裁判決として重要な意味をもっていたが，特筆すべきは，この判例が同法の検討の際に用いられたことである。

　最高裁の判断では，長時間労働によるうつ病の発症，うつ病罹患の結果としての自殺という一連の連鎖が認められ，因果関係ありとされた。会社側の注意義務ないし安全配慮義務違反についても，男性が恒常的に著しい長時間労働に従事していること及びその健康状態が悪化していることを認識しながら，その負担を軽減させるような措置を取らなかったとして，会社の注意義務違反が認められたが，メンタルヘルスによる自殺に関しても，労働契約上の安全配慮義務違反と同様なものとする画期的裁判例であり，後の労働契約法に心身の健康への配慮が内含される契機となった判決といえよう。

　ところで，前述のとおり，安全・安心な医療を提供するべき医療現場は疲弊

しており，勤務医への労働法上の配慮に目を向ける必要がある。前述の内科研修医の実例で，疲労度が高い場合，眠気が高い場合に医療ミスの増加が確認された。過重労働による疲れと睡眠不足が患者をケアする際の障害の直接原因と考えることができる。1968年の医師法の改正を受け，医師としての身分の保障はなされたものの，依然として労働面や給与面での処遇には問題も多かった研修医への労働法上の処遇に目を向けてみよう。2002年に研修医の「過労死」を初認定したケースを取り上げたい。関西医科大学付属病院（大阪府守口市）の研修医が急性心筋梗塞で死亡したのは過酷な勤務が原因であったとして，大阪府堺市の両親が同医大に約1億7200万円の損害賠償を求めた訴訟で，大阪地裁の坂本倫城裁判長は，勤務と死亡との因果関係を認め，同医大に約1億3532万円の支払いを命じた。この事例は労災裁判の判決認容額の観点からも三六木工事件（横浜地裁小田原支部1994年9月27日判決）に次いで高額のものであり，加えて研修医を労働者と見なす判断を示した画期的なものであった。

　判決理由で裁判長は，死亡前の2ヶ月半を平均した研修時間が，1ヶ月300時間を超えていた実態について「労働基準法の法定労働時間の週40時間（月160時間）に比べ極めて長時間」と指摘し，「過重な研修で疲労，ストレスが増大し，心臓機能を著しく悪化させた。大学側が健康管理に細心の注意を払っていれば研修医の異常に気付くことができたのに怠った」と結論づけた。医大側は「研修医の身分は大学院生に近く，労働者ではない」と主張したが，裁判長は「研修は一般企業の新人研修的な性格や徒弟的な側面をもち，労働契約と同様の指揮命令関係がある」と，研修医を労働者と見なす判断を示した。[10]法律上「研修医」という資格は存在せず，研修期間中であっても，医師法上「医師」であることに変わりはなく診療上の制限はまったくないとされながら，立場が不安定である研修医に対して労働者と見なす判断が下されたのである。

（2）労働契約法施行後

　一方，過労死した研修医に対する大学側の安全配慮義務違反の事例として，労働契約法の施行（2008年3月1日）後に判決の下りた国立大学の大学院生の交通死亡事故のケース（鳥取地裁，2009年10月16日判決）がある。その概要は

次のとおりである。2003年3月8日午前8時10分頃，鳥取大学の当時33歳の研修医が自動車を運転中，対向車線に徐々にはみ出して大型貨物自動車と正面衝突し，搬送先の病院において死亡した事故の原因は，演習名目で過重な勤務に従事させられた過労状態での移動を余儀なくされたことにあるとして両親が鳥取大学に対し，安全配慮義務違反等に基づく損害賠償を求めた。この訴えに対し，鳥取大学はこの研修医の従事していた演習，手術，当直等は長時間ではなく，アルバイト先への移動も公共交通機関ではなく自ら自動車で移動する体力，気力があると判断したものであるから，安全配慮義務違反はないと主張した。これに対して，鳥取地裁は，研修医の業務内容，業務従事時間，業務負担及び疲労の程度等について認定した上で，この研修医は事故当時，極度に睡眠が不足し，過労状態にあったとし，事故の原因は睡眠不足及び過労による居眠り状態に陥ったことにあり，研修医の業務を軽減するなどの措置を講ぜずに放置したとして大学側に安全配慮義務違反の責任があるとした。そして，当研修医は一般人に比して，より正確に自己の心身の状態を把握し得たとして，研修医の過失割合を6割とし，本訴請求を一部認容した判断を示した。

　使用者が雇用する労働者については，「業務の遂行に伴う疲労や心理的負荷等が過度に蓄積して労働者の心身の健康を損うことがないように注意する義務がある」とされたことにより（最二小判平12.3.24民集第54巻第3号1155頁，判タ第1028号80頁），長時間労働等による労働者のいわゆる「過労死」について使用者の損害賠償責任が認められる事例が多くなっている。判決では，国立大学医学部の研修生の交通死亡事故について，過労による居眠り運転が直接的原因であるとしながらも，過労に至らしめる状況を容認した大学側の安全配慮義務違反の責任を認めた初めてのケースであった[11]。

　このように労働契約法の施行により，労災事故が発生すれば，使用者の安全配慮義務違反による損害賠償責任が求められる傾向が，今後，より強まっていくものと考えられる。疲労した医師は医療安全を脅かす危険性があることは明白であり，医師の過労による医療過誤が生じないよう，医師を雇用する側の自覚が求められる。事故のない，適切で良質な医療を継続して受けることができるよう，患者側も意識すべきであるが，医師を雇用する使用者側は適切な勤務

時間をはじめとする労働安全衛生管理への一層の配慮に取り組むべきである。勤務医への安全配慮こそが，使用者，勤務医，患者すべてにとって必要である。

3 労働安全衛生法の動向

(1) 過重労働・メンタルヘルス対策に関する動き

　使用者側としても多大なリスクとなり得る労働災害を未然に防止するために，今後さらに本格的に取り組むべき課題に関連し，これまで職場環境の改善を担ってきた労働安全衛生法の潮流を探る。「労働安全衛生法等の一部を改正する法律」，いわゆる改正労働安全衛生法が第163回国会で成立し，2005年11月2日に公布され，2006年4月1日から施行された。前述のとおり，労働災害は，死傷者数，死亡者数とも長期的には減少してきたものの，重大災害発生件数は1985年の141件を最低値に，その後増加傾向にある。その要因として，多様化・複雑化する設備，作業等に対する危険性・有害性についての認識不足とそれに基づく対策の不備，安全確保面での知識や経験の伝承不足，事業場のトップの取組み不足等が指摘されている。加えて，全労働者平均での総実労働時間の短縮が進んだ一方，パートタイム労働者の増加と相まって，一般労働者の総実労働時間は年間2000時間あまりで横ばいに推移しており，いわゆる「労働時間の長短二極化」現象が生じていることが挙げられる[12]。そこで長時間労働をはじめとする過重労働に起因する労働者の健康障害を未然に防止することを目的に，2002年に「過重労働による健康障害防止のための総合対策」が策定され，時間外・休日労働時間の削減，年次有給休暇の取得促進，労働時間等の設定の改善，及び労働者の健康管理に係る措置の徹底を求める「過重労働による健康障害を防止するため事業者が講ずべき措置」が示された。長時間労働は，直接的に睡眠時間の短縮や疲労の蓄積をもたらし，ひいては精神障害の発症につながることを危惧する声は少なくない。2006年に改正された労働安全衛生法のポイントの一つが「過重労働・メンタルヘルス対策の充実」である。労働者の受けるストレスは拡大する傾向にあり，仕事に関して強い不安やストレスを感じている労働者が6割を超える状況にあることに加え，精神障害等に

係る労災補償状況は、請求件数、認定件数とも増加傾向にあること[13]から、事業場において積極的に労働者の心の健康の保持増進を図ることが重要な課題となっていた。この項目に関わる条文の中で、事業者は、一定時間を超える時間外労働等を行った労働者を対象とし、医師による面接指導等を行うことと事業者の義務が明記された。

事業者は、労働者の週40時間を超える労働が1月当たり100時間を超え、かつ、疲労の蓄積が認められる時は、労働者の申出を受けて、医師による面接指導を行う義務を負い、定められた医師による面接指導内容は労働者の勤務の状況、疲労の蓄積の状況、その他メンタルヘルス面も含めた心身の状況について確認し、労働者本人に必要な指導を行うというものであった。ストレスによって影響を受ける業務遂行の側面には、ミステイクといった一般に職業上の形であらわれる場合があり、非ストレス群と比ベストレス群において、多くのミステイク報告が確認されている[14]。

（2）メンタルヘルス対策案への賛否

引き続きメンタルヘルス対策の充実を目指す厚生労働省は、2011年10月24日に「労働安全衛生法の一部を改正する法律案要綱」について、厚生労働大臣から労働政策審議会に対し諮問を行い、同審議会からの答申を踏まえ、2011年12月2日に第179回国会（臨時会）に労働安全衛生法の一部を改正する法律案の提出を行ったが、これに異論を唱える動きに目を向けたい。日本産業衛生学会の産業医部会幹事会による2012年1月13日付「"労働安全衛生法の一部を改正する法律案"のうち、『メンタルヘルス対策の充実・強化』の部分が、労働者のためにならないことが明らかなために、廃案または一旦保留として大幅な修正を求めます」との要望では、改正案が医師による健康診断で心の健康面は診ないことを求め、心身の健康を分けて健診を行うことを強いる施策として批判されていた。厚生労働省が新たに示した法律案は現行の労働安全衛生法の第66条から第66条の9までに「健康診断」として規定していた条文に、新しく「精神的健康の状況を把握するための検査等」を、第66条の10として追加し、これに足並みを揃えるべく、当初の第66条第1項に修正を試みるもの

である。これに対し日本産業衛生学会では、そもそも同法第66条第1項で規定されていた「健康診断」の項目において心身の状況把握、すなわち、精神的健康の状況把握が含まれていたものを、あえて第10項で別建てにされ、第1項での「医師による健康診断」からは「精神的健康の状況に係るものを除く」とされることは、医師による健康診断が本来、心身不可分の対象を総合判断すべきところを、心の健康面は診ないことを求めるもので医療の本質に逆行するとの主張である。加えて「医師による」現行の健康診断から分離された精神状況把握の面を「医師又は保健師による」メンタルヘルス検査へと変更することに伴う弊害と、医師の意見から労働者の自己申告への縮減による問題点も挙げられる。それは、産業医が労働者各人の精神状況把握検査を実施するとは限らず、同検査結果を知り得ない状況が考えられる上、検査結果を通知された労働者が自発的に医師による面接指導を「希望申し出」しない限り、事業所の産業医は精神的健康の状況を知り得ない点にある。

かつて旧労働省が精神保健に関わる取組みに踏み出すきっかけとして1982年2月に日本航空の旅客機が羽田沖に墜落した事故が挙げられるが、事故の原因が機長のメンタルヘルス不全であること、日本航空の機長に対する健康管理が不十分であったことが明らかとなり、労働者の心の健康を企業がどう扱うかに国民の関心が集まった。精神的健康の管理を医師の指導から労働者の自己責任へと委ねる流れは、本来なら精神状態の不安定な従業員を早期に発見し、適切な治療を施すことが求められるべきはずの理想から乖離する危険性をはらんでおり、労働安全衛生法の改正には再度検討を重ねる必要があろう。

4　労働災害と事故の防止に向けて

労働災害発生の件数は着実に減少を続けているが、各産業職場それぞれにおいて、それを容認し得る看過できない構造的要因、潜在的要因が等閑にされたままの状況が見受けられる。職場環境の改善を推進するためには、関係労使の協力に加え、法整備の一層の推進が求められるが、何より現場の声に耳を傾けつつ、「人間のため」という目線を見失わないことが重要である。

第Ⅰ部　事故の分析

注
(1) 厚生労働省「平成23年の死亡災害・重大災害発生状況等の概要」2012年（http://www.mhlw.go.jp/stf/houdou/2r9852000002bbbw-att/2r9852000002bbdm.pdf　2012年9月20日アクセス）。
(2) 厚生労働省「重大災害発生状況の推移」2012年（http://www.mhlw.go.jp/stf/houdou/2r9852000002bbbw-att/2r9852000002bcbq.pdf　2012年9月20日アクセス）。
(3) 堺秀人「医療事故の全国的発生頻度に関する研究」2006年（http://www.mhlw.go.jp/stf/shingi/2r9852000001z7ad-att/2r9852000001z7gi.pdf　2012年9月28日アクセス）。
(4) 永井裕之「医療版事故調査機関の早期設立――医療事故の原因究明をして，再発防止を図り，医療事故にあった患者や家族に公正な対応」（患者の視点で医療安全を考える連絡協議会提出資料）2012年（http://www.mhlw.go.jp/stf/shingi/2r98520000028iv0-att/2r98520000028izp.pdf　2012年9月28日アクセス）。
(5) 労働政策研究・研修機構「勤務医の就労実態と意識に関する調査」2012年（http://www.jil.go.jp/press/documents/20120904.pdf　2012年9月20日アクセス）。
(6) 時間外労働（残業）時間を含む。休憩時間は除く。
(7) 群馬県病院局ホームページ「平成22年度医療事故及びヒヤリ・ハット事例について」2011年（http://www.pref.gunma.jp/02/r0100037.html　2012年9月20日アクセス）。
(8) 厚生労働省「緊急医師確保対策について」2007年（http://www.mhlw.go.jp/topics/bukyoku/isei/kinkyu/dl/01a.pdf　2012年9月20日アクセス）。
(9) 厚生労働省「労働契約法の施行について」2008年（http://www.mhlw.go.jp/bunya/roudoukijun/roudoukeiyaku01/dl/04.pdf　2012年9月20日アクセス）。
(10) 日本労働研究機構「研修医の「過労死」初認定/医大に1億3千万賠償命令/研修は法定労働時間の倍」2002年（http://www.jil.go.jp/mm/hanrei/20020227a.html　2012年9月20日アクセス）。
(11) 『判例タイムズ』第1320号，2010年，175頁。
(12) 厚生労働省「労働時間の二極化と総実労働時間の推移」2007年（http://www.mhlw.go.jp/houdou/2007/12/dl/h1225-3a_0012.pdf　2012年9月20日アクセス）。
(13) 中央労働災害防止協会「平成17年度　職場におけるメンタルヘルス対策のあり方検討委員会報告書」2006年（http://www.mhlw.go.jp/houdou/2006/03/dl/h0331-1a.pdf　2012年9月20日アクセス）。
(14) ヴィンセント，チャールズ，エニス，ミーヴ，オードリィー，ロバート／安全学研究会訳『医療事故』ナカニシヤ出版，1998年。

参考文献
安部誠治「高速ツアーバス事故　行き過ぎた規制緩和の見直しを」『世界』岩波書店，第832号，2012年。

厚生労働省「こころの耳　働く人のメンタルヘルス・ポータルサイト――心の健康確保と自殺や過労死などの予防」(http://kokoro.mhlw.go.jp/case/worker/000634.html　2012年9月20日アクセス）.
厚生労働省「平成21年における死亡災害・重大災害発生状況等について」2010年（http://www.mhlw.go.jp/stf/houdou/2r98520000006cdg.html　2012年9月20日アクセス）.
厚生労働省・中央労働災害防止協会「商業（卸売・小売業）における派遣労働者に係る安全衛生管理マニュアル」2010年10月（http://www.mhlw.go.jp/bunya/roudoukijun/anzeneisei29/pdf/101130-1a.pdf　2012年9月20日アクセス）.
小児科医のQOLを改善するプロジェクトチーム「小児科医に必要な労働基準法の知識」『日本小児科学会雑誌』第114巻第6号，2010年.
日本学術会議精神医学・生理学・呼吸器学・環境保健学・行動科学研連『睡眠学――眠りの科学・医歯薬学・社会学』じほう，2003年.
日本病院会「勤務医に関する意識調査報告書」2007年（http://www.mhlw.go.jp/shingi/2007/04/dl/s0410-4b.pdf　2012年9月20日アクセス）.
労働政策研究・研修機構「勤務医の就労実態と意識に関する調査」2012年（http://www.jil.go.jp/press/documents/20120904.pdf　2012年9月20日アクセス）.
労働調査会出版局編『送検事例から学ぶ労働災害防止対策　送検事例と労働災害　平成20年版』労働調査会，2008年.
労働調査会出版局編『送検事例から学ぶ労働災害防止対策　送検事例と労働災害　平成23年版』労働調査会，2011年.
Ayas, N. T., Barger, L. K. and Cade, B. E. et al., "Extended work duration and the risk of self-reported percutaneous injuries in interns," *JAMA*, Vol. 296, No. 9, 2006, pp. 1055-1062.
Colin, P. West, et al., "Association of Resident Fatigue and Distress With Perceived Medical Errors," *JAMA*, Vol. 302, No. 12, 2009, pp. 1294-1300.
Landrigan, C. P., Rothschild, J. M. and Cronin, J. W. et al., "Effect of reducing interns' work hours on serious medical errors in intensive care units," *N Engl J Med*, 351, 2004, pp. 1838-1848.

（金子信也）

第Ⅱ部

事故の現状

第6章
原発事故と技術者の社会的責任

1 原子力開発と事故

　わが国における原子力開発は1953年に国連において行った米国アイゼンハワー大統領による原子力平和利用に関する象徴的な演説を契機として始まった。55年には原子力基本法，原子力委員会設置法，総理府設置法の一部改正のいわゆる原子力3法が制定され，原子力に関する研究開発拠点として日本原子力研究所が発足し，原子力に関する研究が本格的に開始された。米国においては早くも57年にシッピングポート（Shippingport）において商業用加圧水型原子炉（PWR）が，そして60年には本格的な商業用沸騰水型原子炉（BWR）がドレスデン（Dresden）に建設された。わが国では自主技術の確立を志向しながらも，早期に原子力の実用技術レベルを確立することを目指して66年に英国から改良型ガス冷却炉（AGR）を導入した東海1号が運開し，また本格的な軽水炉として70年に敦賀1号（BWR）と美浜1号（PWR）が，71年には福島第一原子力発電所の1号機（BWR）が米国から導入された。

　それ以降，わが国では安定電源として原子力発電所（以降原発）が次々に建設され，それとともに様々な技術課題を克服しながら徐々に原子力技術を蓄積していった。世界全体ならびにわが国の原発設置の状況を図6-1に示しておく。図中の白抜きの記号はすでに廃棄されたものを表し，△◇◎は日本における設置原発の積算基数を表している。改良型ガス冷却炉（AGR）である東海原発1号はすでに廃炉措置に入っており，東日本大震災前の段階で54基の原発はすべて軽水炉で，加圧水型原子炉（PWR）と沸騰水型原子炉（BWR）がほぼ2：3の割合で分け合う形になっている。なお図中には代表的な事故・事象

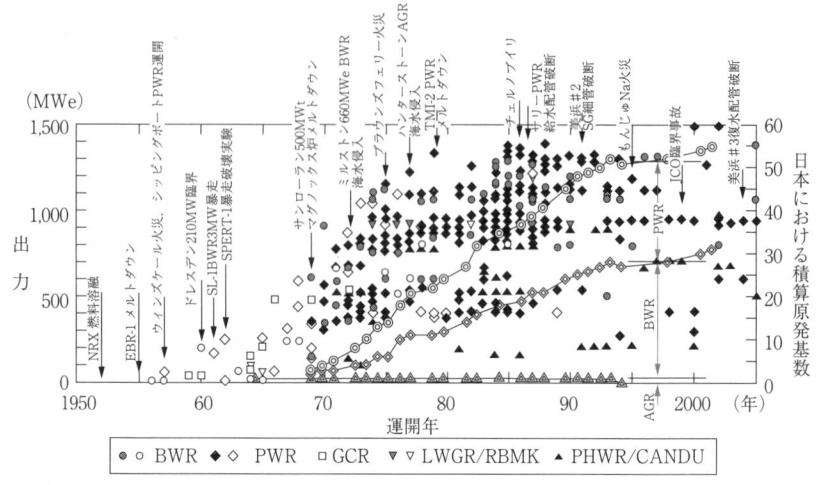

第Ⅱ部 事故の現状

図6-1 世界と日本における原発設置状況

(注)図中 ● ◆ ▼ ▲ は運転中のもの，○ ◇ □ ▽ は廃止のもの。▲AGR，◆BWR+AGR，◎PWR+BWR+AGR であり，日本における積算原発基数を示す。

(出所) World Nuclear Association (2010).

の発生年次も合わせて示している。

さて，2011年3月11日の東北地方太平洋沖地震と津波によって，福島第一原子力発電所においては，系統外部電源ならびに非常用電源も損なわれ，1～3号機では冷却喪失状態に立ち至り，燃料棒露出，炉心溶融と，典型的なシビアアクシデント状態に立ち至った。これに伴う放射性物質の放出，周囲住民の避難，電力不足，製造産業や市民生活に至るまで非常に大きなネガティブインパクトを与える結果となった。この事態の収拾は短期的に解決できるものではなく，廃炉措置から地域復興まで含めると20数年から30年にも及ぶことが予想される。今回の事故は各種のフェイルセーフ機構やその運用などの技術的な問題だけでなく，事故時のマネジメントにも大きな問題があることが露呈されたが，同時に科学技術一般に対する国民の信頼の低下をも招いたようにも思える。本章ではまず動力技術開発の歴史を俯瞰し，そこから技術者・技術者集団としての社会的責任を浮彫にし，その上で原子力開発の経緯について述べたい。

2　蒸気動力発達と第三者検査体制・技術者協会の役割

　技術史上商品として最初に成立した往復動蒸気機関であるニューコメン（Newcomen）機関の当初のボイラは銅板をはんだによって接合したものであったが（Dickinson, 1963），1725年頃に錬鉄が利用できるようになり，1700年代後半にはパドル・圧延法による鉄板が利用できるようになり（小林，2002），リベット接合されるようになった。蒸気動力の大出力化の要請とともにボイラは大きくなり，ニューコメン機関の半球状ボイラでは3.5～4.5mに及ぶものからワット（Watt）機関のワゴンボイラで，大型のものでは胴径1.8mあまり，長さ3mあまりにも達していた（Marten, 1872）。

　この当時のボイラ材料，接合方法，製造技術の制約からニューコメンならびにワット機関もともに大気圧近傍（蒸気温度100℃近傍）で運転されたため，ボイラ破裂はなかった。動力源としてのポテンシャルの高さからボイラの高圧高温化は必然的な要請であり，ワットによる特許が1800年に満了するや，次々と高圧機関が出現した。図6-2はボイラ圧力の変遷を示したもので，1800年以降，初めのうちは徐々に，そして1900年以降には急速に上昇していった。蒸気圧力が上昇することで必然的に蒸気温度も上昇し，ボイラ破裂が続発した。このことは関連する技術が同時並行的に発展する訳ではないことを物語っている。W. B. マーテン（Marten）が英国機械技術者協会誌（Proceedings of the Institution of Mechanical Engineers）上で公表した資料（Marten, 1872）には1866年までに1046件のボイラ破裂が挙げられ，さらに66年からの4年間で570件が記録されている。つまり2～3日に1回の割合でボイラ破裂があったことになる。米国ではボイラ破裂事故が図6-3に示すように多発したのを受けて，30年にフランクリン協会（Franklin Institute of Philadelphia）がボイラ破裂の原因究明のための委員会を設立し，ボイラに関する実験，材料強度に関する研究，その他ボイラ破裂の原因として考えられる様々な問題について研究を開始したが，容易には破裂事故は減少しなかった（Greene, 1953；石谷，1982）。

　このような背景の下で英国では英国機械技術者協会（The Institution of

第Ⅱ部　事故の現状

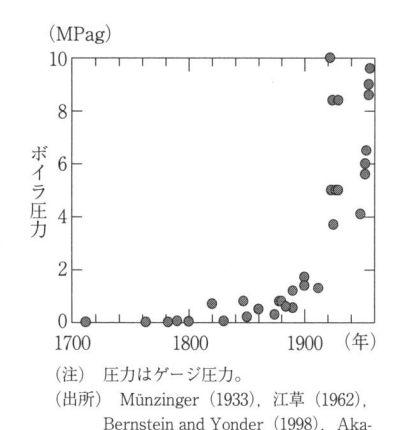

（注）　圧力はゲージ圧力。
（出所）　Münzinger（1933），江草（1962），Bernstein and Yonder（1998），Akagawa（1999）のデータによる。

図6-2　蒸気圧力の変遷

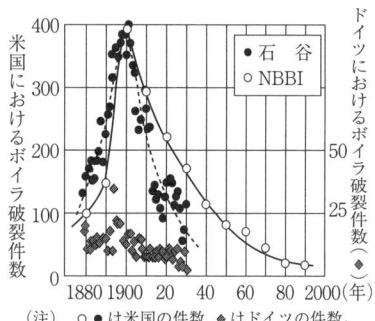

（注）　○●は米国の件数，◆はドイツの件数。
（出所）　Münzinger（1933），石谷（1982），厚生労働省安全衛生部安全課（1998）のデータによる。

図6-3　米国，ドイツにおけるボイラ破裂件数の状況

Mechanical Engineers, IMechE, 1847年）が，米国では米国機械技術者協会（The American Society of Mechanical Engineers, ASME, 1880年）が設立されたのである。わが国では通常，英国機械学会，米国機械学会とよばれているが，その設立当初のメンバー，社会的使命などを勘案すると，学会というより機械技術者協会とよんだ方が適切であろう。事実，IMechE は機械製造企業などのマネージャーが組織したもので，社会との関わりが必然的に組織の中に取り込まれた形となっている（Parsons, 1947）。また ASME でも構成メンバーとしては，技術のプロフェッショナルと技術経営者やビジネスマンが設定されていた（Hutton, 1915；Sinclair, 1980）。フランクリン協会の研究成果を受け継いだ ASME は1911年にボイラコード委員会を立ち上げ，19年に ASME 定置式ボイラ製造コードを発行した。同年，全米ボイラ圧力容器検査官協会（National Board of Boiler and Pressure Vessel Inspectors, NBBI）が発足した。それ以降，ASME によるボイラ製造に関わる標準化とコードの維持管理及び NBBI による第三者検査というボイラの安全確保の体制が出来上がっていったのである。このような状況はドイツ技術者協会（Verein Deutscher Ingenieure, VDI, 1856年）においても同様である（VDI, 1981）。

2　蒸気動力発達と第三者検査体制・技術者協会の役割

　技術史上商品として最初に成立した往復動蒸気機関であるニューコメン（Newcomen）機関の当初のボイラは銅板をはんだによって接合したものであったが（Dickinson, 1963），1725年頃に錬鉄が利用できるようになり，1700年代後半にはパドル・圧延法による鉄板が利用できるようになり（小林，2002），リベット接合されるようになった。蒸気動力の大出力化の要請とともにボイラは大きくなり，ニューコメン機関の半球状ボイラでは3.5～4.5mに及ぶものからワット（Watt）機関のワゴンボイラで，大型のものでは胴径1.8mあまり，長さ3mあまりにも達していた（Marten, 1872）。

　この当時のボイラ材料，接合方法，製造技術の制約からニューコメンならびにワット機関もともに大気圧近傍（蒸気温度100℃近傍）で運転されたため，ボイラ破裂はなかった。動力源としてのポテンシャルの高さからボイラの高圧高温化は必然的な要請であり，ワットによる特許が1800年に満了するや，次々と高圧機関が出現した。図6-2はボイラ圧力の変遷を示したもので，1800年以降，初めのうちは徐々に，そして1900年以降には急速に上昇していった。蒸気圧力が上昇することで必然的に蒸気温度も上昇し，ボイラ破裂が続発した。このことは関連する技術が同時並行的に発展する訳ではないことを物語っている。W. B. マーテン（Marten）が英国機械技術者協会誌（Proceedings of the Institution of Mechanical Engineers）上で公表した資料（Marten, 1872）には1866年までに1046件のボイラ破裂が挙げられ，さらに66年からの4年間で570件が記録されている。つまり2～3日に1回の割合でボイラ破裂があったことになる。米国ではボイラ破裂事故が図6-3に示すように多発したのを受けて，30年にフランクリン協会（Franklin Institute of Philadelphia）がボイラ破裂の原因究明のための委員会を設立し，ボイラに関する実験，材料強度に関する研究，その他ボイラ破裂の原因として考えられる様々な問題について研究を開始したが，容易には破裂事故は減少しなかった（Greene, 1953；石谷，1982）。

　このような背景の下で英国では英国機械技術者協会（The Institution of

第Ⅱ部　事故の現状

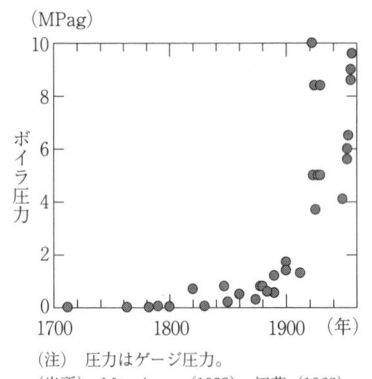

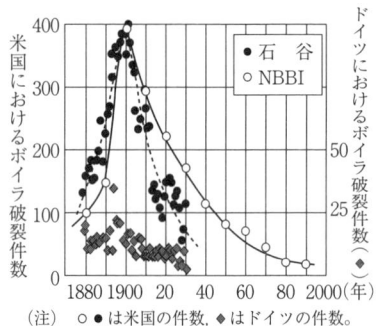

図6-2　蒸気圧力の変遷
（注）圧力はゲージ圧力。
（出所）Münzinger（1933），江草（1962），Bernstein and Yonder（1998），Akagawa（1999）のデータによる。

図6-3　米国，ドイツにおけるボイラ破裂件数の状況
（注）○●は米国の件数，◆はドイツの件数。
（出所）Münzinger（1933），石谷（1982），厚生労働省安全衛生部安全課（1998）のデータによる。

Mechanical Engineers, IMechE, 1847年）が，米国では米国機械技術者協会（The American Society of Mechanical Engineers, ASME, 1880年）が設立されたのである。わが国では通常，英国機械学会，米国機械学会とよばれているが，その設立当初のメンバー，社会的使命などを勘案すると，学会というより機械技術者協会とよんだ方が適切であろう。事実，IMechEは機械製造企業などのマネージャーが組織したもので，社会との関わりが必然的に組織の中に取り込まれた形となっている（Parsons, 1947）。またASMEでも構成メンバーとしては，技術のプロフェッショナルと技術経営者やビジネスマンが設定されていた（Hutton, 1915；Sinclair, 1980）。フランクリン協会の研究成果を受け継いだASMEは1911年にボイラコード委員会を立ち上げ，19年にASME定置式ボイラ製造コードを発行した。同年，全米ボイラ圧力容器検査官協会（National Board of Boiler and Pressure Vessel Inspectors, NBBI）が発足した。それ以降，ASMEによるボイラ製造に関わる標準化とコードの維持管理及びNBBIによる第三者検査というボイラの安全確保の体制が出来上がっていったのである。このような状況はドイツ技術者協会（Verein Deutscher Ingenieure, VDI, 1856年）においても同様である（VDI, 1981）。

このようにユーザでもメーカでもない，また行政でもない第三者によるボイラ検査の進行と行政における法的根拠づけによって，ボイラ破裂事故は1900年をピークとして急速に減少していった（Greene, 1953；石谷，1982；厚生労働省安全衛生部安全課，1998）。このような第三者検査という安全確保のための社会的な制度設計は英国においてまず船舶（1824年）から始まった。その代表であるロイド船級協会（Lloyd's Register of British and Foreign Shipping, 現在のLloyd's Register）がわが国に上陸したのは1885年である。ロイド船級協会に対応する帝国海事協会（1899年発足）は当初は民間機関ではなかったがのちに日本海事協会となってロイドはじめ世界の船級協会と相互認証された民間の第三者機関として現在に至っている（石谷，1982）。

わが国におけるボイラ検査はもともと内務省の管轄（1882年汽罐破裂取締法，1900年工場事業法，1935年汽罐取締令公布）であったが，1908年に第一機関汽罐保険株式会社（後の安田火災，現在の損保ジャパン）が創立され，11年には警視庁からボイラ検査認可を受けた。これが民間検査の始まりで，現在では産業用ボイラには日本ボイラ協会，損保ジャパンなどが当たり，英国，米国，ドイツなどと同様，第三者検査制度が確立され，その有効性が実証されている（日本ボイラ協会，1956；安田火災海上保険，1991）が，発電用ボイラでは限定的である。発電用ボイラの検査については11年制定の旧電気事業法（1935年以降は発電用汽機汽罐取締規則）の下で逓信省が行っていた。64年に制定された新電気事業法の下では通産省が検査業務に当っていたが，70年以降は発電用熱機関協会，のちの発電設備技術検査協会（1985年）が火力機器の溶接検査を代行するようになり，85年以降は発電設備の検査業務を担うようになっている（発電設備技術検査協会，1991）。しかしその検査は原子力分野においては電力会社の自主検査の立会業務に限定されている。

1976年に公表された総合研究開発機構（1976）による検討結果やTMI-2（Three Mile Island #2）事故（1979年）を受けて1980年に開催されたシンポジウム（原子力安全委員会・日本学術会議，1980）において，原子力分野にも第三者検査導入することの必要性が指摘されたが，政府規制当局によるいわゆる官庁検査が継続されてきた。原子力推進と規制を併せもつ，内部矛盾を抱えた形

での検査の問題だけでなく，官庁としての人事面での慣例などから検査に当たる人材育成においても大きな問題を抱えたまま放置されてきたといって過言ではない。長年にわたって実績のある安全確保のための社会システムが原子力には適用されなかったのである。

　さて，成立当初の IMech E の学会誌の第 1 巻 (1847-1849 年) には全掲載論文 38 件中ボイラ関連が 10 件，鉄道車軸関連が 5 件掲載されており (IMechE, 2010)，当時，社会的に大きな問題となっていたボイラ破裂や車軸の疲労折損事故について学会を挙げて検討していた様子がうかがえる。しかし IMechE では設立から 50 年あまり経過すると，掲載される論文内容が具体的な機器から次第に要素研究へ，そして微分方程式などを用いた理想化された分析へと遷移していった (Parsons, 1947)。IMechE を参考にして帝国大学や東京高等工学校の機械科の卒業生を中心に日本機械学会 (1887 年) が組織されたが，当初，IMechE や ASME で想定された機械技術のプロフェッショナルの組織としての技術者協会というよりむしろ学術的性格が強かった。このことは理学と工学の学際に位置する日本原子力学会においても同じであろう。わが国では「協会」は業界団体で学術的でないとの思いからか，化学工学会は当初は化学機械協会，のちに化学工学協会と改称し，さらに現在の名称に改称した経緯があるし，同様な名称変更の経過を冷凍空調学会もたどっている。一方でわが国では学者の団体の意見表明が社会からあまり尊重されないという現実がある。もちろん学術の深化を目的とする学会があるのは当然であるが，学会の英文名称として Society of Engineers を標ぼうする場合には社会から遊離した存在であっては社会的責任を果たすことができないし，社会から信頼されるものにもなり得ない。今回の原発事故を受けていち早く特別委員会報告 (ASME, 2012) の形で原子力安全に関わる新しいコンセプトを公表した ASME など，技術者協会の在り方を考える上で大いに参考になる。

3　技術発展の課題

　大型技術の開発には時間と膨大な費用が必要となる。また開発中に幾多のト

ラブル，事故に見舞われるのは当然である．1930年代半ばから当時のソ連で独自開発された大形火力発電用貫流ボイラの1形式であるラムジンボイラは，15年間の開発期間中に約60件の重大なトラブルが発生した．このうち約40件は高温ガスからの高熱負荷を受ける伝熱管に関連し，技術開発上最も難しい問題であった．これらの諸問題を克服して初めて信頼性の高い商品になった（江草，1962）．

ボイラの高圧化に伴って破裂が多発したのと同様に，新技術のコンセプトは正当であっても材料技術，製造技術や制御技術，計測技術が同時並行的に進化しているわけではない場合が多い．別の事例を挙げれば，1970年に試運転中の33万kW蒸気タービンロータ（重さ50トン）がほぼ4等分に破壊して4人死亡，61人重軽傷という多数の死傷者を出すとともに，一部は880m余りの距離にも飛散した．破壊の原因はロータ素材の欠陥であり，これ以降，製鋼技術が飛躍的に進歩し，結果的に信頼性の非常に高いタービンとして海外から高い評価を得ることとなった（三菱重工）．また72年に当時国内最大級の海南発電所3号機（60万kW）においても，タンデム編成の蒸気タービン・発電機の試運転中にバランシング不良が原因で軸振動を発生し，損壊，火災事故を起こした．この当時は海外との技術提携の時代で，回転軸のバランシング技術が十分に確立していなかった時期でもある（火力発電技術協会，1973）．

図6-4はわが国における原発の積算設置基数の推移とわが国の電気事業法下の発電設備のトラブル件数（原子力安全・保安院，各年度）の推移をプロットしたものである．1960年以前のデータはここには示していないが，60年以前には火力発電設備そのものの台数が少なかったために件数としては大きな値にはならなかったと推測される．その火力発電トラブルは60年以降，設置基数の増加にも関わらず顕著に減少していった．これには材料技術，計測技術，制御技術の進展などが大きく寄与したのは間違いもない．その減少傾向は70年頃には停滞気味で，75年を超える頃再び大きく減少し，80年には年間40件を下回る程度にまでに低下している．これは原子力発電の出現によって，それまでベースロードを担っていた，従って長期にわたる連続運転が行われていた火力が，DSS（夜間のみ発電を停止する）運転なども含めて休止させることができ

第Ⅱ部　事故の現状

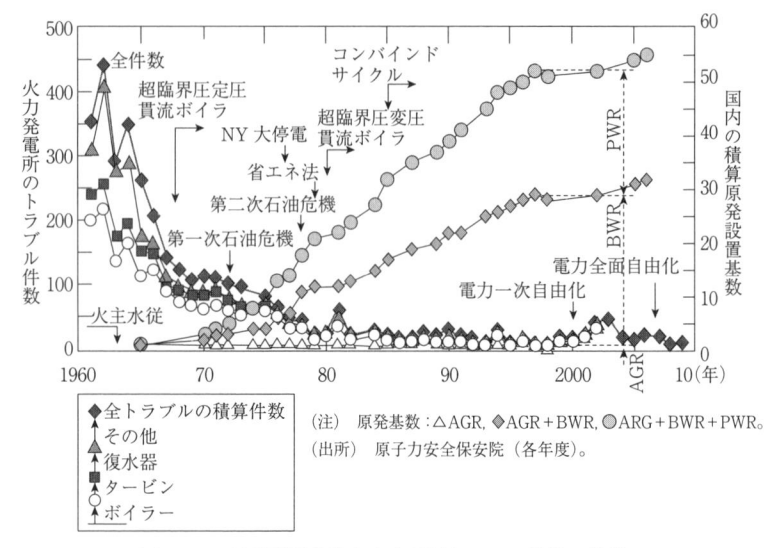

図6-4　原発設置基数と火力発電トラブル件数の推移

るようになった，言い換えれば相対的に連続運転時間が短くなったことによると考えられる。なお火力発電のトラブルの主な発生個所はボイラであり，単位体積当たりの発熱密度としては原発よりもかなり低いが，温度は2000℃近くで，水管の材料強度的にはかなり厳しい状況に置かれていることを物語っている。また最新鋭の天然ガス焚コンバインド発電では，ガスタービン入口温度が1600℃を超えるところにまで達しており非常に精緻な冷却技術に支えられているのである。

　福島第一原発事故を受けて，わが国の原発はすべて停止した。原発依存率の高い東京電力や関西電力は緊急避難的な対応によって2011年及び2012年の夏・冬をどうにか乗り切ったが，老朽化した，もしくは休止中の火力発電所の運転再開や定期点検の先のばしによって連続的に運転を続ければトラブル発生件数が今後さらに増加する恐れもある。

　実用熱機関には製造，使用の両側面において経済性，信頼性，そして低環境負荷性が要求される。第一の経済性には技術開発過程における費用・時間も含まれる。先進超々臨界圧（A-USC）ボイラと総称される35 MPa，720℃クラス

の高性能ボイラの開発には10〜15年，わが国で開発された改良型沸騰水型軽水炉（ABWR）では約20年，事業用ガスタービンで1300℃から1500℃クラスへの展開に6〜8年，舶用2サイクル低速ディーゼル機関では開発に10年，経営的に成立するのにさらに10年，小型水管ボイラで2〜3年，家庭用ガス湯沸器でも2〜3年，自動車開発には3〜4年の期間がかかっている。さらにこれら熱機関の製造費用は単位熱出力（1kWt：t は thermal の略）当たり，舶用低速ディーゼル機関：100〜200 US-$，事業用ガスタービン：80 US-$，小型水管ボイラ：60〜100 US-$，家庭用湯沸器：100 US-$，乗用車：〜100 US-$，微粉炭火力：680 US-$，ガス焚火力発電：320 US-$ 程度となっている。つまり大型の石炭火力を除けば，経営的に成立する単価は現状おおよそ1万円/kWt と判断される。石炭ガス化複合発電（IGCC）プラントは450〜660 US-$/kWt で，大型の微粉炭火力と同程度のレベルにはあるが，1200〜1500時間連続運転の実績がある程度の段階であり，技術的に成熟したものとはいえない。民間の電力会社が建設を決定するにはいまだリスク・費用ともに大きいと判断される。わが国における IGCC 開発にもおおよそ26年の年月を要しており，一人の技術者の活動期間にも匹敵する。このような大型の技術開発には期間・費用ともに大きくなり，技術を見極める目と息の長い努力が必要なのは自明であろう。

4　戦後わが国の電力事情と原子力開発への道

　第二次世界大戦後の復興を成し遂げるためには基幹インフラである発電所・電力網の構築は喫緊の課題であって，1947年には早くも九州電力港第二発電所に54MW の国産の火力発電所が建設された。現在の水準からすればかなり小規模であるが，その当時のわが国の電力需要と技術水準を端的に示している。図6-5に50年以降わが国で建設された火力発電所の設備容量の変遷を示している（宇治田・玉井，1980）。47〜50年頃に建設された火力発電所は大容量といってもせいぜい66MW であった。図6-5中の◎は海外，主として米国からの輸入であり，いずれも当時国内建設の発電所中，最大級に位置している。実

第Ⅱ部　事故の現状

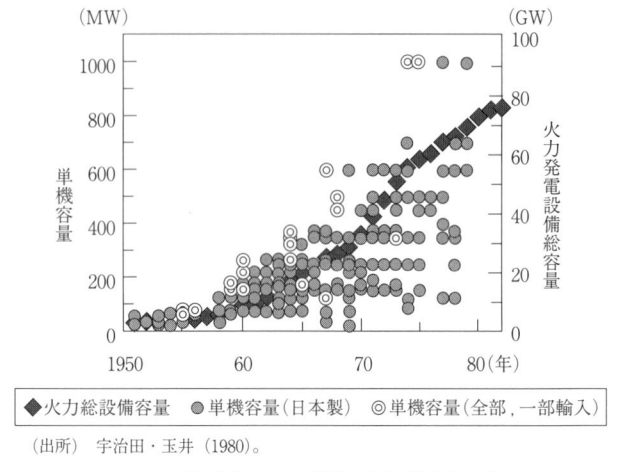

図6-5　戦後わが国で設置された新規火力発電

（出所）宇治田・玉井（1980）。

際のところ53年の頃わが国では100 MW を超える発電所建設は皆無であったが，米国においてはすでに100～200 MW のプラントが建設されていた。電力需要の問題も背景にはあるが，その当時のわが国の技術水準が欧米に比してかなり立ち遅れていたことが根本にある。同じような状況は国土再建に係る建設機械，発電，鉄鋼，舶用主機，電気電子機器，石油化学など産業の全領域にわたる。戦中の技術的空白を埋めるために電力はじめ各種製造企業はこぞって海外技術を導入した。技術の最重要基盤である鉄鋼分野では，当時の八幡製鉄をはじめ主な鉄鋼メーカ6社は51年からの5年間で平板圧延技術や電縫管製造技術など含めて100件を超える技術導入を行い，続く5年間ではさらに増えて134件にも達している（重化学工業通信社編, 1965；並川, 2012）。

　欧米企業との技術提携の典型的なパターンとして，まず新鋭機をターン・キー方式で導入し，2号機以降を国産技術で建設するという手法が定着し，それによって最新技術を蓄積し，そののちの大きな経済発展を成し遂げてきた。このことは原発についてもまったく同様である。

5　わが国における原発技術の進展

　わが国の原子力技術の発展は，原子力3法と日本原子力研究所創設（1955年）から始まって原子力委員会設置，原子燃料公社発足（1956年），そして原子燃料公社を母体にした動力炉核燃料開発事業団発足（1967年）へと続いた。原子炉としては最初に米国ノース・アメリカン・アビエーション（NAA）社からウォータボイラ型研究炉を導入し1957年に臨界に達した。続いて日本原子力研究所研究炉2号機（JRR-2，米国 CP-5型原子炉を原型とした研究炉，1960年臨界）をアメリカン・マシーン・アンド・ファウンドリ（AMF）社から導入した。そして初の国産原子炉であるJRR-3は62年に臨界に達した。発電炉開発に向けてゼネラル・エレクトリック（GE）社が設計，燃料加工を担当し，製造は日立などが担う形で建設された試験研究用沸騰水型原子炉（JPDR）は63年にわが国初の原子力発電に成功した（日本原子力産業協会，2011）。その一方で政府は世界に先駆けて原子力発電事業を開始した英国から改良型ガス冷却炉（AGR）を導入し，商用運転を66年に開始した。また米国からは軽水炉導入を準備し，70年運開の原電敦賀1号機，関電美浜1号機，そして71年に福島第一原発の1号機が運開した。米国における原発技術は小容量から順次大容量へと進んでいった（Kramer, 1958）が，わが国ではそのような技術発展過程を経ずにいきなり数十万kWから導入したのである。たしかに米国から導入後，応力腐食割れなど数々のトラブルを克服してきたとはいえ，開発過程初期における幾多の問題を解決してきたわけではない（成合，2011；2012）。技術上の経験に関して「研究者，設計者およびその組織体の判断力，想像力，総合力など，を学習，教育または伝授するのは，一般に容易でない。それはいくら説明してきかせても，いわゆる冷暖自知で，結局は当人に追体験されないと悟ってもらえないからである」という石谷（1988）の指摘は重い。

　1970年以降40年間の急速な原発（軽水炉）の進展は，同時に，電気事業や鉱工業，商社の事業活動にも反映され，図6-6に示すように70年代からの原子力関連支出は図6-4に示した原発設置台数の推移と見事に符合している。

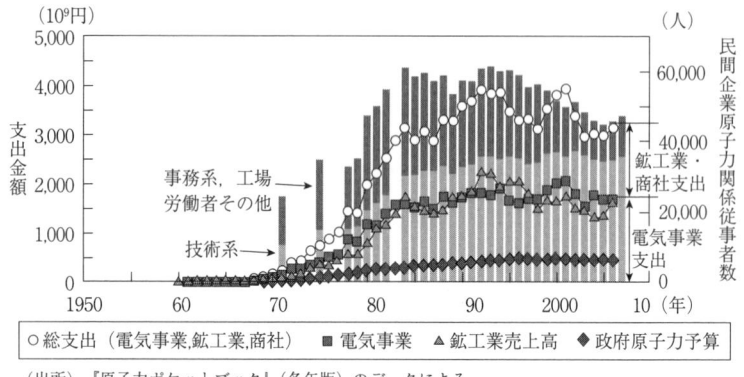

図6-6　原子力関係従事者数・原子力関係総支出高の推移

　また電気事業の支出は鉱工業分野での売上高にほぼ対応し，政府予算もこの時期大きく膨れている。原子力関係予算は95年頃の建設停滞期までは順調な伸びで，おおよそ原子力は4兆円産業であることがわかる。その半数を電力が，そして鉱工業，商社などが残りの半額を分担した形となっている。
　この一大産業分野の形成によって，技術者ならびに事務系・工場労働者も1970年代から80年代にかけて大きく増加する。なお原発の新規設置が少なくなるのに伴って，事務系・工場労働者の数は1万人以上減少しているが，技術系は政府予算がおおよそ一定であるのに呼応するかのように90年レベルが2007年頃まで維持され，全体で5〜6万人の雇用を生んでいたことになる。
　今回事故を起こした福島第一原発の場合，1号機はGEが主契約者になり，2号機はGEと東芝，3号機は東芝，4号機は日立，5号機は東芝，6号機は再びGEと東芝が連合して主契約者となっている（東京電力，2011）。つまり初号機は輸入し，2号機はGEとの共同で建設し，以降，炉形式と格納容器の組み合わせが同じであれば日立，東芝が単独で，また6号機や改良型沸騰水型原子炉（ABWR）のように新しい組合せについては東芝，日立とGEの連合体として取り組み，技術の蓄積を行ってきた。ただし福島第一原発の2号機や6号機では国産化率は精々60％程度であったのが，福島第二原発の2〜4号機，

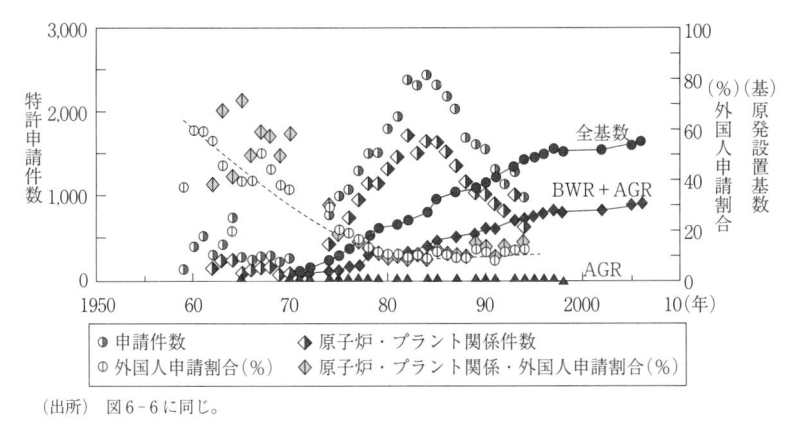

図6-7　原子力関係特許申請件数の推移

柏崎刈羽の2～5号機の改良標準型は国産技術によったものであり，柏崎刈羽のABWRではGEとの共同とはいうものの国産化率は90％程度で国内企業の役割は福島第一の2号機，6号機の場合に比べてかなり高く，事実上国産技術によって建設されたものである。

さてこのような技術導入の経緯を典型的に示すものとして図6-7に示す原子力関連特許の統計を見ると，1960年代にはわが国に登録される原子力関連特許の60％程度が海外発のものであり，70年頃でも40％の高水準となっている。しかし，自主技術の進展とともに，申請特許件数の増大の割には，海外発の特許の割合は低下し，80年代にはほぼ10％程度にまで，つまり70年頃から25年にしてようやく90％程度はわが国技術者によるものとなった。

火力発電所では性能の悪い老朽火力の汽力部分を改修してリパワリングが行われているが，原発の場合，蒸気発生器やタービン発電機の置き換えは可能であっても圧力容器については寿命評価などもまだ確定したものではなく，廃炉まで含めて考えた時，十分に実績が積まれているとはいえない状況にある。つまり技術としていまだ発展途上にある。わが国ではターン・キー方式の第1世代，国産化率の進んだ第2世代，さらにわが国で開発された第3世代のものが混在して運用されているのである。シビアアクシデントについての基本的な考

え方がTMI-2事故以前と以後とでは変わったはずにもかかわらず，今回の原発事故を見る限りハード，ソフト，マネジメントなどにおいて新しい概念に対応していないものが混在していたといわざるを得ない。

6　人材育成

　新しい技術の育成発展には欧米先進諸国への留学が最も近道である。原子力関係の留学生の数の統計（文部省関係を除く）（『原子力ポケットブック』各年度）によれば，1954～59年の6年間で合計270名，各年度当たりの平均値は45名で，54年から68年までの統計では合計700人を超える研究者，技術者が海外で原子力技術を学んできたことになる。

　一方，国内における人材育成としてわが国ではまず大学院が最初に設置され，1957年には阪大，京大，東京工大，58年に東北大，東大は64年，以降，名大，北大，九大と続く。一方，学部設置は最も早い58年の京大に続いて，60年代に阪大，東北大，東大と経緯した（『原子力ポケットブック』各年度）。これら原子核あるいは原子力工学科において1年当り300名近い人材が養成されたことになる。しかしこれらの学部，大学院設置時期にカリキュラム体系は充分に出来上がっていたわけではなかった。例えば京大の修士課程原子核工学専攻では量子力学，原子核物理，原子核工学，放射線測定，放射化学，原子核化学工学などの科目があったが，原子炉の建設や運転に係る講義はせいぜい原子核工学くらいであった。その後米国マサチューセッツ工科大学などのカリキュラムを参考に原子炉理論，原子炉制御などの科目が整備された（京都大学原子核教室, 2007）。なお具体的な経験が欠かせないとの判断から実験や演習が設定されていたが，院生，学生たちが実際の原子炉で実習を行うようになったのは，おそらく68年（原子炉実験所は1963年に開所）以降であろう。京大の場合，60年以降になると明確に炉工学といった原子炉の熱流動に係る講義が整備され，70年以降には上記の他に原子炉動特性制御，動力用原子炉など発電炉を意識した講義が整備されてほぼ現在の状況になった。

　1990年以降からの文部（のち文科）省による大学院重点化政策に伴って全国

の旧帝大を中心として学部再編が行われ、原子力や原子核といった学科名が物理工学や環境エネルギー、量子工学などといった名称に変更され、少なくとも学部学科名称の上では原子力技術教育を担う学科が明確でなくなった。この大学院重点化政策は工学分野において以前にもまして技術から学術への方向転換を促進したように思う。つまり個別要素研究がますます深化し、それらを統合した全体的なもの、つまりは具体的な機器に対する教育が希薄になっていった。熱伝達など個別要素的特性はユニバーサルであるが、システム全体の構成や運用あるいは安全性に対する考え方は必ずしもユニバーサルでなく、それぞれの国の文化的経済的状況を反映したものになる。要素に特化すればこの点が教育の中身から吹き飛んでしまうことになる。

　原子力技術はシステム技術であるといわれているが、これは火力とて同じことで、原子力に限ったことではない。戦前の技術教育の典型として大阪帝国大学工学部機械工学科の1940年頃のカリキュラム（大阪帝国大学，1940）を見ると、大学3年間で卒業所要単位170単位がすべて必修であった。例えば蒸気原動機16単位、設計15単位、製図40単位となっており、総合的な技術に係る科目が非常に多く配当されていた。戦後の新制になって蒸気原動機関係は8単位、設計製図は14単位と縮小、大学紛争以降、この傾向はさらに強まり、現在ではいずれの大学でも卒業所要単位もせいぜい130単位程度になり、設計製図など具体的なものに即した科目が影をひそめ、代わりにIT関連や個性教育の名の下の多くの選択科目が配置されている。戦前戦後の時期のカリキュラムをことさら推奨する訳ではないが、具体的なものを通して基幹専門科目（機械系では材料力学，流体力学，熱力学，機械力学，自動制御など）に横串を通すことが現状の大学では体系としてなくなっている事実は問題といえるだろう。かろうじて卒業研究が総合的なものになるかもしれないが、1年間パソコンに向かい合っていては「総合」にはならない。もちろん卒業生たちは企業に就職後、「総合」的な仕事を通じて多くを学ぶのは事実であるが、大学という広く技術の体系を見渡す絶好の機会とは趣を異にする。

第Ⅱ部 事故の現状

7 原子力関連研究

　原発では炉心における発熱密度は火力に比して格段に高い。したがって炉心の冷却技術は非常に重要になり、関連する熱伝達や蒸気と水が混在して流動する二相流などの研究に関して、1940年代後半から論文数が飛躍的に増加した。これは明らかに原子力の技術開発によって強く牽引された結果である。コンピュータが大型化・高速化の時代（1960〜90年）（山田, 2001）を迎えたのはこの時期に対応する。大型コンピュータならびにスパコンの発達は当然ながら数値計算技術の発展を促し、原子炉安全性評価のための大規模数値解析コードが開発された（成合, 2011）。熱伝達や二相流の要素研究としては依然として実験に基づくものが中心であったが、システム全体の挙動については実機による実証よりは計算コードによる評価が通例になっていった。数値シミュレーションは効率的であるという反面、非定常問題に際しては実時間経過の実感をもつことがむずかしいこと、起こっている現象が初期条件、境界条件の設定に大きく依存し、計画・設計で想定されたシナリオ以外の事象については調べることができないこと、すなわちディスプレイ上に描き出された事象と実現象の乖離を埋めることが困難であるという問題点を有する。

　TMI-2事故以降、米国原子力規制委員会（Nuclear Regulatory Commission, NRC）を中心としてシビアアクシデント研究が多数行われ、1980〜95年の間に多くの研究成果が公表されている。しかしわが国においては80年代後半より大学はおろか原子力研究所においてさえ基礎科学重視へと方向転換がなされ、ハイテクやマイクロ・ナノ関連研究に資源と人材が投入され、現実プラントを対象とした、ある一面、泥臭い研究が縮小されていった（成合, 2011）。

　1970年の頃は熱伝達や二相流といった熱流動分野の国際会議は年1〜2回程度であり、また論文を投稿すべき国際ジャーナルも数えるほどしかなかった。しかし国際会議の増加とジャーナルの増加は論文数の増加に対応し、同時に大学における人事考査にも論文数が主要な指標になっていった。その結果、技術に直結した泥臭い研究には大学の研究者の興味が向かず、彼らの研究の一翼を

担う大学院生たちの研究も理論解析や計算機シミュレーションなどに移っていった。文部省の科学研究費補助金についてもその審査には大学教官が当たるのが通例で，論文になりにくい泥臭い研究は敬遠され，国を挙げて現実技術との乖離を促進することになってしまったように思う。実プラントにおける現象の理想化，モデル化は研究として当然のアプローチであるが，泥臭い実際技術，現実のプラントなどへのフィードバックも合わせて検討することが必要である。私たちが検討するべき問題はすべて実プラントに埋め込まれていて，そのことを等閑にしては実績，技術の蓄積はない。

原子力の安全性について見ると，原子力研究・開発の当初からわが国でもSAFE（Safety Assessment and Facilities Establishment, 冷却材喪失事故・非常用炉心冷却などの世界初の安全研究）プロジェクトが立ち上がり，1960年代終わりからROSA（Rig of Safety Assessment, 冷却材喪失試験）計画の下，大型再冠水実験などが行われ，反応度事故なども研究された（成合，2011；2012）。TMI-2事故以降，シビアアクシデント研究も多数行われた（成合ほか，1997；日本原子力学会，1993；成合，2012）が，その成果や経験が原発そのものや運転現場には十分に反映されなかったのではないだろうか。

8　原発事故と技術者の社会的責任

TMI-2事故を受けてシビアアクシデント研究が大きく進展したことを述べた。それまでの原子力安全研究はいわば決定論的対応ともいうべきものであった。つまりある一つのトラブルが起こったとしても別の現象が輻輳するとは考えず，単発の事象に対して対策を行えばよいといった発想で行われていた。しかしTMI-2事故が提議した問題（原子力安全委員会・日本学術会議，1980；Ishii, 2012）は，さして大きなトラブルでもない復水ポンプの故障，加圧器逃し弁の開固着さらには運転員の判断ミスなどが重なったため，結果的にシビアアクシデントになったもので，シビアアクシデントに至るシナリオは非常に多数あり，どこをどのように抑えたら収束させられるのかが，わかりにくいという現実であった。様々な不安全状態が想定される中，それぞれに対して安全策を講じた

結果，今回の福島第一原発におけるように全電源喪失によって貴重な冷却手段であった非常用復水器が事実上機能しなくなった。つまり冷却と閉じ込める機能が外的事象に対しては対立するものであったことが顕在化したのである。

わが国では動燃アスファルト固化火災，東京電力のデータ隠し，三菱自動車工業のハブ強度不足などを様々な問題が発生し，それに呼応するように技術者倫理，工学倫理などといった書物が多数発刊され，また大学においても講義がなされてきた。しかしこのような発想の出発点である英語でいう Engineering Ethics は倫理観の問題というよりも IMechE や ASME 設立の根幹的概念，すなわち工学研究者，技術者，技術マネージャーなど技術プロフェッショナルの社会的責任というべきものである。したがって製造業や社会インフラの経営者は当然これに含まれる。技術プロフェッショナルがその専門知識ゆえに社会において認められるとすれば，必然的に社会的責任が伴う。これは弁護士，公認会計士，医者などとも共通する。石谷（1969）は「技術の発達についての見通しをたて，適時，適正にテーマを設定し，これを最低のコストで最短期間に開発すること，および，こうして開発された技術が生産の現場で運用されるのを，その専門的能力を駆使して援助すること，この両者が技術者の職分であり，これを完全に果たすことが技術者の第一の責任である。第二は，一般人の理解しえない特殊な専門をもつ人が，一般国民に対して負う責任である，言い換えれば『国民に対して警告する責任』である」と説いている。

今回の原発事故を受けて安全神話の崩壊や事故時のマネジメントの問題が多く語られたが，上記の TIM-2 事故を受けての学術シンポジウムにおいて，岩尾裕純はその当時すでに TMI-2 事故について「大型原発の安全神話というものの崩壊というふうに受け取らざるをえない」，また原子力の導入については「非常に不幸な原子力発電の出発の仕方をしております。自主性を十分に伸ばさずに急速に導入するという格好にしてしまいました。それが非常に長く尾を引いている」と述べているのである。TIM-2 事故以降 30 年あまりの間わが国の原発について技術プロフェッショナルたちは石谷のいう二つの責任を果たしてきたのか，もしそうでないなら福島第一原発事故の経験を今後に生かすには技術プロフェッショナルとしてどうあるべきなのか，今一度考える必要がある。

東京電力，保安院，安全委員会などの技術プロフェッショナルは政府，企業に所属し，石谷（1969）のいう第二の責任である警鐘を発しようにも組織の論理のまえに無力だったのだろうか。これは今回の原発事故に関わったものだけの問題ではなく，著者をも含めた技術プロフェッショナル自身の生き方の問題でもある。

参考文献

石谷清幹「技術者の責任——石谷研卒業生への送別の辞にかえて」1969年。
石谷清幹『工学概論（増補版）』コロナ社，1982年，121-133頁。
石谷清幹「ボイラ設計と気液二相流の経験から，1．通論」『混相流』第1巻第2号，1988年，121-124頁。
宇治田惣次・玉井幸久「ボイラ技術の歩み」『火力原子力発電』第31巻第12号，1315-1367頁，1980年。
江草龍男『貫流ボイラ』オーム社，1962年，19-24頁。
大阪帝国大学『工学部学生便覧』1940年。
科学技術庁原子力局編『原子力ポケットブック』1964～2011年版，現在は日本電気協会新聞部編。
火力発電技術協会「火力発電用タービン発電機の事故防止について」『火力発電』第24巻第2号，1973年，199-202頁。
京都大学原子核教室『京都大学原子核教室50年』2007年。
原子力安全委員会・日本学術会議『学術シンポジウム「米国スリー・マイル・アイランド原子力発電所事故の提議した諸問題」報告書』（1980年）における石谷清幹の発言（106-107，128-132頁）。
原子力安全保安院『電気保安統計』各年度。
厚生労働省安全衛生部安全課「ボイラー等の自主検査制度の導入の可否に関する検討会資料」1998年。
小林学「蒸気機関用ボイラの発達と材料技術との関係に関する研究」『科学史研究』第41巻第221号，2002年，14-24頁。
重化学工業通信社編『外国技術導入要覧1965年版』1965年，25-33頁。
総合研究開発機構『原子力システムの分析と評価（原子力システム研究委員会中間報告書）』1976年。
東京電力「福島第一原子力発電所，福島第二原子力発電所，柏崎刈羽原子力発電所の各設備概要」2011年。
並川宏彦「戦後昭和期の産業技術と社会」『日本機械学会関西支部機械技術フィロソフィ懇話会配布資料』2012年5月。

成合英樹ほか「シビアアクシデントに関する熱流動研究の最近の動向」『日本原子力学会誌』第39巻第9号，1997年，739-752頁。

成合英樹「原子力発電プラントと伝熱」『伝熱』第50巻第213号，2011年，28-35頁。

成合英樹「福島第1原子力発電所事故について」『Radioisotopes』第61巻第4号，2012年，193-207頁。

日本原子力学会「特集 軽水炉のシビアアクシデント研究の現状」『日本原子力学会誌』第35巻第9号，1993年，762-794頁。

日本原子力産業協会『原子力年鑑 2012』日刊工業，2011年。

日本ボイラ協会『最近におけるボイラの発達』1956年。

発電設備技術検査協会『発電技検二十年史』1991年。

三菱重工業「長崎造船所資料館パンフレット」1985年。

安田火災海上保険『ボイラ検査80年史』1991年（『安田火災百年史』285-297頁，1990年にも記載あり）。

山田昭彦「コンピュータ開発史概要と資料保存状況について——第1世代と第2世代を中心に」『国立科学博物館技術の系統化調査報告 第1集』2001年。

Akagawa, K., "Thermal and Hydraulic Design of Steam-Generating Systems," Ishigai, S. (ed.), *Steam Power Engineering——Thermal and Hydraulic Design Principles*, Cambridge University Press, New York, 1999, pp. 204-322.

ASME, *The ASME Presidential Task Force on Response to Japan Nuclear Power Plant Events, Forging a New Nuclear Safety Construct*, 2012.

Bernstein, M. D., Yoder, L. W., *Power Boiler——A Guide to Section I of the ASME Boiler and Pressure Vessel Code*, ASME Press, New York, 1998, pp. 213-215.

Dickinson, H. W., *A Short History of the Steam Engine*, Frank Vass & Co., London, 1963.（邦訳は磯田浩訳『蒸気動力の歴史』平凡社，1994年）。

Greene, Jr., A. M., *History of the Boiler Code*, ASME, 1953.

Hutton, F. R., *A History of the American Society of Mechanical Engineers from 1880 to 1915*, ASME, New York, 1915.

Ishii, M., "Challenges in Two-Phase Flow and Reactor Safety Research after Fukushima Accident," *Japan-US Seminar on Two-Phase Flow Dynamics 2012*, Tokyo, 2012.

Kramer, A. W., "Boiling Water Reactors," *Addison-Wesley Pub.*, Massachusetts, 1958.

Marten, W. B., *Records of Steam Boiler Explosions*, E. & F. Spon, London, 1872.

Münzinger, F., *Dampfkraft——Wasserrohrkessel und Dampfkraftanlagen*, Verlag von Julius Springer, Berlin, 1933.

Parsons, R. H., *History of the Institution of Mechanical Engineers 1847-1947*, IMechE, London, 1947.

Sinclair, B., *A Centennial History of the American Society of Mechanical Engineers 1880-*

1980, ASME, New York, 1980.

The Institution of Mechanical Engineers (IMechE), *Proceedings. Brief Subject and Author Index (1847-1945)*, General Books, 2010.

VDI, *Technik, Ingenieure und Gesellschaft－Geschichte des Vereins Deutscher Ingenieure 1856-1981*, VDIVerlag, Düsseldorf, 1981.

World Nuclear Association, *WNA Reactor Database*.（http://world-nuclear.org/NuclearDatabase/Default.aspx?id = 27232　2011 年 12 月 1 日アクセス）

（小澤　守）

第7章

ヒューマンエラーと事故

1　ヒューマンエラーをどのように捉えるか

（1）事故の原因はヒューマンエラーか

「ヒューマンエラー」とは，それほど耳慣れない言葉ではない。以前は，新聞やニュースの報道でも，しばしば「○○で発生した事故，原因はヒューマンエラーか⁉」といった見出しはそれほど珍しいものではなかったように思う。そこには，技術的・経済的発展に伴い，次第に事故・災害の規模や程度，内容も変化してきたこととともに，かつて多発していたハード的要因による事故・災害への対策が一巡し，次の段階としての人の問題，ソフト面への対応ついて関心が高まってきた，という背景がある。そして，こうした観点から事故・災害を捉えると，化学プラント事故では60％以上，航空機事故では70〜80％，自動車事故では90％以上が，いわゆる"ヒューマンエラーに起因する事故"である，という調査結果も示されている。[1]

ヒューマンエラーという言葉そのものは用いられてはいないが，古くには，精神分析学の始祖といわれるフロイトは，彼の無意識を対象とした一連の研究の中で，人間の様々な誤りや間違いについて取り上げている。人が「うっかり」間違いをするのは，その人が無意識にもっている願望や欲望がつい表面に出てきた結果である，という主張を完全に否定することはできないものの，さすがにこのロジックのみでヒューマンエラーを理解するには無理がある。

日本国内においては，1962年に国鉄常磐線三河島駅構内で発生した列車脱線衝突事故を契機に，現在のヒューマンエラーに関わる問題と共通する課題への取組みが始まったといわれている。[2]79年の米国スリーマイル島原発事故，

第7章　ヒューマンエラーと事故

99年の横浜市立大学医学部付属病院での患者取り違え事故など，社会的にも大きく影響を及ぼした事故・災害の多くが，ヒューマンエラーに対する関心を否応にも高めることとなってきた．

　一方で，「ヒューマンエラー」が一般的に用いられる言葉となっているものの，「ヒューマンエラーとは何か」という問いに対して，明確に回答することはそれほど容易ではない．あえて具体的な例を挙げるとすれば，「……し忘れ」「……不足」「……間違い」「誤……」などであり，様々な安全確保の手立てが用意されていたにもかかわらず，これらを役に立たなくしてしまう愚かな人間の行動，とでもなるだろうか．たしかにこれらは，望ましくない結果，すなわち事故や災害を惹起する要因となり得る．そして，こうした人間の行動が事故や災害の原因である，という説明に，疑問を挟む余地はないように思える．

　ここで，私たちにとって身近な，自動車の運転場面を例に考えてみたい．ある時，信号で規制された十字路交差点で，二台の自動車による衝突事故が起きたとしよう．交差点に進入した一台の自動車が，交差側を走行してきた別な一台と衝突したという．再発防止のためには，事故の原因を明らかにすることが重要である．道路をはじめ，信号機などの設備，自動車本体，周囲の他の車両との関係，当時の天候や気象条件に至るまで，なぜこのような事故が起きたのかを探るため，様々な観点から調査を行ったが，事故の原因となりそうな要因はどこにも見当たらない．あれこれと頭を悩ませていたところ，事故の当事者となった一人の運転者から，「すいません，信号を見落としていたようです」と打ち明けられた．彼は，信号が赤であったにもかかわらず，停止せずに交差点に進入していたのである．道路にも，信号機にも，自動車にも何も問題はなく，運転者の信号「見落とし」以外に事故の原因が見当たらないのであれば，この事故は典型的な「ヒューマンエラーによる事故」と見なされがちである．

　では次に，類似した事例について考えてみたい．ある運転者が，同じように赤信号を見落としていて交差点に進入したが，他にこの交差点を通過する車両がいなかったため，衝突することなく通過した．また別な運転者は，交差点に設置された信号が「青」表示になっていたが，その信号を見落としたまま交差点を通過した．さらに別な運転者は，設置されている信号機の存在にすら気づ

かず，もちろん，信号機がどのような表示になっていたかを知ることもなくそのまま通過したが，やはりこの交差点に他の交通がなかったため，衝突することなく交差点を通過した。これら三つの例では，どの運転者も事故を起こすことなく無事に目的地に到着しているが，いずれの場合も信号の「見落とし」が生じている。では，こうした「見落とし」は，すべてヒューマンエラーなのだろうか。

(2) ヒューマンエラーとは

こうした疑問は，言葉を変えれば，ヒューマンエラーをどのように捉えるか，何をヒューマンエラーと捉えるか，という疑問に等しい。しかしながら，こうした疑問に対して明確に回答することもまた，それほど容易ではないのである。現時点では，ヒューマンエラーについては，心理学的な観点から，脳の情報処理の観点から，現象面から，あるいは対策面からと，異なる様々な観点・側面からの定義や分類が行われており，統一された見解というものは未だ整理されていない。

Swain and Guttmann (1980) は，ヒューマンエラーを「システムによって定義された許容限界を超える一連の人間行動」としている。先ほどの交差点での事故の例に戻れば，信号という道路交通システムにより規定されている許容可能な範囲は，「赤信号では交差点に進入しない」ことであり，その範囲を超えた行為はすべてヒューマンエラーと解釈される。ここでは，うっかり見落とした場合も，故意に信号無視した場合も，行為者の意図とは関係なくヒューマンエラーとなる。しかし，まったく意図していなかったにもかかわらず結果的に信号を無視してしまう「見落とし」と，明らかに意図的な違反行為との間には，行為者の動機や心理的プロセスについてあまりに隔たりがある。また，再発防止策については，「見落とし」と違反とではまったく異なるアプローチが必要となることからも，両者を同等に扱うことは難しい。

(3) ヒューマンエラーを「原因」と捉えた場合の問題点

ヒューマンエラーとは事故や災害の原因である，という捉え方をした場合，

さらに別な問題が生じる。再発防止対策としての常套手段の一つは，原因を排除することである。先の衝突事故の原因が運転者の信号「見落とし」のみであるならば，この原因を排除する，すなわち「見落とし」をなくせば，再発防止対策として成立することになる。道路，信号システム，車両，規則のいずれにも問題がなく，運転者の側，すなわち人の側にのみ原因があったのなら，それを正せば，あるいは無くせばよいことになる。

　同様に，一般にヒューマンエラーの典型と解される「……し忘れ」「……不足」「……間違い」「誤……」なども，ハードやシステムで制御できる範囲にはない人間の側の問題であるので，当の行為者がこれらを「しない」ようにすれば，あるいはすべてを「正しく」行えばよいはずである。ヒューマンエラーが原因であるならば，ヒューマンエラーを排除すれば，再発防止対策となる。すなわち，事故や災害，不具合の原因がヒューマンエラーであることがわかれば，それで結論は得られたことなり，それ以上の追及をする必要はなくなる。

　多くの産業現場で「安全第一」が掲げられるのと同様に，「ヒューマンエラー撲滅」が掲げられているのは，これらが再発防止対策として受け入れられていることの表れでもあるのだろう。しかし一方では，"To err is human"という言葉どおり，どれほど真摯に努力してもすべてを完璧にこなすことができないという現実を，私達は経験的に理解している。この点において，事故や災害，不具合の原因としてのヒューマンエラーを排除する対策は，成り立たないことになる。

（4）「結果」としてのヒューマンエラー

　ヒューマンエラーについては異なる捉え方もある。Reason（1990）は，ヒューマンエラーを「計画された心理的・身体的過程において意図した結果が得られなかった場合を意味する用語」としている。信号の見落としではなく意図的な信号無視の場合，運転者の意図は赤信号で交差点に進入することであり，そのとおりに行動したのであれば，"意図した結果"からの逸脱は存在しない。その意味で，意図的な信号無視はヒューマンエラーではないことになる。臼井（1995）は「同じ形態の行動であっても，システムが許容する範囲によっては，

結果的にヒューマンエラーとなる場合もならない場合もある」と説明する。さらに,「ある行動をそこでの外部環境や状況に求められる基準と照合し,許容範囲から外れていた場合に命名される結果としての名称」がヒューマンエラーであり,「何も特別で異常な性質を持った行動を意味しているわけではない」と補足する（臼井, 2000）。同様に, 黒田 (2001) は, ヒューマンエラーとは「達成しようとした目標から, 意図せずに逸脱することになった, 期待に反した人間の行動」と定義している。

　ここで注目すべきは, ヒューマンエラーとは「意図せずに逸脱」し,「許容範囲から外れ」「期待に反した」結果を表す用語として捉えられている点である。すなわち, 事故・災害につながりやすい何らかの特殊な要因が特定の個人や環境, 条件などに具備されており, 何らかのきっかけによって災害として表面化するのではなく, 誰もが当たり前のように振舞う行為であってもその時々の環境と状況によって, 行為の結果としてのヒューマンエラーとなる可能性があることが示されている。

　一方で,「ヒューマンエラーとは結果である」とする考え方であれば, どこかに何らかの原因が存在しており, ヒューマンエラーを見つけ出すことは終着点ではなく, むしろ出発点にすぎない。原因を明らかにし, 有効な対策を講じるためには, 当事者の意図や行為の目的が何であったのか, 行為者を取り囲んでいた環境や条件の許容範囲がどうであったのか, 期待されていた結果と行為の結果の間にはどのようなズレがどの程度あったのかを把握しようとするとともに, そのヒューマンエラーが, こうした諸要因とどのような系統的つながりをもっていたかを探り当てることが必要となる。

（5）アプローチの際の留意事項

　原因としてのヒューマンエラーにアプローチしようとする際, 留意しなければならない点がある。それは, 事故や災害という結果を知る立場から,「後付け」で何がまずかったのかを指摘するのは容易であり, 何が不具合の原因であったのかという説明は極めて論理的に構成しやすいが, そうした説明は, 行為の当事者にとっては必ずしも妥当ではなく, ヒューマンエラーを正しく説明す

るとは限らない，ということである（デッカー／小松原・十亀監訳，2010）。

　産業場面であれ日常場面であれ，私たちは周囲の環境から様々な情報を取り入れ，記憶や知識に蓄えられた情報も併せ，これらの情報を処理し，判断し，行動するというプロセスを繰り返している。私たちの行動のほとんどには合理性があり，何ら意味もなく行われることは極めて稀である。行為者自身がその行為を意識しているか否か，どのような合理性が背景にあるのかを意識しているか否かという違いがあっても，少なくとも行為者自身にとってその行為は，一定の合理性をもっている。万人にとって，万物にとって合理的ではなくとも，その当時の状況にある当事者にとって合理的であるという意味で，デッカー／小松原・十亀監訳（2010）はこれを「局所的合理性」と表現している。

　行為者が意図的に事故や災害，不具合を引き起こそうとはないという前提であれば，何らかのトラブルにつながる判断や行動は非合理的であるので，選択されることはない。しかし一方で，自らの行動がどのような結果となるのかを，予め完璧に把握することはできないため，タスクの完了に向けていくつものプロセスを繰り返すうちに，「意図せずに逸脱」し「許容範囲から外れ」「期待に反した」結果となる場合がある。すなわち，先が見通せない巨大迷路の中でその時々で利用可能な情報を駆使しつつ，自らにとって最も合理的と思われるルートを何度も繰り返し探しながら迷路の出口を目指し，正しい出口にたどり着けばタスクは完了，誤った出口にたどり着けば何らかの不具合の発生，となるようなものである（図7-1）。

　それに対し，結果を知る立場では，繰り返されたプロセスの積み重ねの中から，何がまずかったのか，どうするべきであったのか，というポイントを拾い出しつなぎ合わせることで，不具合に至る経緯を説明することができる。既成事実として存在する結果を構成する要素から組み立てられたこうした説明は，あたかも否定しようがない客観的事実のすべてを語っているかのように見える。たしかに，これは事実関係についての「ある角度からの見方」として十分に意義のある説明である。しかし，例えるならば，巨大迷路を上空から俯瞰し，時間の流れを遡りつつ，当事者がどこの分岐点でどのように誤った選択をしたかを拾い上げ，すでにわかっている結果，すなわち不具合に向けてどのように事

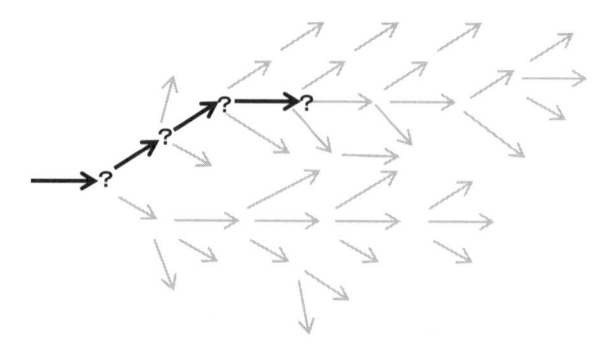

図7-1　当時の状況にある当事者の見方（概念図）
（注）　当事者は，自らの行動がどのような結果となるのかを予め完璧に把握することはできないまま，タスクの完了に向けて，情報を処理し，判断し，行動するというプロセスを繰り返す。
（出所）　筆者作成。

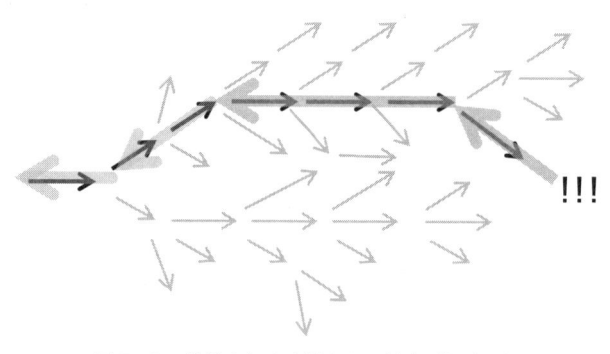

図7-2　結果を知る立場からの見方（概念図）
（注）　全体を俯瞰し，時間の流れを遡りつつ，当事者がどこの分岐点でどのように誤った選択をしたかを拾い上げ，すでにわかっている結果，すなわち不具合に向けてどのように事象の連鎖が作られたのかを説明する。
（出所）　筆者作成。

象の連鎖が作られたのかを説明しているに過ぎない，ともいえよう（図7-2）。当事者が何度も繰り返したプロセスの中でも，妥当であった選択や，別な選択をしていればさらに悪い結果になっていた可能性があるプロセスは，こうした説明の中ではほとんど考慮されない。その結果，ヒューマンエラーに関係する多くの要因の中から，ネガティブな性質をもつ一部を拾い上げるに留まってしまっている場合が多い。

こうしたことから，結果を知る立場から後付けで組み立てた説明が論理的に構成されているように見えても，これを当時の状況にある当事者に当てはめた場合，その説明が真に妥当であるかどうかは判断のしようがないのである。

（6）ヒューマンエラーとヒューマンファクター

ヒューマンエラーと密接な関わりをもつ要因として，「当事者の意図や行為の目的」「当時の環境や条件の許容範囲」「期待されていた結果と行為の結果の間のズレ」が重要な意味をもつことは先に述べたとおりであるが，加えて重要なのは，ヒューマンファクターの存在である。

ヒューマンファクターとは，「人間の作業，仕事などの活動に影響を及ぼす，個人的および個人に影響を与える集団・社会的要因」（長山，2000），「機械やシステムを安全に，しかも有効に機能させるために必要とされる，人間の能力や限界，特性などに関する知識の集合体」（黒田，2001）など，ヒューマンエラーと同様にいくつもの捉え方がある。また，「ヒューマンファクター」の場合には文字どおり個々の人的要因を，「ヒューマンファクターズ」の場合には一種の知識体系を指すものとして区別する場合もある（河野，2006）。また，"ヒューマンファクターズと人間科学の関係"は，"エンジニアリング（工学）と自然科学"の関係に類似する，といわれるほど（全日本空輸株式会社グループ総合安全推進室，2005），その扱うべき領域と対象範囲は広く膨大なものとなるのだが，ここではヒューマンエラーとの関係から，できるだけシンプルに，文字どおり「人的要因」，特に，本来人間に備わっている様々な特性，と考えたい。

「様々な特性」とはいえ，ヒューマンエラーとの関わりの中では，どちらかといえば特性上の限界を重視せざるを得ない。当然のことながら，限界の範囲内で行われるタスクと，限界をはるかに超えた範囲で行われるタスクを比べれば，後者では成功の可能性がはるかに低くなり，不具合事象につながりやすくなるためである。言い換えれば，人間の特性の限界をはるかに超えるようなタスクであれば，どれほど真摯に全力で取り組もうとも，どれほど優れた能力をもつ人材であろうと，成功させることはできないのである。

ここでヒューマンファクターを取り上げるのは，ヒューマンエラーが様々な

形で注目され問題視される一方で、ヒューマンエラーと不可分の関係にあるヒューマンファクターに対する関心が相対的に低いためである。例えば、事故・災害を防止する観点から「ヒューマンエラーにどのように対処すればよいか」という議論は、産業現場をはじめ様々なところで頻繁に行われており、人々の関心も高い。一方、そこで問題とするヒューマンエラーが、どのようなヒューマンファクターとの関係の中でヒューマンエラーとして捉えるべきであるのか、という議論は、ほとんど聞いたことがない。すなわち、「人はやるべきことをキチンとできる」ことが大前提となっており、「やるべきこと」が生身の人間（human）にとって量・質ともに妥当であるかどうかという議論がないままに、「エラー」にばかり注目が集まっているのである。

ヒューマンエラーへの取組みがこれまで数多くなされてきたものの、そのほとんどが行き詰まり、さほど大きな成果につながってこなかったのは、ネガティブな「エラー」ばかりに注目が集まり、肝心の「ヒューマン」に対する理解が疎かにされてきたことが影響してはいないだろうか。科学技術がどれほど進展し、社会全体の利便性が向上しようとも、人間がもともと有している人間としての特性は、人類が地球上に誕生して以来、それほど大きく変わってはいないのである。この点を十分に踏まえないままにヒューマンエラー対策を構築すれば、安全化を図るはずの対策が新たな問題を生み出すことにもなりかねない。

2　ヒューマンエラーへの対応

（1）災害事例の活用

関連要因、背景要因を含め、ヒューマンエラーを的確に捉えるために重要なことは、「当事者の意図や行為の目的」「当時の環境や条件の許容範囲」「期待されていた結果と行為の結果の間のズレ」などを把握することである。一方、産業場面であれ日常場面であれ、平常時を対象にこれらを把握しようとしても、具体的に何が問題となるのかを理解することは難しい。最も適する材料は、事故事例・災害事例であろう。これは、どのような要因が様々な事象を形作り、それらがどのように複雑な関係を経て、最終的に不具合事象へと発展したかを

示してくれるからである。

　一方で，従来の安全衛生教育や危険予知訓練に，事故事例・災害事例を取り入れているところは，今や珍しくはない。事故・災害の原因を究明する技術の向上と，インターネットをはじめとする情報技術の進展もあって，以前よりも事故事例・災害事例に関する情報を入手することは，はるかに容易になっている。それにもかかわらず，ここで事故事例・災害事例を挙げることには，理由がある。

　まず，従来の事故事例・災害事例の扱い方は，ヒューマンエラーを的確に捉えるという観点からは，必ずしも十分ではなかったからである。多くの事例は，「発生状況」「原因」「対策」といった観点から提示され，利用されることが多い。この方法自体に何か問題があるわけではないが，重要なのは，事例に示された情報から何を読み解くか，という点である。一般的には，一種のトレーニングとして，発生状況に関する説明に基づき原因把握と対策立案を行う。このプロセス自体は意味のあることだが，原因把握が表面的な指摘に留まり，背景要因や関連要因に至るまで深く掘り下げて扱われることがなければ，ヒューマンエラーへの対応につながる材料を得ることは難しい。すなわち，提示された事例について原因把握や対策立案が行われても，これらが対象となった事例の範囲に限定される限りにおいて成り立つのであれば，原因把握と対策立案のトレーニングとしての効果は期待できるとしても，提示された事例とまったく同じ条件下でなければ，自身にとっての再発防止は達成されないことになる。

　むしろ重要なのは，事例から読み解くことができる様々な要因を身近に置き換えた場合にはどのような事態へと発展する可能性があるのか，これらがどのような条件や状況になればヒューマンエラーへと発展するのかを検討することである。対象となった事例に示される要因をわが身に置き換え，ヒューマンファクターの観点から共通要因や関連要因を見出して検討することが重要なのである。

（2）具体的な着眼点

　具体的な例を挙げて考えてみたい。とある建設工事現場で，ベランダにいた

第Ⅱ部　事故の現状

作業員が降下してきた仮設エレベータの搬器と接触し死亡した，というケースがあった。一般的な事例の提示方法としては，概ね以下のようになるだろう。

［発生状況］
・マンション建設工事現場で仮設エレベータを操作していた作業員Aは，30階からエレベータを下降させた直後に「ドン」という音を聞いた。同時に，搬器が何かに引っ掛かったショックを感じた。搬器のドアにはめ込まれたガラスを透かしてのぞいたところ，白いヘルメットが見えたため，人とぶつかったショックだったことを理解した。
・作業員Aは搬器を30階に戻し，階段で29階に降りてベランダを確認したところ，作業員Bが仰向けに倒れていた。
・29階のベランダの天井と手すりの間には，物品の落下防止のため，養生ネットが取り付けられていた。その養生ネットには作業員Bの携帯電話が引っ掛かっていた。エレベータ搬器の稼動域については，何も示されていなかった。

［原因］
・エレベータ昇降路の一面が躯体に接しているのに，その囲いは柔らかな養生ネットであったこと。
・エレベータの昇降路がベランダと隣接する箇所に，エレベータの昇降路がある旨の注意表示措置がなかったこと。
・エレベータの有する危険性について危険予知活動を行っておらず，安全教育が不十分であったこと。

「対策」は，原因から自ずと導かれる。すなわち，ベランダとエレベータ昇降路の間には，柔らかなネットではなく丈夫な仕切りを設けるべきであり，注意表示を行うべきであり，危険予知活動と安全教育を行うべきである，ということになる。こうした展開自体は，何ら問題があることではなく，事例と示されたものと同様の作業環境・条件において，同様のリスクに対応ならない立場であれば，こうした事例の利用方法にも一定の意味がある。

一方で，養生ネットに被災者の携帯電話が引っ掛かっていたことは，何を意味するのだろうか。また，仮設エレベータは，アラーム音と回転灯等で周囲に注意を促しながら稼働するものであり，稼働時のガタガタという音も決して小さくはない。通常であれば，エレベータ昇降路の近くにいて搬器が接近してくることに気づかないとは考えにくいが，被災者はなぜ頭上から下りてくる搬器の接近に気づくことができなかったのか。

いくつもの状況性を考え併せると，恐らく被災者は事故発生直前，ベランダから身を乗り出して携帯電話を使おうとしていたのだろう。そんな不自然な姿勢を取っていたことにも理由がある。携帯電話が普及し始めた頃は，都市部においてさえも電波状況が悪いところがあり，電波が入らないといったことは珍しくなかった。建物の内部，特に高層階は，その典型的な場所の一つだったのである。29階の室内にいた被災者は，携帯電話の電波受信状況をよくしようとベランダへと出て，さらに身を乗り出すような姿勢で電波が途切れないようにしていたのだろう。

さらに，電波が弱いままでの通話は，音声も途切れがちで聞き取りにくく，通常よりもより多くの注意を電話での会話に向けることになる。相手との通話を聞き洩らさないようにと受話器を当てた耳に多くの注意を払っていたため，アラーム音とガタガタという稼働音を伴って頭上から接近する仮設エレベータの搬器に気づくことができなかった，あるいは気づくのが遅れたのだろう。すなわち，被災者がベランダから身を乗り出し，エレベータの搬器に気づかなかったことについては，被災者なりの「局所的合理性」があったはずなのである。

(3) 人間の諸特性と事故・災害との関係を読み解く

この事例を，「建設工事現場で発生した，仮設エレベータの搬器との接触による事故」と捉えることも可能であり，その範囲の中で，原因究明と対策の検討が行われることにも，もちろん意味がないわけではない。一方で，建設工事，あるいは仮設エレベータの搬器とは無縁な状況では，この事例を扱うことに意味がないのだろうか。

携帯電話というこれまでになかった新しいツールが利用されるようになり，

さらに電話での会話という人間の注意の働きに極端に影響する状況で発生した事故，と捉えれば，建設業以外の業種でも，仮設エレベータとは無縁な職場でも，共通する，あるいは類似するリスクが見えてくるはずである。単に「過去にこのような災害が発生しているので，注意せよ」といった展開では，実践的な対処方法につながらず，災害防止対策として役立たない。目の前に示された事例から，どのようなヒューマンファクターが関係しているかを見つけ出し，自らにも共通する，あるいは類似するヒューマンエラーの「種」と，外部環境や状況性を考慮して災害の「芽」を抽出し，適切な対処へとつなげるための工夫が必要なのである。

（4）何を重視すべきか

　事例を活用して安全への教訓を得ようとする場合，実際の事実関係がどうであったのかが気になるものである。たしかに，詳細を正確に把握できた方が，より確かな対策につなげやすい側面はある。

　しかし一方で，少なくとも現時点では，災害発生時の被災者や関係者の心理的状態，及びヒューマンエラー要因にまで立ち入った調査手法は確立されておらず，よほどの重大災害でない限り，これらが詳細に追及されることはない。ヒューマンエラーの防止対策を講じようとする場合に事例が十分に活用されず，表面的・形式的な手続きに留まりがちになってしまう理由は，このような，現在の調査手法にもあるといえよう。

　前述のような，一つの事例を深く掘り下げて，ヒューマンファクターを含め様々な要因を抽出してみる場合でも，抽出された要因は推定を含んでおり，事実であったのか否かは確認のしようがない。また，これらの要因に基づいて自らに置き換えてみても，事例に示された内容とは異なるはずである。

　たしかに，現実に起こり得ないストーリーや発生可能性が極めて低い事象を検討対象とすることには，ほとんど意味はない。「もしも隕石が落下してきたら……」「もしも宇宙人に遭遇したら……」といった想定は，発生確率はゼロではないとする主張もあるだろうが，一般的な現場や通常の作業状況においては，検討の対象とする必要性はないだろう。しかし一方で，「もしも作業中に

大地震が起きたら……」「台風が接近している時にこの作業を行わなければならないとしたら……」といった想定は，場合によっては極めて現実的な問題を含んでおり，相応の対策・対応が求められる。同様に，常識的に考えれば災害につながらないような，当たり前の，何気ない行為・行動であっても，前述のとおり，「その時々の外部環境や状況の許容範囲」から逸脱すれば災害へと発展する可能性があるならば，地震や台風と同等の現実的な問題を含んでおり，相応の対応・対策が必要となるはずである。

すなわち，事例の活用において，検討内容が事例に示された内容とは異なっていても，また，あくまで推定に基づいたストーリーであっても，そのこと自体はさほど重要ではない。むしろ，事例の検討を通じて得られたヒューマンエラー発生の可能性が現実に起こり得るか否かという「リアリティ」を重視すべきであり，現実に起こる可能性がある内容であれば，実践的な対策を検討するに値するのである。

事例における事実関係を重視することは，発生の経緯とメカニズムを把握する上で重要であり，再発防止対策を講ずる上で不可欠であることは間違いない。一方で，こうした事実関係を重視するあまり，自らの身近な現場・日常の作業の中で起こり得るエラーに置き換えることをしなければ，事例から教訓を得るどころではなく，事故・災害に対する当事者意識を薄れさせてしまうことにつながりかねない。

このように，災害事例の活用とは，単に事例そのものにおける発生経緯を把握し，災害原因と対策に関する知識を得ることに留まらない。災害に発展する経緯の具体的な例を手がかりとして，自らの日常的な作業場面において取り組むべき課題は何か，という「気づき」に誘導することが重要なのである。

3　ヒューマンエラーへのアプローチ

（1）事例を主観的・多角的に捉える

ヒューマンファクターをはじめ，事故・災害に関連する様々な要因に気づき，自らの立場に置き換えて対応策へと発展させるスキルを養うための具体的方法

はあるのだろうか。残念ながら現時点では，これまで述べてきたような問題点を整理した上で，ヒューマンエラーに対応するスキルを高めるような手法や訓練方法は確立されているとはいえず，まだまだ手探りの状態が続いている。その一方で，様々な工夫の余地もまだまだ残されている，ともいえる。

　例えば，事例は第三者的視点から記述・表現されることが多い。様々な要因の関連性を客観的に把握するため，こうした第三者的視点に立つことが通例であるが，一方では，提示された事例をわが身に置き換え，深く掘り下げて検討するには不向きである可能性もある。さらに，同一の事例であっても，どのような立場でその状況に関係するかによって，着眼点も異なってくるはずである。こうした点を考慮した提示を行うことで，事例をより有効に活用することが可能ではないか，という発想から生まれたのが，次に示す提示例である。これは，建設工事現場で，ドラグショベルが旋回した際に，ドラグショベルとその付近に止めた不整地運搬車との間に作業員が挟まれた，という内容であるが，従来の事例の提示であれば，どのように表現されるであろうかを併せて考えながら読んでみて頂きたい。

［ドラグショベル操作者の視点からの提示］
　あなたはドラグショベルを操作して掘削作業を行っています。作業の最中に，現場監督から「明日の作業の打合せをしたいから，ちょっと来てくれ。」と声をかけられました。あなたはエンジンを停止させ，現場事務所まで行って現場監督と打合せを行いました。

　打合せはすぐに終わりました。作業現場に戻ってみると，不整地運搬車がドラグショベルの近くに停まっています。あなたはドラグショベルの運転席に乗り込み，エンジンを始動します。ドラグショベルと不整地運搬車との間の距離はちょっと近いようですが，運転席には誰もいません。あなたは，作業の続きを行うために，ドラグショベルを左に旋回させようとしています。

　さて，この直後にどの様なことが起きると考えられますか。どの様な点に気をつけなければならないでしょうか。

［周辺作業者の視点からの事例提示］

第7章 ヒューマンエラーと事故

あなたは不整地運搬車を操作して，掘削作業現場まで資材を運んでいます。

掘削現場に到着しましたが，ドラグショベルのエンジンは停止したまま，まったく動いていません。資材を降ろす場所を誰かに尋ねたかったのですが，運転席には誰も乗っていません。あなたは仕方なく，ドラグショベルの近くに不整地運搬車を停車させました。運転席から降りて，作業の進捗を確かめるため，すでに掘削作業が終了した場所に向かって歩いていきます。

その時，後方でドラグショベルのエンジンの音が聞こえ始めました。ショベルのオペレータが戻ってきた様子です。あなたは，不整地運搬車をドラグショベルの近くに停めたことを思い出し，作業の邪魔にならないようにすぐに移動させたほうがよいと考えました。

あなたはドラグショベルの後方を通りながら小走りで不整地運搬車に戻り，運転席に乗り込もうとしています。

さて，この直後にどの様なことが起きると考えられますか。どの様な点に気をつけなければならないでしょうか。

これらは，あえて主観的観点から，さらには同一事例に関係する二者のそれぞれの立場から，インシデントの発生の直前に至るまでの経緯を説明したものである。様々な要因から事故・災害に発展する経緯の具体的な例を手がかりに，自らが日常的な作業場面においてどのような課題に取り組むべきか，という観点に誘導することを意図している。また，結末まで示さずに，インシデント発生の直前までのストーリーを描くに留め，「この直後，どのようなことが起きるか」を問う形としている。これは，示された諸条件からどのような結果につながる可能性があるかを問うことで，いわゆる「リスクアセスメント」的な展開を図り，当事者の立場に立って様々な可能性を検討の対象にすることを意図したものである。

また，こうした異なる記述に基づいて事例が提示されたのち，回答者が指摘するインシデントの結末や関連要因は，記述内容によって異なるものとなる。これは，同一の事例であっても"あえて"異なる立場から主観的に描かれることによって，様々な関連要因への気づきや解釈の程度も異なることによると考

えられる。両者を対比し，さらにそこに違いが生じた背景について検討することで，同一事象であっても多面的に把握することが可能であること，先入観や予断によって事象の解釈が歪められることなどが理解できる。さらに，主観的立場からまったく解放された事象の把握や，相手の立場に立った予測や把握がいかに困難であるかを理解する一助となる。

（2）対話を通じた気づき

　一種のロールプレイング的な方法を用いて，事故・災害の原因究明と対策立案を行うことで，ヒューマンエラーへの対応スキルの向上を図る方法もある。[3]

　ここでは二名一組となり，一方にはインシデントの当事者として事情を説明しなければならない役割が与えられる。もう一方には，そのインシデントの原因把握と対策立案のために，当事者から事情を聞き出す役割が与えられる。

　事情を聞き出す側に示されるシナリオには，インシデントに関する詳細な情報は含まれておらず，当事者から聞き出す情報を頼りにインシデントの内容を把握しなければならない。一方，当事者側に示されるシナリオには，インシデントの発生経緯からその背景に至るまでの詳細な情報が含まれているが，これらすべてを相手に明らかにする必要はなく，むしろ相手の「聞き方」に応じて明らかにすればよい，という状況設定がなされる。

　インシデントの全容解明のためにはできる限り当事者から話を聞き出す必要があるが，その際，当事者の責任のみを追及するような質問を投げかけてばかりいては，当事者は真実を語らずに口を閉ざしてしまうかもしれない。ここでは，当事者の心情を考慮したねぎらいの言葉をかけたり，一般的質問から個別・具体的な質問へと順次展開するといった工夫をしたりすることによって，当事者が「話しやすい」状況を作り出す必要があり，高度で複合的なコミュニケーション・スキルが必要とされる。最も重要なのは，こうした二者間でのやり取りの中で，インシデントを構成する環境要因やシステム要因などの情報へも範囲を広げることで，インシデントの発生に関わるより多くの要因を把握しやすくなる点に気づきやすい，という点である。

4 これからの方向性

　ヒューマンエラーを事故の「原因」と捉え，ヒューマンエラーの「撲滅」を図ろうとする取組みが，これまで一般的であった。しかしこうしたアプローチには実践的効果が期待できず，むしろ組織やシステムが抱える問題を深みに追いやることにつながりやすい。

　前述したヒューマンエラーへのアプローチに関する具体的方法については，残念ながらその効果を検証するには至っておらず，手法の確立に向けて試行錯誤を繰り返している段階である。一方，少ないながらも筆者らがこれまでに試行してきた結果を振り返る限り，そのほとんどで大きな手応えを感じることができている。従来のアプローチのままでは万策尽きたかに思われるヒューマンエラー対策であるが，本質を見極め，実践的対策へとつなげていく方法は未だ発展途上にある。ヒューマンファクターを踏まえた原因の究明，「当事者の意図や行為の目的」「当時の環境や条件の許容範囲」「期待されていた結果と行為の結果の間のズレ」などの把握，そして当事者の目線に立った「局所的合理性」への理解といった観点を取り入れていけば，対応を図る余地はまだ残されている。新しいアプローチはようやく始まったところである。

注
(1)　井上・高見（1988）。
(2)　河野（2006）。
(3)　例えば，デュポン(株)サステナブルソリューション「事故調査トレーニング」など。

参考文献
井上紘一・高見勲「ヒューマン・エラーとその定量化」『システムと制御』第 32 巻第 3 号，1988 年，152-159 頁。
臼井伸之介「産業安全とヒューマンファクター(1)――ヒューマンファクターとは何か」『クレーン』第 33 巻第 8 号，1995 年。
臼井伸之介「人間工学の設備・環境改善への適用」中央労働災害防止協会編『新産業安全ハンドブック』中央労働災害防止協会，2000 年。

黒田勲『「信じられないミス」はなぜ起こる——ヒューマンファクターの分析』中央労働災害防止協会，2001年。

河野龍太郎『ヒューマンエラーを防ぐ技術』日本能率協会マネジメントセンター，2006年。

全日本空輸株式会社グループ総合安全推進室『ヒューマンファクターズへの実践的アプローチ［改訂版］』全日本空輸株式会社（ブックス・フジ），2005年。

デッカー，シドニー／小松原明哲・十亀洋監訳『ヒューマンエラーを理解する　実務者のためのフィールドガイド』海文堂，2010年。

長山泰久「交通心理学の視点での交通事故分析と活用の手法——出合頭衝突を例にとって」大阪交通科学研究会編『交通安全学』企業開発センター交通問題研究室，2000年。

Reason, J., *Human Error*, Cambridge University Press, Cambridge, 1990.

Swain, A. D., Guttmann, H. E., "Handbook of Human Reliability Analysis with Emphasis on Nuclear Power Plant Application," *U. S NRC-NUREG／CR-1278*, April 1980.

（中村隆宏）

第8章
情報漏洩の事例から考えるセキュリティ対策

1　情報機器やインターネットの普及と問題点

　現代において，パソコンやスマートフォンなどの情報機器を利用しない日，また，それらの情報機器を用いてインターネットを利用しない日はないといってよいほど，情報機器やインターネットは人々の生活に深く関わるようになっている。しかしながら，情報機器やインターネットの爆発的な普及に対して，それらを扱うための技術やマナー，扱うことによるリスクの認知が進んでおらず，結果，無意識のうちに情報漏洩の引き金になっている，著作権侵害をしているといった事例が散見される。

　そこで本章では，情報機器やインターネットを使うことによるリスクに焦点を当て，その利用によるリスクを回避するために何が必要かを検討する。特に，企業の観点から，2011年度の1件当たり平均想定損害被害額が1億2810万円[1]と，1度でも発生すると被害が大きくなる個人情報漏洩事件に焦点を当て，(1)なぜ情報漏洩が起きるのか，(2)今後，どのようにすれば情報漏洩を防ぐことが可能かを考察する。

2　個人がインターネットを使うリスクとその対策

　具体的な個人情報漏洩の事例に入る前に，個人がインターネットを用いる場合，どのようなリスクがあるかを，主な事例を通して確認する。紹介する事例は，独立行政法人情報処理推進機構（IPA）が出版している『情報セキュリティ読本　三訂版』（実教出版，2007）第1章に示されているインターネットにお

けるセキュリティリスクの5つの事例のうち，4つである。

（1）改ざんされた正規 Web サイトを通じたウィルス感染

　実例の1つ目は，正規の Web サイトにアクセスしていても安心できない事例である。SQL インジェクション攻撃[(2)]とよばれる，データベース（様々なデータの集合のことであり，例えば携帯電話のアドレス帳もデータベースの一種）を不正に操作する攻撃を用いて，正規の Web サイトが改ざんされ，その結果，アクセスしたユーザのパソコン等にウィルスがダウンロードされるという被害が報告されている。また，データベースに対して不正なアクセスがされるため，直接個人情報が盗まれるといった被害も発生している。

（2）フィッシング詐欺

　実例の2つ目は，正規の金融機関等を装った偽の Web サイトにユーザを誘導し，個人情報や機密情報（クレジット番号や暗証番号など）を盗むというフィッシング詐欺の事例である。フィッシング詐欺自体は 2004 年頃から日本では報告されているが，手口が年々巧妙化されている点が特徴である。フィッシング詐欺は毎月のように報告され，2012 年以降に限定しても，様々な銀行を語ったフィッシング詐欺が報告されている。これらの事例では，図8-1のように，まずユーザの不安をあおるようなメールを送り，そのメールに記載されている URL をクリックさせる。その後，図8-2のような，本物とそっくりな偽の Web ページを表示させ，ユーザ ID（ここでは，お客さま番号）やパスワード，秘密の合い言葉を入力させ，情報を盗もうとしている。

（3）スパイウェアの感染とキーロガー

　実例の3つ目では，スパイウェア[(3)]を添付したメールを相手に送り，スパイウェアを感染させ，パスワードを盗むという事例や，ネットカフェで働く従業員が，その店でお客に貸し出しているパソコンにキーロガー[(4)]を仕込み，客がそのパソコンを使ってオンラインゲームをした際に入力した ID とパスワードを盗むといった事例が紹介されている。

第8章 情報漏洩の事例から考えるセキュリティ対策

```
ＡＢＣダイレクトのご使用、有り難うございます。
このメールはＡＢＣダイレクトご利用のお客様に配信しております。

この度、新たなセキュリティーシステムの導入に伴い、お客様情報の確認を行っています。ご面倒をお
掛けしますが必要事項の記入をお願いします。
手続きを怠るとＡＢＣダイレクト使用中にエラーなどの発生が生じる可能性がありますので大至急、手
続きをお願いします。
以下URLより手続きにお進みください
www.abcbank.co.jp<http://infosmbcnews.hk542.●●●●●●.com/>

手続きを怠るとＡＢＣダイレクト使用中にエラーなどの発生が生じる可能性がありますので大至急、更
新手続きをお願いします。
ご面倒をお掛けいたしますがご協力お願いいたします。

ＡＢＣ銀行
```

(出所) フィッシング対策協議会ホームページ（http://www.antiphishing.jp/ 2012年9月30日アクセス）より筆者作成。

図8-1　ABC銀行を装った詐欺メールの例

（4）P2Pファイル交換ソフトを介したウィルス感染

　実例の4つ目は，WinnyやShareなどのファイル交換ソフト（ファイル共有ソフトとよぶ場合もある）から，ネットワーク上に個人情報が流出するという事例である。ファイル交換ソフトを用いると，そのソフトを用いて構築される専用のネットワークに接続された他者のパソコンとファイルを共有できるようになる。そのため，もし自分の欲しいファイルがそのネットワーク上にあれば手軽にダウンロードすることができるため，日本では2003年頃から頻繁に使われるようになった。しかし，ダウンロードするファイルにはウィルスが仕込まれている場合があり，このウィルスに感染すると，自身のパソコンの中身のデータがネットワーク上に公開され，個人情報が晒されるという危険がある。これまで，ある個人の情報だけでなく，原発の検査情報や自衛隊の資料など，多くの機密情報の流出が確認されており，大きな社会問題となった。

　ここで，4つの事例から利用するユーザ側の対策を考える。実例1はSQLインジェクション攻撃によるものであるが，ユーザ側からすると，最終的にはウィルス等の感染を防ぐ必要があるため，セキュリティ対策ソフトを導入する方法が一般的な対策となる。実例2は，日常生活と同様，詐欺にかからないために，電子メールの内容を鵜呑みにしない，URLが正規なURLかどうか確認する，SSL通信かどうかを確認する（URLの最初がhttpではなく，httpsかどう

第Ⅱ部　事故の現状

図8-2　銀行がフィッシング詐欺の例として公開している図の一例

（出所）　引用元銀行の協力により筆者作成。

かを確認する）等の方法が対処法となる。実例3では，スパイウェアにかからないよう，セキュリティ対策ソフトを利用する，不特定多数の人が利用するパソコンでは個人情報を入力しないということが求められる。実例4は，ファイル交換ソフトをそもそも利用しなければ，ソフトを通したウイルス感染もないため，P2Pファイル交換ソフトを利用しない，もし利用するのであれば，不用意にファイルを開かず，ウィルス検索を必ず行うということが対策として考えられる。

　以上より，対策法をまとめると，「セキュリティ対策ソフトを使う」「ソフトウェアは最新にする」「パスワードはきちんと管理する」「不必要なファイルやメールを見ない・クリックしない」などの，一般的な対策で十分のように見ら

れる。しかしながら，一般人はこのような対策だけで対応可能でも，企業や組織から見ると，必要な対策は異なる可能性が高い。そこで，次節からは，企業や組織においては，どのようなセキュリティ対策が必要かを検証し，間接的にその企業や組織に所属する大多数の社会人に求められるセキュリティ対策や考え方を考察する。

3　企業からの情報漏洩の事例とその対策

企業からの個人情報漏洩事件は，表8-1に示すとおり，現在まで数多く報告されている。しかしここでは，表8-1に示す情報漏洩事件以外の有名な事例及び近年の事例を紹介し，その事例の原因と対策を述べる（岡村，2011）。

（1）TBCによる顧客情報漏洩事件

2002年，エステティックサロン「TBC（東京ビューティセンター）」のサイト上に，アンケート等を通じて得られた個人情報を含む電子データが，不特定多数の第三者に閲覧可能な状態で放置され，ダウンロードされるという事件が発生した。その結果，3万人分（5万人という情報もあり）の個人情報が流出するだけでなく，迷惑メールやいたずら電話などの2次被害も発生することとなった。

本事件が発生した根本的な原因は，秘密にしておかなくてはならない個人情報を誰にでも閲覧できる公開領域に放置してしまった，TBC（詳細には，サイトを管理する委託業者）による単純な管理ミスである。そのため，個人情報のような秘匿性が高い情報を公開領域に置かない，もしくは仮に置いても，パスワードの設定等によるアクセス制限をかけるという一般的な対策を管理者が怠らなければ発生し得なかった事例である。

（2）Yahoo! BBによる顧客情報漏洩事件

2004年，インターネット接続サービス「Yahoo! BB」から，450万人もの顧客の個人情報が流出するという事件が発生した。調査の結果，個人情報等を

表8-1　2009年までの主な個人情報流出事件

発生年	企業名	流出人数	流出した内容
2003	ローソン	56万人分	カード会員の住所，電話番号など
2004	ジャパネットたかた	51万人分	顧客名簿にあった住所など
2004	三洋信販	120万人分	顧客への貸付残高など
2006	KDDI	399万人分	DIONの顧客の住所，電話番号など
2007	大日本印刷	863万人分	取引先43社から預かった顧客のカード番号，住所など
2009	三菱UFJ証券	148万人分	顧客の住所，電話番号，年収区分など

(出所)　『日本経済新聞』朝刊，2009年9月8日。

　管理していたデータベースサーバへの外部からの不正アクセスが原因ということが判明し，その後，漏洩した顧客情報を基に，恐喝事件へと発展することにもなった。

　不正アクセスを許した原因は，Yahoo! BBを運営する株式会社BBテクノロジー内で使用されていた，顧客情報へアクセスするためのアカウント及びパスワードの管理不足にあり，後述のSONYグループによる情報漏洩事件とは異なり，内部犯行の意味合いが強い。なぜなら，本事件の犯人は，以前に，そのデータベースサーバにある個人情報の管理業務をしていた管理者（ただし，管理業務の委託先の社員）だからである。BBテクノロジーでは，管理者が顧客情報を管理するための共有のアカウントやパスワードを設定していたが，本件の原因となった管理者が退職後も共有のアカウント及びパスワードを変更しなかったため，不正アクセスを許し，結果，個人情報が流出することになった。

　本来，機密情報を扱う管理者が退職する場合，その管理者が今後アクセスできないよう，アカウントやパスワードを削除・変更するのが一般的であり，パスワード等は可能なら定期的に変更すべきである。今回の場合，管理者が退職後も，共有アカウントとパスワードは一度も変更されていないことから，会社全体のセキュリティに対する意識の低さが本事件を招いたといえる。

（3）北海道警察による捜査情報漏洩事件

　2004年，北海道警察江別署に勤務する巡査の私物パソコンから，コンピュータウィルスの感染により，捜査資料の一部が流出するという事件が発生した。

本漏洩事件は，ファイル交換ソフトの一つであるWinnyを自宅で利用したことによるウィルス感染が原因であった（ファイル交換ソフトについては第2節を参考）。

現時点から考えると，漏洩のリスクからWinnyを使わないという対策が一般的であるが，2004年時点ではファイル交換ソフトが一般的に知られているとはいえず，この対策をとれたとはいい難い。しかしながら，自宅に持ち帰る私物パソコンの中に，捜査情報などの機密情報が入っている時点で問題がある。また，仮に私物パソコンで機密情報を扱うのであれば，セキュリティ対策ソフトやファイアウォールの設定など，必要なセキュリティ対策を施すべきであったが，それらの対策をしていなかった点も漏洩の原因の一因である。

（4）SONYグループによる情報漏洩事件

2011年，SONYグループが運営するプレイステーションネットワーク（PSN）が外部から不正アクセスされ，7700万人もの個人情報が流出するという事件が発生した。さらに，SONYの関連会社からの流出も確認され，SONYグループとして合計1億人を超える個人情報が流出するという，個人情報漏洩事件としては過去最悪の事件となった。現在のところ，不正アクセスをしたグループは，ハッカー集団"アノニマス"といわれているが，その証拠はなく，犯人も特定されていない。

SONYグループが不正アクセスを許した主な原因は，PSNを構築するサーバの既知の脆弱性を放置したことにある。脆弱性とは，外部からの不正アクセスを許す可能性のあるシステム上の欠陥や問題点のことである。一般に，ハッカー等の第三者から本格的に狙われた場合，完璧に不正アクセスを防ぐのは難しいといわれているが，今回の件では，既知の脆弱性に対処していれば，少なくとも既知の脆弱性を利用した不正アクセスは防ぐことが可能であった。そのため，Yahoo! BBの事件と同様，セキュリティに対する意識の低さから，注意すれば防ぐことが可能にもかかわらず，防ぐことができなかった事件といえる。

第Ⅱ部　事故の現状

(5) ファーストサーバによる情報消失・漏洩事件

　2012年，レンタルサーバを提供するヤフー子会社のファーストサーバが管理していた，顧客約5600社・団体のWebサーバやメールなどのデータが消失する事件が発生した。その後，データ復旧中に，復旧した顧客のデータの一部が他の顧客のデータに混入するという情報漏洩も発生した。

　本事件は，これまでの情報漏洩事件とは異なり，"情報の消失"事件である。主たる原因は，脆弱性を修正する更新プログラムにあった。この更新プログラムには致命的なバグが含まれており，この修正プログラムを適用した結果，バグにより適用された全てのサーバの顧客データが消失することになった。SONYの漏洩事件とは異なり，サーバの脆弱性を修正しようとしており，セキュリティに対する意識が低かったとはいい難い。しかし，更新プログラムの作成ミスから始まり，更新プログラムのシステム適用時までにバグを発見できないような，プログラムの導入手順自体の問題などを考慮すると，正しいプロセスを構築していれば，どこかでバグを発見でき，情報の消失を防ぐことができた可能性が高い。

4　情報漏洩の統計情報から考えるセキュリティ対策

　第3節では，企業からの情報漏洩事件を基に，個別の対策を述べた。しかしながら，それらは個別事象であるため，一般論とはいい難い。そこで，NPOである日本ネットワークセキュリティ教会（JNSA）より公開されている『情報セキュリティインシデントに関する調査報告書』（2012年9月30日）を用いて，各年代の情報漏洩の件数，原因別割合，情報漏洩の経路・媒体別割合を比較することにより，近年の情報漏洩を防ぐために何が必要かを考察する。

(1) 情報漏洩事件の件数

　2002年以降の情報漏洩の件数を表8-2に示す。ただし，表8-2において，2002年の情報漏洩の件数は，インターネット経由のみによる情報漏洩の件数である。

第8章 情報漏洩の事例から考えるセキュリティ対策

表8-2 情報漏洩の件数

	2002年	2003年	2004年	2005年	2006年	2007年	2008年	2009年	2010年	2011年
	63	57	366	1,032	993	864	1,373	1,536	1,676	1,551

(出所) NPO 日本ネットワークセキュリティ協会 (2012) より筆者作成。

表8-2より、基本的には年々情報漏洩の件数が増えていることがわかる。また、年ごとに詳しく見ると、2003年から2005年の間の件数の増加が顕著である。これは、2003年に個人情報保護法が成立し、2005年に施行された結果、社会全体に情報の取り扱いに対する意識が高まったため、報道で漏洩事件が取り上げられる機会が多くなり、かつ組織が隠さず公表するようになった表れであるといえる。さらに、2008年以降、情報漏洩の件数が1000件を大幅に上回り、2007年以前より一層増加している。これは、2008年の内部統制の実施により、コンプライアンスの概念が社会に浸透したからと考えられる。

(2) 情報漏洩事件における漏洩の原因

2004年度以降の情報漏洩事件における原因別割合を図8-3に示す。なお、情報漏洩の原因は、盗難、紛失・置き忘れ、誤操作、管理ミス、内部犯罪・内部不正行為、不正な情報持ち出し、不正アクセス、目的外使用、バグ・セキュリティホール、設定ミス、ワーム・ウィルス、その他、不明の13種類に区別している。

図8-1から、盗難や紛失・置き忘れの割合は、2006年頃までは高いが、それ以降は徐々に減っていることがわかる。また、ワーム・ウィルスの感染による情報漏洩が、2006年と2007年には12.2％と8.3％となり、比較的高い年になっているが、これは、WinnyやShareなどのファイル交換ソフトの利用者が増加した結果である。ただし、それ以外の年代では、ワーム・ウィルスによる漏洩はあまり見られず、また、バグ・セキュリティホールによる漏洩（つまり、脆弱性放置による漏洩）や、不正アクセスによる漏洩も基本的には少ない。

また、2008年以降においては、誤操作や管理ミスなどの人為ミスにより大部分の情報漏洩が発生したことがうかがえる。そこで、情報漏洩の原因に技術

第Ⅱ部　事故の現状

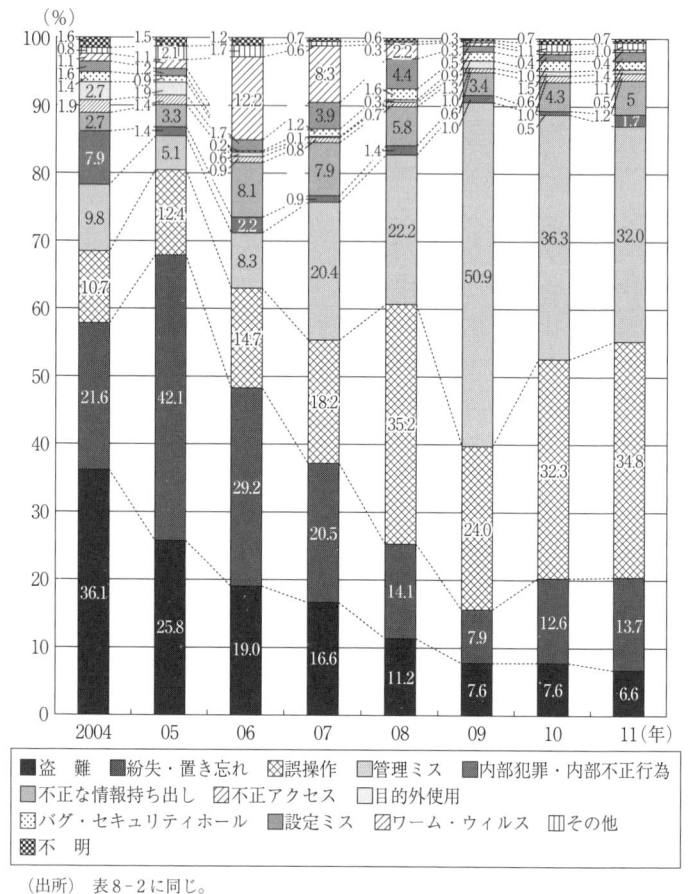

図8-3　情報漏洩の原因別割合①

要素があるのかないのか，さらに，原因は人為ミスによるものか，対策不足によるものか，はたまた盗難などの犯罪が絡んでいたのかを明確にするために，情報漏洩の13種類の原因を**表8-3**に示すとおり5種類に分類し，その割合を比較する（比較結果は**図8-4**）。

図8-4から，2004年に代表されるように，2006年頃までは，犯罪行為による漏洩事件の発生の割合が高い。また，人為ミスにより情報漏洩事件が発生し

第8章　情報漏洩の事例から考えるセキュリティ対策

表8-3　情報漏洩の原因の分類

要　素	原　因	対応する原因
原因に技術的な要素がある	人為ミスにより発生	設定ミス，誤操作，管理ミス
	対策不足により発生	バグ・セキュリティホール，不正アクセス，ワーム・ウィルス
原因に技術的な要素はない	人為ミスにより発生	紛失・置き忘れ，目的外使用
	犯　罪	内部犯罪・内部不正行為，情報持ち出し，盗難
その他，不明		その他，不明

（出所）表8-2に同じ。

図8-4　情報漏洩の原因別割合②

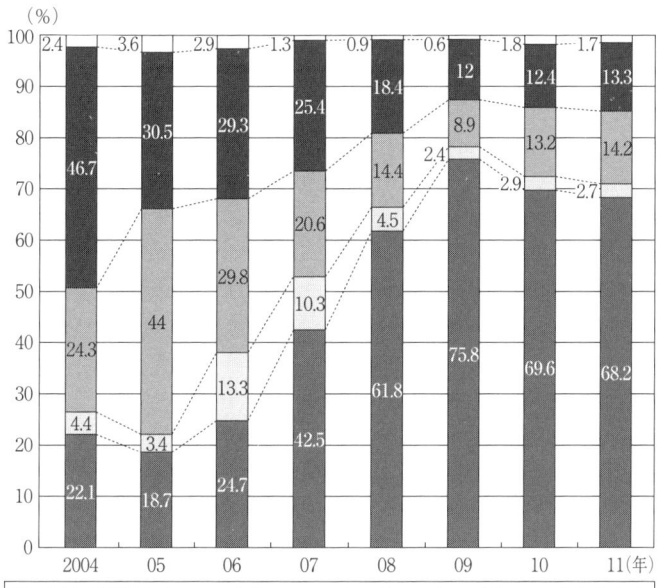

年	原因が技術的なもので、人為ミスにより発生したもの	原因が技術的なもので、対策不足により発生したもの	原因が非技術的なもので、人為ミスにより発生したもの	原因が非技術的なもので、犯罪に分類されるもの	その他，不明
2004	22.1	4.4	24.3	46.7	2.4
05	18.7	3.4	44	30.5	3.6
06	24.7	13.3	29.8	29.3	2.9
07	42.5	10.3	20.6	25.4	1.3
08	61.8	4.5	14.4	18.4	0.9
09	75.8	2.4	8.9	12	0.6
10	69.6	2.9	13.2	12.4	1.8
11	68.2	2.7	14.2	13.3	1.7

（出所）表8-2に同じ。

た際も，その原因には技術的要素はなく，紛失・置き忘れによる漏洩が多数であった。しかしながら，2008年以降を比較すると，人為ミスによる情報漏洩

事件が多数を占めており、特に、原因に技術的な要素がある場合の情報漏洩が6割から7割に上っている。なお、表8-3より、原因に技術的な要素があり、かつ人為ミスにより発生した原因としては、設定ミスや誤操作、管理ミスであり、図8-3で示したとおり、この3種類の内、主な情報漏洩の原因となるものは、誤操作や管理ミスである。

以上の結果から、セキュリティ対策としてよくいわれている「セキュリティ対策ソフトの導入」「ソフトウェアの更新」「ファイアウォールの設定」などは、ウィルスやバグ・セキュリティホール、不正アクセスが情報漏洩の大きな原因になっていないことから、これらの技術的対策は進んでいるといえる。しかしながら、誤操作や管理ミスなどの人為的要因が情報漏洩の原因となっている点から、技術的対策のみでは情報漏洩を防ぐことは不可能である。特に、誤操作の内訳を見ると、紙媒体の誤配送、電子メールの誤送信、FAXによる誤配送が多く、技術的対策が取りにくい手動操作に依存する部分[5]で発生している。また、これらはユーザによる単純な操作ミスともいえるため、ユーザ自身の行動に対するセキュリティの意識が、社会人になっても低いままの可能性があることを指し示している。

(3) 情報漏洩事件における漏洩媒体・経路

2004年度以降の情報漏洩事件における漏洩媒体・経路の割合を図8-5に示す。なお、漏洩媒体・経路は、紙媒体、FD・USB等記録媒体、電子メール、インターネット・FTP経由、PC本体、その他、不明の7種類に区分される。

図8-5より、どの年代においても、紙媒体による漏洩が半数かそれ以上を占めていることがわかる。2006年及び2007年において、インターネット・FTP経由による漏洩の割合が22.1％、15.4％と高い理由は、第4節第2項と同様、ファイル交換ソフトの影響である。また、FD・USB等記録媒体による漏洩、及び電子メールによる漏洩は、使用機会が多い媒体であるため、各年代で一定数の割合があり、前者は紛失・置き忘れ、後者は誤操作による漏洩であると推測される。また、PC本体による漏洩が2004年と2005年に高い理由は、盗難と紛失・置き忘れによるものであり、2009年以降、その割合が急激に減

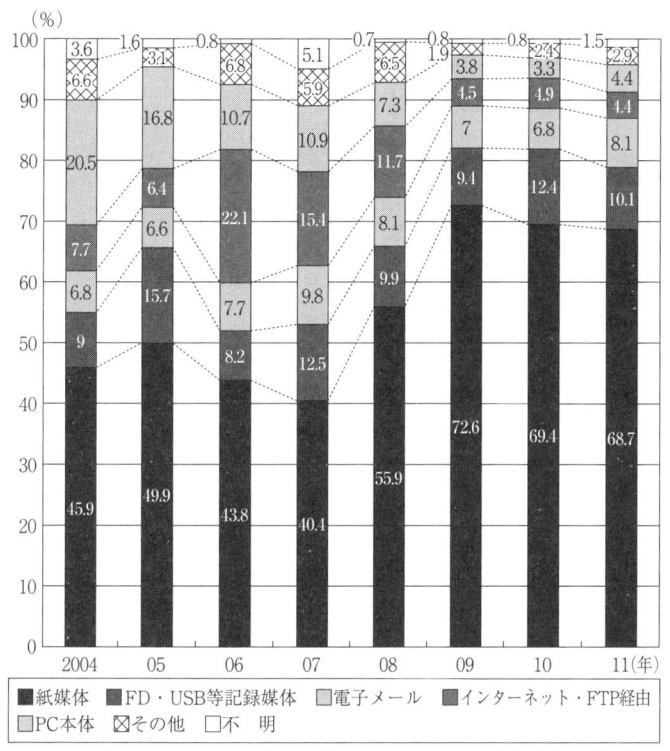

第8章 情報漏洩の事例から考えるセキュリティ対策

図8-5 情報漏洩の媒体・経路別割合

（出所）表8-2に同じ。

っている理由は，社内からのPC本体の持ち出し禁止やUSB媒体の急激な普及によるものと想定される。

　ここで注目すべき点は，パソコンや携帯電話・スマートフォン，さらにはUSB媒体などの情報機器や記録媒体の一般への普及により，紙媒体からの漏洩が減り，情報機器からの漏洩が増加するのではなく，紙媒体からの漏洩が逆に増加している点である。情報機器に対しては，技術的対策が取れる場合があり，かつユーザのセキュリティへの意識が無意識にでも働いている可能性がある。しかし，紙媒体に対しては，技術的対策が極めて取りづらく，利用するユーザのセキュリティの意識に依存することになる。そのため，第4節第2項の

場合と同様，ユーザのセキュリティに対する意識が未だ低いままである可能性があることを指し示していると考えられる。

5　セキュリティ教育から見る今後の課題

　第4節では，近年の情報漏洩が人為ミスにより発生していることを示した。それでは，ここまで原因がわかっているにもかかわらず，なぜ一向に情報漏洩事件が減らないのであろうか。実際，三井物産セキュアディレクション株式会社（MBSD社）のホームページで公開されている情報セキュリティ事件簿や[6]，Security NEXTのホームページ[7]を見ると，情報漏洩した人数の差こそあれ，毎日のように何らかの情報漏洩事件が発生しており，これらの多くは人為ミスによるものである。情報漏洩の原因に人的な要素が入ると，技術だけでは防ぐことはできないため，組織に所属しているユーザの，情報セキュリティに対する考え方が重要となってくる。そこで本節では，社会人になるまで，つまり大学までの情報セキュリティの教育から，情報漏洩が蔓延する社会全体の問題点を考察する。

（1）小学校から高校までのセキュリティ教育の現状
　小学校から高校までの2011年度以降の学習指導要領を確認したところ，小学校では，5年生の社会（下）の科目，中学校では，技術・家庭における技術の科目，高校では，社会と情報，情報の科学という科目で情報に関する授業が行われている。特に高校では，2013年度から，それまでの情報A，情報B，情報Cという科目から，社会と情報，情報の科学へと変更されており，情報モラルを身に着けるための学習活動を重視するようになっている。つまり，2013年度以降，高校生はパソコンやスマートフォンなどの情報機器及びインターネットの使い方やマナーを十分に学習することが可能である。
　しかし，各教科書を精査したところ，小学校の段階から情報モラルを段階的に学習できるようになってはいるものの，セキュリティ教育については十分とはいい難い。高校の科目「社会と情報」では，網羅的にセキュリティ対策が示

第8章　情報漏洩の事例から考えるセキュリティ対策

表8-4　科目「社会と情報」における情報漏洩の主たる原因・媒体の記載

出版社	番号	人為ミスの記載	紙媒体の記載	漏洩の主たる原因の記載
東京書籍	社情301	なし	なし	なし
実教出版	社情302	なし	なし	なし
実教出版	社情303	あり	なし	なし
開隆堂	社情304	あり	一文のみ	なし
数研出版	社情305	一文のみ	なし	なし
日本文教出版	社情306	一文のみ	なし	なし
日本文教出版	社情307	ほぼなし（一言）	なし	なし
第一学習社	社情308	あり	なし	なし

（注）"なし"は，筆者が記述を見つけられなかったことを意味する。
（出所）筆者作成。

されているものの，表8-4に示すとおり，人為ミスによる漏洩については半数，紙媒体による漏洩については1冊のみしか触れられていない。さらに，近年の情報漏洩の最も大きな原因が人為ミスであり，かつ紙媒体経由が極めて多いことについて述べている教科書は皆無である。

また，高校特有の問題点として，情報系の科目は大学進学には直接関係がない科目，つまり受験科目ではなく，学生が情報系科目を熱心に学習しないおそれがある。さらに，教科書では情報全般を扱っているため，場合によっては情報モラルや情報リテラシーを優先するあまり，セキュリティ教育がおろそかになる可能性も否定できない。

（2）大学におけるセキュリティ教育の現状

大学全体のセキュリティ教育は，現在のところ，個別にシラバスを検索して確認するしかないため，どのようになっているかが把握しづらい。そこで，個別に主要な大学のシラバスを見てみたところ，情報を扱う演習科目の中の一つのテーマとして行われている場合や情報倫理等の講義科目を設けている場合が見られる。しかし，学部によっては，全く教育しないケースも見受けられる。また，佐々木・杉立（2003）でも触れられているが，高度な教育をするという高等教育機関であることから，大学や大学院のセキュリティ科目では，セキュリティを実現するための技術を教える科目として設定されている場合もある。

以上の考察から，高校生までの年代ではモラルやリテラシーに関する教育に重点を置いており，セキュリティ単独の教育は行っておらず，大学においても，情報漏洩をしないためのセキュリティの考え方を学習する講義があるとはいい難い。そのため，企業には情報セキュリティに対する考え方を十分に学んでいない学生が多く就職することになる。企業においては，顧客の情報漏洩は自社の信用問題に直結するため，必要な教育は行うだろうが，社会人としての一般常識として最低限のセキュリティに対する知識を習得しているのならともかく，まったく知識のない人がこの段階で正しい知識を習得できるかは，はなはだ疑問である。また，大企業ならともかく，中小企業になると，予算の都合上，何度もセキュリティ教育をする機会はない。結果，少なくない数のセキュリティ意識の低い社会人が存在することになり，情報漏洩が起こる可能性が高くなると考えられる。

近年，パソコンと遜色ない機能をもつスマートフォン端末を中高生の段階から所有することを考えると，中高生の頃からきちんとしたセキュリティ教育を受けるべきであり，遅くとも大学1年生までにはセキュリティに対する基本知識を習得しておく必要がある。また，情報端末・インターネットを扱うリスクを日常から意識しておくためにも，定期的に学校や企業で教育する必要もある。そのためにも，小学校，中学校，高校，大学，さらには企業も含めた，包括的なセキュリティ教育をする環境を今後構築していくことが求められる。

6　情報漏洩事件の判例から考える企業・組織の責任

第3節の第1～3項の情報漏洩事件は，情報漏洩された顧客と裁判になっており，すでに判例も示されている。そこで，実際に情報漏洩をした場合，企業・組織にはどのような責任が発生するかを判決事例から検討する（岡村，2011）。

（1）TBCの顧客情報漏洩事件に対する判決
顧客14人が，TBCに対して1人115万円の損害請求を求めた訴訟である。

第一審の東京地裁判決（2007年2月8日判決）では，ホームページの制作や保守については，TBCが委託業者を実質的に指揮・監督していたことから，TBCに対して，使用者責任を認定した。さらに，流出した情報は，氏名や住所などの一般的な個人情報だけでなく，エステ特有の身体的な情報などの，本来秘匿しなければならない情報もあったため，プライバシー侵害も認定した。そのため，1人当たり2万2000円から3万5000円（弁護士費用含む）の支払いを命じる判決を下した。なお，控訴審の東京高裁判決（2007年8月28日判決）でも，TBC側の控訴は棄却されている。

（2）Yahoo! BBの顧客情報漏洩事件に対する判決

顧客5人が，Yahoo! BBを運営していた株式会社BBテクノロジー及びヤフー株式会社に対して，1人10万円の損害請求を求めた訴訟である。

第一審の大阪地裁判決（2006年5月19日判決）では，BBテクノロジーに対して，アカウントやパスワードの管理が極めて不十分であったことから，外部からの不正アクセスを防ぐための手段を講じておらず，多数の個人情報を保管する事業者として注意義務違反があったと認定した。また，今回の件で漏洩した内容は，氏名や住所などの機密性が高い情報ではないものの，本人には開示されたくない情報であるため，顧客に対するプライバシーの権利の侵害も認定した。そのため，1人当たり6000円の支払い（弁護士費用含む）を命じる判決を下した。なお，ヤフー株式会社に対しては，顧客情報は別に管理しており，BBテクノロジーに対する監督義務も負わないとして，請求は棄却されている。

その後，控訴審の大阪高裁判決（2007年6月21日判決）では，大阪地裁の判決を踏襲しつつも，BBテクノロジーだけでなく，ヤフー株式会社に対する責任を認定した。慰謝料については，この裁判までの間に，顧客全員に500円の郵便振替支払通知書が送付されていたことから，5500円の支払いを命じた。

（3）北海道警察による捜査情報漏洩事件に対する判決

北海道に住む少年が，自身が関係していた捜査資料をネット上に流出させられたとして，北海道に対して200万円の損害請求を求めた，国家に対しての訴

訟である。

第一審の札幌地裁判決（2005年4月28日判決）では，北海道警察は情報の流出を十分に予見できたとし，情報流出によりプライバシー侵害されたことから，40万円の支払いを命じる判決を命じた。

しかし，第二審の札幌高裁判決（2005年11月11日判決）では，「パソコンをネットに接続することは車の運転と同様に誰もがしており，警察官の職務行為とは無関係の行為である」と判断し，さらに「流出の原因となったウィルスが広く知られておらず，北海道警察に流出の予見性はなかった」として，第一審の判決を取り消して請求を棄却した。[8]

以上の判例から，近年の企業は，すべてのサービスを自前で用意するのではなく，外部に委託する場合が多いことから，委託業者から情報が漏洩した場合，自身も責任を負う可能性が高いことを認識しておく必要がある。情報セキュリティにおけるリスク管理の考え方では，発生した際のリスクをそのまま受け入れる"許容"，対策をあらかじめ行うことにより，発生した際のリスクを低くさせる"低減"，外部委託することにより自社のリスクを他社に負わせる"移転"，リスクが発生する可能性自体を取り除く"回避"の4つに区分される。今回の場合，移転に相当するが，委託業者に管理労力や対応費用を移転できたとしても，自社の管理責任能力まで移転できているわけではない点に注意する必要がある。

なお，上記の3つの判例は，すべてデータの機密性[9]に対しての判例である。情報セキュリティにおいて，データの保護するためには，機密性以外に，可用性[10]と完全性[11]が求められる。例えば，第3節第5項の事例のようなデータの消失は，可用性が失われたことを意味している。また，これまでにもデータ消失に対しての判例はいくつか存在し，今回のファーストサーバの件では，約款の免責事項により，重過失があったかどうかが一つの争点となる。ただし，レンタルサーバの性質上，自社でデータをバックアップすることは当たり前である。そのため，外部のサービスを利用する際は，サービスの内容だけでなく，セキュリティの観点からその性質とリスクを正しく把握して対処しておく必要がある。

7　情報漏洩がない社会に向けて

　現在では，インターネット上に数多くのサービスが提供されており，便利な世界になっている。しかしながら，中には利用者側のセキュリティレベルをわざと下げないと使えないサービスも存在する。本来は，企業側はセキュリティレベルを落とさなくても使えるようにサービスを構築すべきであるし，そのサービスが必要だからといって，行動の意味を理解せず，セキュリティレベルを下げてしまう利用者側のセキュリティに対する意識の低さも問題である。このような考え方をしていると，情報漏洩はいつまでもなくならない。そのため，企業側・利用者側が双方とも，セキュリティを意識し，情報機器やインターネットを誰もが安全に使える世界になるよう，社会全体が努力していかなければならない。

注
(1) NPO日本ネットワークセキュリティ協会（2012）から引用。2011年度の情報漏洩事件の件数は1551件，想定損害賠償総額が1899億7379万円である。被害者数等が不明な68件を除いた1483件で，1899億7379万円を割ると算出される。
(2) SQLインジェクション攻撃とは，セキュリティ上の脆弱性を利用し，アプリケーションが意図しないSQL文を実行させることにより，データベースを不正に操作する攻撃のこと。
(3) スパイウェアとは，ユーザの個人情報等を不正に収集するプログラムのこと。
(4) キーロガーとは，キーボードから入力された情報を記録するプログラムのこと。
(5) 紙媒体の誤配送の場合，宛先の間違いであり，電子メールの誤送信の場合，メールアドレスの間違い（BCC設定を含む），FAXによる誤送信では，電話番号の打ち間違いが原因であると考えられる。これらを防ぐためには，例えば指定した電話番号が本当の送り先かどうかを判別する必要があるため，技術的には非常に難しいことがわかる。
(6) 三井物産セキュアディレクション株式会社（MBSD社）ホームページ「情報セキュリティ事件簿」（http://www.mbsd.jp/casebook/　2012年9月30日アクセス）。
(7) Security NEXTのホームページ（http://www.security-next.com/　2012年9月30日アクセス）。
(8) 機密情報が入ったパソコンを，自宅に持ち帰っている点で管理義務に違反しているよ

うに思えるし，Winny 上でそのウィルスが知られる前でも，ネットにつなぐということは情報漏洩のリスクをはらむため，予見性もあるのではないかと考えられる。
(9) 機密性とは，アクセスを許可された者だけが，情報にアクセスできる性質のこと。
(10) 可用性とは，許可された者だけが，必要な時に，情報や情報資産にアクセスできることを確実にする性質のこと。
(11) 完全性とは，情報や情報の処理方法が正確で完全である性質のこと。

参考文献
NPO 日本ネットワークセキュリティ協会『情報セキュリティインシデントに関する調査報告書』2012 年 9 月 30 日（http://www.jnsa.org/　2012 年 9 月 30 日アクセス）。
岡村久道『情報セキュリティの法律改訂版』商事法務，2011 年。
佐々木良一・杉立淳「情報セキュリティ教育の現状と今後」『電子情報通信学会技術研究報告，技術と社会・倫理』第 102 巻第 656 号，2003 年。
独立行政法人情報処理推進機構『情報セキュリティ読本　三訂版』実教出版，2007 年。

（河野和宏）

第9章
食品事件・事故と食品安全システム

1 食品安全システムの確立に向けて

　近年,様々な種類の食品事件・事故が発生している。そのたびに,法制度の制定や改正がなされてきた。現在,食品安全の分野ではそれまでの所管官庁の農林水産省と厚生労働省に加えて新たに,内閣府に食品安全委員会が設置(2003年7月1日)されている(小泉, 2004)。また,消費者保護の点からは消費者庁が内閣府の外局として設置(2009年9月1日)されている。食品事件や食中毒は時には大規模で,広域的に発生することがある。薬物や遺伝子組み換え食品など輸入食品の監視においても,高度な食品分析機能を有する必要が出てきている。食品偽装に代表されるように食品に関わる事業者の企業倫理の問題も大きくなってきている。

　本章では,食品事件・事故の実例を中心に,その再発防止や対応のために作りあげられてきている食品安全システムの現状と課題について述べることにする。

2 食品安全・衛生システムの歩み

　世界的には公衆衛生制度はイギリスで19世紀に体系づけられたことが知られている。食品安全・衛生に関わる基本的な骨格も同じ時期にイギリスで形作られた。イギリスは世界で最初に産業革命を行った国であり,その経済力を基に都市部の人口が増え,海外との通商が活発化し,様々な食品が社会の中に流通するようになった。食品の中には危険なものも混じってきた。また過大な広

告と宣伝による食品の販売も行われるようになった。19世紀に入りビールの材料として様々な代用物を混入したものも現れ，偽ビールの罪で醸造業者が有罪の判決を受けたり，食品及び料理の中に毒性物質が入っていたりする事件も発生するようになった。多くの人々が粗悪食品のために死亡し，苦しんでいることが検死官からも報告された。医師，化学者，製造業者，商人などからも議会に対して対処するように要望が出された。それを受けて1860年に食物及び薬剤粗悪化防止法（Food Adulteration Act）が成立した。

　この法律が成立した後，それを取り締まる組織と人を配置することが行われた。つまり，出回っている食品を監視し，その商品を分析することが始まった。市中に出回っているものを監視するために環境衛生監視員（Environmental Health Officer, EHO）が自治体に配置された。EHOは，公衆衛生監視員（Public Health Inspector）ともいわれる。法律に基づき，飲食物を扱う施設に立ち入り，調べ，一部商品を持ち帰り，検査に回す仕事を行っている。また，流通している食品や商品を検査，分析する専門職として公衆衛生検査分析員（Public Analyst）が配置された。この専門職による協会は1860年に設立されている。公衆衛生検査分析員の主な仕事は法律に基づいて，流通している食品などを検査し，人々に危険なものが含まれていないことを確認し，人々の安全の確保を行うことである。

　EHO及び公衆衛生検査分析員は通常，地方自治体の保健当局に雇用された。イギリスの食品安全・衛生の体制は，人々の健康と安全を守る組織として自治体を発展させ，そこに専門職種を位置づけた。警察的な犯罪としての取り締まりだけに頼るのではなく，自治体の中に専門職を配置して人々を死亡事故や健康被害が起こらないように日常的に監視し，事故の発生予防を行う体制が確立された。このように形作られたイギリスの公衆衛生制度は，第二次世界大戦後の労働政権下ですべての国民が無料で医療サービスを受けることができる，今日まで続いている国民保健医療サービス（National Health Service, NHS）の創設に，全勢力が傾注された。それまで自治体には，公衆衛生医師（Medical Officer of Health, MOH），EHOなどの専門職が雇用されて整えられたのであるが，1974年のNHS改革の中で公衆衛生医師をNHSに身分移管したために自治体

の中で公衆衛生対策の中心となっていた公衆衛生医師が不在となった。そのために，自治体が中心に対応していた食品衛生や感染症問題への対処が弱体化する事態が生じることになった（Hill et al., 2007）。1980年代に入って相次いで大規模な食中毒事件により多数の死亡者を出す事態が発生した。国民，議会から公衆衛生制度の改善の要望が高まっていくことになる。さらに新興・再興感染症，さらに牛海綿状脳症（BSE）という世界的で新しい課題にも対応できなくなっていたことから，公衆衛生組織の立て直しが求められた。まず，イギリスの保健省のトップの主席医務監（Chief Medical Officer）が中心となって公衆衛生制度の検証と再構築の方向性を示す報告書が取りまとめられた（Department of Health, 1988）。その後に政府により2002年に健康危機管理体制の改革に関する指針として，*Getting ahead of the curve*（Department of Health, 2002）が出され，これに基づき2003年4月に健康保護庁（Health Protection Agency）が新設された。その後，10年余りを経て，2013年4月にはイギリスにおける公衆衛生制度の新生ともいえるイギリス公衆衛生庁（Public Health England）という名称の組織に発展し，保健省と一部となって国民の公衆衛生全般を担う組織となる予定となっている。食品安全についてはイギリス食品基準庁（Food Standard Agency）が中心となり，イギリス健康保護庁（Health Protection Agency）と協働してEU諸国，WHOなどと国際的な枠組みとの連携を図った対策が進められている。それとともに，国民の食品に関わる健康保護の実務は従来の自治体が中心となり，自治体の組織と専門組織とリンクして広域的，専門性の高い食品安全活動を行う体制作りに努力が注がれている（Department of Health, 2002）。

3　わが国の食品安全対策の基盤の確立

日本の近代化が始まった明治時代には公衆衛生制度はまだ確立されていなかった。そのために食品安全対策は軽犯罪法に当たる法令に基づいた処罰による取締り行政であった。地域で発生する食品事件の中で刑事の処罰規定に入っていない食品衛生上の個別の食品，添加物等の問題への対応については自治体が中心となって取組みが始まった。例えば，1873（明治6）年に「牛乳搾取入心

得」を東京府が定めている。売肉取締規則等は多くの府県が制定した。しかし，飲食物取締りの根拠は刑法しか存在しなかった。これでは食品衛生行政としては不十分であり，飲食物取締りの独自の制度の確立や立法化が要請され，1900（明治33）年に食品衛生に関する最初の包括的な法律として「飲食物其ノ他ノ物品取締ニ関スル法律」が制定された。しかし，食品衛生行政の所管は38（昭和13）年の厚生省設置までは内務省衛生局にあり，府県では42（昭和17）年に内政部に移管されるまで警察部衛生課に属し，食品安全の第一線機関は警察署のままであった（厚生省医務局，1976）。

第二次世界大戦後にイギリスで19世紀に確立されていたような食品衛生監視員が配置された。これは，海外からの引き揚げ者に対する緊急就業対策の一環として人材が確保できたからである。公衆衛生監視員の役割は飲食物衛生，乳肉衛生，上下水道及び飲料水衛生，清掃その他環境衛生の指導監視を行い，公衆衛生の向上に努めることとされ，その資格は知識経験者，特に医師，薬剤師，獣医師が望ましいとされた。原則として保健所に配置され，保健所長の指揮監督の下で仕事をする職員とされた。1947（昭和22）年4月，「飲食物その他の物品取締に関する法律及び有毒飲食物等取締令の施行に関する件」が制定され，都道府県に食品衛生監視員が置かれることになり，食品衛生監視員制度が明確に位置づけられた。47年7月に「食品衛生監視員設置要綱」により，その業務，資格，配置，経費等が定められた。同年12月に「食品衛生法」が制定され，名実ともに現行につながる食品安全・衛生の体制が確立した（厚生省五十年史編集委員会，1988）。その後，保健所，検疫所における食品監視体制は拡充されてきており，2010年は，食品衛生監視員数は保健所7810人，検疫所383人となっている（厚生統計協会，2012）。

4 食中毒及び食品事故・事件とその対策

食中毒の発生状況については，食中毒そのものは大幅に減る傾向にはない。平成の時代になってからも患者数は2万人から3万人台を推移している。1996年には腸管出血性大腸菌O157による食中毒が全国的に発生した（図9-1）。

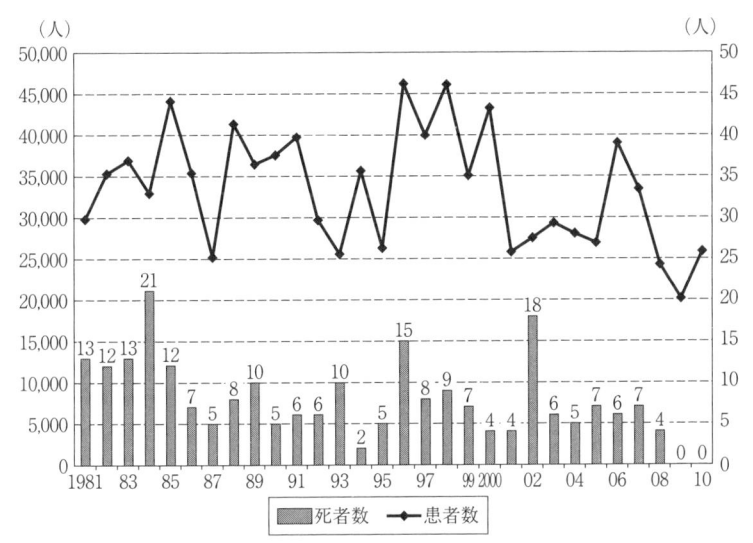

第9章 食品事件・事故と食品安全システム

図9-1 食中毒発生状況（患者数，死者数：1981-2010年）

（出所）厚生労働省「食中毒発生状況」資料より筆者作成。

2003年頃より冬期の12〜2月に患者数が増加するようになっている。原因は，ノロウイルスである。原因食品が判明した事件の中では，「魚介類」に起因するものが最も多く，次いで，「肉類及びその加工品」「野菜及びその加工品」と続いている。病因物質が判明した事件の中では近年はノロウイルス，カンピロバクターが各々約3割，両者をあわせて6割を占めている（厚生統計協会，2012）。食中毒の死亡者数は，96年以降では2002年の18人が最も多いが，4〜18人で推移している。腸管出血性大腸菌が原因の者が大部分を占めている。

しかし，近年は，従来の食中毒以外の食の安全の問題への対応が求められてきている。2008年は食品安全に関わる事件が目立った年であった。例えば，中国製冷凍餃子事件，春には清涼飲料水への異物混入，夏にはウナギへのマラカイトグリーンの不正使用，秋にはミニアクセス米による事故米，中国における乳・乳製品へのメラミン添加，冷凍インゲンからの化学物質混入，カップ麺への防虫成分移行，基準を超過した地下水による食肉汚染，餡から化学物質検出，菓子への異物混入，家庭における調理品による死亡事件など，様々な形の

第Ⅱ部　事故の現状

表9-1　食品事件・事故の分類

1.	環境汚染 水俣病，イタイイタイ病，福島第一原子力発電所事故
2.	工場内汚染 森永ヒ素ミルク事件，カネミ油症事件，雪印乳業加工乳汚染
3.	流通・販売段階での汚染 堺市学童集団下痢症，ユッケ食中毒
4.	毒物混入 中国製冷凍餃子事件
5.	危険食品販売 健康に関する効果や食品の機能等を表示して販売している食品の中には医薬品を含む危険なものがあり，健康食品と規制がされている
6.	食品偽装 雪印食品牛肉偽装事件，事故米不正転売事件

(注)　直接の健康被害に結びつくものではないが，食の安心や信頼の喪失につながるもので，近年は大きな課題となっている。
(出所)　筆者作成。

食の安全を脅かす事案が相次いで発生した（厚生統計協会，2012）。食品事故・事件は，公害，工場内事故，流通・販売の衛生管理，犯罪的なもの，企業倫理に関わるものなど様々なものがあり，食品安全の問題の多様性を表9-1のように分類してみた。

以下には，戦後の食品衛生，食品安全の制度の改正に関わる主要な食品事故・事件を基に食品安全システムの問題や課題について示す。

（1）黄変米事件

黄変米とはカビが繁殖して人体に有害な毒素ができて黄色や橙色に変色した米のことである。主としてペニシリウム属のカビが原因である。戦後の食糧難のために1951年12月にビルマ（現ミャンマー）より緊急輸入した6700トンの米を検疫所（厚生省，現・厚生労働省）が調査したところ約3分の1が黄変米であった。輸入米から続々と黄変米が見つかった。黄変米に高い毒性があることが示され，黄変米の配給停止を求める市民運動などが活発化した。それでも農林省（現・農林水産省）は処分に困り，配給を強行しようとしたが世論の反発が強いためやむなく黄変米の配給は中止された（厚生省五十年史編集委員会，

1988)。

（2）放射能汚染マグロ事件

1954年3月，アメリカがビキニ及びエニウェトク環礁において行った南太平洋水爆実験により，被曝した遠洋マグロ漁船第五福龍丸が静岡県焼津港に入港し，その乗組員が急性放射能病と確認された。第五福竜丸の被曝とともに，同水域でとったマグロに高度の放射能が検出され，その結果大量の廃棄処分を余儀なくされた。厚生省はビキニ環礁海域付近において操業もしくは航海中の遠洋漁船について帰港地として塩釜，東京，三崎，清水，焼津の5港を指定し，国及び関係都県が協力して検査を実施し，放射能に汚染されたマグロの廃棄等の処分を行った。ビキニ事件の汚染マグロの検査が54年3月から行われ，12月に入っても船体から1万6000カウント，マグロからは2000カウントという高い放射能が検知されていたが，アメリカとの間での政治的な決着がなされ，検査が打ち切られ，沈静化が図られた（厚生省五十年史編集委員会，1988）。

（3）森永ヒ素ミルク中毒事件（1955年）

1955年の春から夏にかけて，西日本一帯で人工栄養児の間に原因不明の病気が集団的に発生した。これは，55年4月から8月の間に森永乳業徳島工場で生産された粉乳の中に，大量のヒ素化合物が混入したことが原因であった。ヒ素は乳質安定剤として使用した第二燐酸ソーダに含まれていた。粉乳中のヒ素化合物濃度は乳児が飲めば急性ないしは慢性ヒ素中毒を起こす量であった。岡山大学小児科教室の研究者によって，医学的分析の結果，8月23日にヒ素中毒によるものとして公表された。被害児の数は，56年6月9日の厚生省発表によると1万2131名であり，明らかにヒ素中毒によると認められた死亡者が130名という，世界でも例を見ない大規模な乳児の集団食中毒事件であった（厚生省五十年史編集委員会，1988）。

（4）雪印八雲工場脱脂粉乳食中毒事件（1955年）

1955年3月，東京都内の小学校9校で，学校給食で出された脱脂粉乳によ

り発生した食中毒事件で，患者数は1579人とされている。この脱脂粉乳は当時北海道渡島にあった雪印乳業（株）八雲工場で製造された。原因物質は黄色ブドウ球菌で，脱脂粉乳の製造中に発生した製造機の故障と停電により，原料乳あるいは半濃縮乳が粉化前に長時間放置されたことで菌が増殖したものと推定されている。2000年に同じ雪印乳業により，加工牛乳で同様の黄色ブドウ球菌による毒素混入事件が発生した（厚生省五十年史編集委員会，1988）。

（5）水俣病・新潟水俣病（1950〜60年代）

熊本県水俣市の（株）チッソが製造していたアセトアルデヒド（化学製品の原料）を作る工程で触媒として用いた水銀が，工場排水として自然界に流され，それが有機水銀（メチル水銀）となり，生物濃縮で高濃度になった魚介類をたくさん食べた人から水俣病が発症した（1956年頃が発生のピーク）。主な症状は，感覚障害，運動失調，視野狭窄，聴力障害などで，ひどい場合は脳が冒され，死に至る。母親が妊娠中に水銀で汚染された魚介類を食べた場合，胎児水俣病が発症した。新潟県阿賀野川流域で1964年頃から起きた公害病は，熊本の水俣病と同じ水銀による公害病なので，第二水俣病とよばれている。その後，外国でも水俣病の発生が報告されている。水俣病と認定された患者数は2268人（2008年5月31日現在）である。水俣病被害者救済法の救済措置の申請が2012年7月末まで行われたが，すでに死亡している患者も多いにもかかわらず，申請者数は熊本，鹿児島，新潟3県で約6万人に上っている。認定されていない人を含めると10万人以上いると推測されている（厚生統計協会，2012）。

（6）イタイイタイ病（1960年代）

富山県神通川流域で第二次世界大戦の頃から発生した公害病である。子供を産んだことのある女性に多く症状が現れ，手足の骨がもろくなり，激しい痛みが伴うのでイタイイタイ病という名前がつけられた。岐阜県にあった三井金属工業神岡鉱山の鉱滓からしみ出たカドミウムが，神通川下流の水田を汚染し，そこで栽培された米を食べた人たちから発症した食品公害であった。政府がカドミウムが原因であると原因を認めたのは1968年である。患者数については，

69年制定の「公害に係る健康被害の救済に関する特別措置法」及びこれを引き継いだ73年制定の「公害健康被害補償法」によって認定された患者数は194人（うち死亡者188人）となっている（2008年4月末現在）。それ以前の患者については実態がよく把握されておらず，第二次世界大戦後からこの時期までに女性のみで100人近い死亡者が出たものと推定されている。これらの公害事件の発生によって，環境行政の独立が求められることとなり，それまで厚生省，通商産業省など各省庁に分散していた公害に係る規制行政を一元的に所掌し，企画調整機能を有する行政機関として71年に環境庁（現・環境省）が発足した（厚生統計協会，2012）。

（7）カネミ油症事件（1968年）

1968年に起きた，ポリ塩化ビフェニル（PCB）などによる大規模な中毒事件で，福岡県や長崎県を中心に西日本一帯で発生した。福岡県下で多発した皮膚病を発端に，手足のしびれやいわゆる「黒い赤ちゃん」の確認など深刻な健康被害が相次ぎ，疫学調査の結果，カネミ倉庫社製の米ぬか油に製造工程中に熱媒体として使用されたPCBが，腐蝕したパイプの孔からもれて油に混入し，この油を食用に供した人たちに被害が起きたことがわかった。また，その後の研究により，PCB以外にも，ポリ塩化ジベンゾパラジオキシン（PCDD）とポリ塩化ジベンゾフラン（PCDF）などのダイオキシン類が混入して起きたことが判明した。この事件を契機に72年からはPCBの新たな製造がなされなくなり，73年に制定された「化学物質審査・製造規制法」により，製造と輸入が事実上禁止された（厚生省五十年史編集委員会，1988）。

（8）熊本県ボツリヌス菌集団食中毒（1984年）

1984年に熊本県で製造された真空パックの辛子蓮根を食べた36人（1都12県）がボツリヌス菌（A形）に感染し，11名が死亡した。原料のレンコンを加工する際に滅菌処理を怠り，なおかつ真空パック化して，常温で保管流通させたために，土の中に繁殖する嫌気性のボツリヌス菌がパック内で繁殖したことが原因であった（厚生省五十年史編集委員会，1988）。

第Ⅱ部　事故の現状

(9) 堺市学童集団下痢症事件 (1996年)

　大阪府堺市立小学校で，学校給食を原因として1996年7月に発生した。給食を食べた児童は約2万5000人であり，二次感染者も含めて9000人以上の患者が発生し，小学生3人が死亡した。当時の菅直人厚相が「学校給食に使われた特定業者のカイワレ大根が原因食材の可能性が最も高い」などと発表したが，最終的な原因は特定されないままとなっている。制度の上では，事件が発生した原因は「学校給食」にあり，この学校保健を管轄しているのは文部省（現・文部科学省）であり，食品保健，感染症対策を行っている厚生省（現・厚生労働省）とは担当部署が異なっていたために対応が混乱した。腸管出血性大腸菌O157のように食中毒であるが，二次感染も起こり得るという感染症としての側面を有している食中毒に対しては，両面からの対応が取られる契機となった。この事件は，感染症の法制度の改正に影響を与えた他に，大規模食中毒対策として「大量調理施設衛生管理マニュアル」が作成された。このマニュアルの考えの中に危害分析重要管理点監視（Hazard Analysis and Critical Control Point, HACCP）の概念が取り入れられた（堺市学童集団下痢症対策本部，1997）。

(10) 雪印加工牛乳集団食中毒事件 (2000年)

　雪印乳業（株）大阪工場（以下「大阪工場」）製造の「低脂肪乳」等を原因とする食中毒事件は，2000年6月27日に最初の届出がなされて以降，報告があった有症者数は1万5000人に達し，近年，例を見ない大規模食中毒事件となった。7月2日に大阪府立公衆衛生研究所が「低脂肪乳」から黄色ブドウ球菌のエンテロトキシンA型を検出し，大阪市はこれを病因物質とする食中毒と断定し，大阪工場を営業禁止とした。同社大樹工場の調査の結果，4月10日製造の脱脂粉乳製造時に，4月1日製造の脱脂粉乳の製造過程で起こった停電の際に生乳中または製造ラインに滞留した乳製品中に黄色ブドウ球菌が増殖し，エンテロトキシンA型を産生した。この時の乳製品が原料として大阪工場で使われたためと考えられた。黄色ブドウ球菌をその後の工程の中で殺菌しても，毒素は耐熱性であり，毒物として残っていたのである。雪印乳業は，学童集団下痢症事件以後に導入された総合衛生管理製造過程の承認を厚生労働大臣から

得ており，これを遵守していれば防げた事件であった。雪印乳業だけの問題ではなく，承認時のみの検査しか厚生省（現・厚生労働省）が行っておらず，その後の監視は自治体任せにしていたことも問題視された。HACCP は厚生省が承認を与えたものであり，その後の承認更新，承認取消についても厚生省が責任をもつべきとされた。この事件の後，厚生省の地方厚生局に食品衛生監視員を増員して配置し，自治体の協力を得て監視する体制に改められた（新山編，2004）。

(11) 牛海綿状脳症（BSE）の発生（2001年）

牛海綿状脳症（BSE）は，1986 年にイギリスで初めて報告され，現在までに 25ヶ国で 18 万頭以上の感染牛が確認されている。イギリスでは 92 年のピーク時には，3 万 7280 頭の発生があった。対策以前の感染牛が残っているため 2009 年も 12 頭の発生が観察されている。イギリスを除く世界でも，イギリスから牛の輸入や肉骨粉の輸入により，89 年にアイルランド，90 年にポルトガル，スイスと発生し，ヨーロッパ各地に広がった。日本の BSE 発生は 2001 年に始まり 2010 年までに日本では 36 頭発生している。BSE はプリオンに汚染した動物性蛋白質飼料（肉骨粉）が蔓延の原因と考えられている。ヒトの変異型 CJD（クロイツフェルト・ヤコブ病）は BSE の感染に起因していることから，BSE は公衆衛生上重要な人畜共通感染症として扱われている。わが国では 2001 年の発生直後から飼料の完全規制が行われ，2002 年 2 月生まれ以降の牛で，BSE 検査陽性牛は発見されていない。2001 年に，BSE 罹患牛が発見されたことからすべての食用牛の BSE 検査が全国一斉に開始された。また食肉処理時の特定危険部位（舌と頬肉を除いた頭部，脊髄，回腸遠位部）の除去・焼却が法令で義務化されている（新山編，2004；山本，2011）。

(12) 雪印食品牛肉偽装事件（2001年）

2001 年 9 月，国内で BSE 感染牛が発見されたため，国は BSE の全頭検査開始前にすでにと畜されていた国産牛肉については業者から買い上げ，市場から回収する対策を実施した。雪印乳業（株）の子会社であった雪印食品（株）

がこの制度を悪用し，安価な輸入牛肉と国産牛肉とをすり替えて申請し，多額の交付金を不正に受給した。背景には，食肉業界で「原産地ラベル張り替え」が日常化していたことや雪印乳業（株）の食中毒事件の影響により雪印食品の売上が減少し，経営が悪化していたことに加え，BSE 牛発生に伴う消費者の牛肉買い控えにより大量の在庫を抱えてしまっていた，などの会社の経営事情が関係していたようである。会社の従業員に対する指示はコンプライアンスや企業倫理に反するものであった。事件が顕在化してから 3 ヶ月後の 2002 年 4 月末に，雪印食品（株）は解散した。その他の食肉偽装として，2007 年 6 月 20 日にミートホープの牛肉偽装が大きな問題となった。2007 年 7 月 26 日に丸亀・三豊の業者が給食にオーストラリア産を国産と偽装して牛肉を納入していたことも顕在化した。そのため食肉の監視体制を強化することが求められた（新山編，2004）。そのために 2003 年 6 月「牛の個体識別のための情報の管理及び伝達に関する特別措置法」が成立し，牛と牛肉のトレーサビリティが義務づけられることになった。「牛」については 2003 年 12 月 1 日に施行され，「牛肉」については 2004 年 12 月 1 日に施行されている。表示偽装の告発があればすぐに検証ができるようになった。トレーサビリティは，製造した製品を適切に管理するための仕組みである。原料や製品に事故があった時，これによって回収が容易となる。また，経路を遡及し汚染源を特定することが可能となる。また，表示のミスを防ぎ，他から偽装された時，それを発見しやすくし，自らの商品を守ることができる（神山，2008）。ミートホープ牛肉偽装事件が 2007 年に発覚したが，食肉加工販売会社「ミートホープ」の食肉偽装は 20 年以上前から続けられていた。ミートホープ社の豚肉を牛肉と偽ってミンチを製造した事件では，牛肉トレーサビリティ法の対象にミンチまで含めていれば，法的な処分の対象にすることができたはずであり，このような大がかりな偽装をくい止めることができたはずである（新山，2008）。現在，食肉のフードチェーンは生産，加工，流通，消費にまたがり，様々な法律，省庁，組織が関わって安全を確保する仕組みとなっている（表 9-2）。

また，前述の雪印食品の食肉偽装，ミートホープの食肉偽装が発覚したのは，内部告発が発端となったもので，公益通報の在り方に一石を投じる事件でもあ

第9章 食品事件・事故と食品安全システム

表9-2 食肉事例に見る食の安全の制度と組織

	生　産	と畜・解体	分割・細切	分割・細切・販売	消　費
	畜産農家	と畜場	食肉処理場	食肉販売店	消費者
		食鳥処理場			
法律	食品安全基本法				
	家畜伝染病予防法 飼料安全法	と畜場法 食鳥検査法	食品衛生法		
	牛の個体識別のための情報の管理及び伝達に関する特別措置法				
基準	家畜衛生基準 飼料安全基準	施設基準 衛生管理基準 疫病検査	施設基準 衛生管理基準	食品表示に関する基準	
所管省庁	食品安全委員会				
	農林水産省	厚生労働省			
				消費者庁	
	家畜保健衛生所	食肉検査所	保健所・衛生研究所 検疫所・輸入食品検疫・検査センター		

(出所) 筆者作成。

る。食品表示については，偽装表示事件を契機とする消費者の食品表示に対する信頼低下から，食品衛生法や JAS 法に基づく表示基準の企画立案や執行権限が消費者庁に移管する法律が成立し，2009年9月より消費者庁で対応されるようになった（池田，2011）。

(13) 中国産冷凍ホウレンソウのクロルピリホス残留基準値違反事件 (2002年)

冷凍ホウレンソウの残留基準値違反事件のクロルピリホスは，わが国でも使用されている農薬で，当時の小松菜やキャベツの残留基準値は 2 ppm と 1 ppm であった。しかし，わが国ではホウレンソウにこの農薬の使用が登録されていなかった。食品に残留する農薬，飼料添加物及び動物用医薬品（以下，農薬等という）について，一定量を超えて農薬等が残留する食品の販売等を原則禁止されていたが，基準が定められていない農薬等に対してはいわゆる「ポジティブリスト」方式の考え方から，残留基準値は検出限界の 0.01 ppm と 2 桁低い値が当てはめられていた（小松，2011）。中国産冷凍ホウレンソウに 0.5 ppm

と基準値の50倍の濃度で残留していても，小松菜の基準値の4分の1，キャベツの基準値の2分の1にしか過ぎず，人間に対して毒性が許容範囲であった。しかし，強い毒性があるかのような受け止めと報道がされて消費者の不安が助長された。ほうれん草に使う農薬としての使用登録がなされていなかったために，厳しすぎる基準値が適応されたためであり，実際の健康被害が出る濃度ではなかった（米谷，2011）。

(14) 中国製冷凍餃子中毒事件（2008年）

2007年12月下旬以降，コープなどで販売された中国製冷凍餃子を食べた消費者が中毒症状を訴えた。2008年1月30日，残された餃子や袋からは，メタミドホスという毒性の強い有機リン系殺虫剤の成分が，作物残留のレベルを桁違いに超えた高濃度で検出された。この農薬は，高毒性であるためわが国では一度も登録されたことがなく，国内には存在し得ないものである。中国側は当初「中国国内で農薬成分の混入はない」としていたが，6月中旬に中国でも被害が出たことから，2010年3月26日に，中国の警察当局は，餃子に毒を入れたとして，餃子製造元「天洋食品」の36歳の元臨時職員を容疑者として拘束した。現在輸入食品の安全を確かなものとするために，輸出国における衛生対策，輸入時，国内流通時の3つの段階で対策が実施されている。輸出時の対策として，違反が確認された場合，輸出国政府に対し原因の究明及び再発防止対策の確立を要請し，二国間協議を通じて生産・製造の段階における安全管理の実施，監視体制の強化，輸出前検査の実施が行われるようになっている（厚生労働省企画情報課検疫所業務管理室，2011；佐藤，2008）。

(15) 事故米不正転売事件

2009年2月農林水産省の調査にて，米穀加工販売会社「三笠フーズ」（大阪市）が工業用「事故米」を不正転売していることが発覚した。殺虫剤「アセタミプリド」に汚染された工業用ベトナム産米を食用と偽って売却していた。三笠フード以外に不正転売問題により石田物産など数社が告発された。その他にも輸入食材の有害物質汚染や表示の偽装，改ざんなどが次々に明るみとなった。

消費者の食品の安全性や信頼性に関する不信感を増大させ、その対応が政府に求められた。日本国政府は、国内で生産された米や、ミニマム・アクセスに従い商社が輸入した外国産の米を政府米として購入している。これからカビが発生したり、購入後に残留農薬が見つかったり、洪水等で水漏れが生じた場合、事故米穀として処理される。民間業者が輸入した外国産の非政府米でも発生する。事故米穀は、食用に適さないので「非食用米」として、用途を食用以外に限定して販売される。業者の中には、安値で購入できる事故米穀を購入し、変色等している部分を除いて、問題のない米と区別できない状態で混入して転売することで利益を上げるものもいる。そのため、事故米穀は、食用の米として販売できないように、農林水産省の農政事務所職員の立会いの下で粉砕させ、倉庫等の検査などを行うことになっている。この事件では不正を発見することができなかった背景に、事故米穀は用途が限定されており転売が困難であることから買い手となる業者が少ないことがあった。事故米穀を引き取ってくれる業者は農政事務所にとってはありがたい存在であり、事前に業者に通告して検査を行っていたが、検査といっても名ばかりであったことも明らかにされた。その後、このような米の不正転売、偽装を防止する対策として「米穀等の取引等に係る情報の記録及び産地情報の伝達に関する法律（米トレーサビリティ法）」が制定され、米穀事業者に対して、米穀等を取引したときの入荷・出荷記録を作成・保存すること（2010年10月1日施行）、事業者間及び一般消費者への米穀の産地、米穀加工食品の原料米の産地伝達（2011年7月1日施行）が義務づけられた。不正をしにくいシステムに改められた（矢坂, 2010）。

（16）牛肉の生食と食中毒

腸管出血性大腸菌は重要な食中毒の原因菌であると同時に、100個程度の少数菌での感染が成立し、ヒトからヒトへの二次感染、動物から感染する感染症の起因菌としても重要な位置づけがなされている。腸管出血性大腸菌感染症の病態は無症状の場合から下痢のみで終わる人もいるが、血便を伴い重篤な合併症に至る人、特に溶血性尿毒症症候群（Hemolytic Uremic Syndrome, HUS）を併発し死に至る人もいる。「生食用食肉」とは、生食用食肉として販売される牛

の食肉（内臓を除く）と定義され，いわゆるユッケ，タルタルステーキ，牛刺し及び牛タタキを対象とし，成分規格，加工基準，調理基準，表示は消費者庁が設定している。2011年はユッケを原因食品とする腸管出血性大腸菌O111による食中毒が，株式会社フーズ・フォーラスの経営する数ヶ所の焼肉店で発生した。牛肉の生食により5人が死亡し，重傷者も多数報告された（寺嶋, 2012）。厚生労働省は1996年に生レバーの生食による腸管出血性大腸菌O157による食中毒が発生したことを受けて「生食用食肉の衛生基準」を作成し，都道府県等を通じて事業者に通知し指導を行っていたが，これには法的強制力がなかったために十分に遵守されていなかった。そのために生食用食肉の新たな基準を作成し，今度は法的な根拠を設けて徹底を図ることとなった（2011年10月1日施行）（厚生統計協会, 2012）。食肉の加工において腸管出血性大腸菌を完全に除去することは困難であるために，この規格基準は非常に厳しいものであり，事実上飲食店で扱うところが少なくなった。さらに，厚労省は牛の肝臓内部から重い食中毒を起こす腸管出血性大腸菌O157が見つかったことから2012年7月から食品衛生法に基づき牛のレバーを生食用として販売・提供することを禁止した。

(17) 原発事故と農畜産品の放射能汚染（2011年）

福島第一原子力発電所から大量の放射性物質が排出され，その健康影響が心配されている（滝澤, 2011）。米から基準を超える放射性セシウムが検出された。北茨城の沖合で2011年4月1日に採取されたイカナゴの稚魚（コウナゴ）から放射性ヨウ素が検出された。2011年5月初旬に神奈川県の茶葉から放射性セシウムが検出された。宮城県で2011年11月30日に県内のキノコ原木から国の指標値を超える放射性セシウムが検出された。また牛肉から食品衛生法の暫定規制値を超える放射性セシウムが検出された。牛の餌として水田に放置された稲わらが原発事故による放射性物質の降下によって汚染されていたためであった。福島県は肉牛の出荷制限を行い，牛肉の流通を抑え，全頭検査等の検査体制を強化した。出荷されていた牛肉や米は速やかに回収された。しかし，国民の放射性物質汚染の不安感が高く，また食品の安全と安心を確保する観点

から，現在の暫定規制値が，年間線量 5 ミリシーベルトから年間 1 ミリシーベルトに基づく基準値に引き下げさげられた。特別な配慮が必要と考えられる食品として「飲料水」「乳児用食品」「牛乳」があり，それ以外の食品を「一般食品」として全体で 4 区分に分けて基準が設けられた。食品に含まれる放射性物質の国の新基準が 2012 年 4 月に導入され，食品毎に順次新基準が当てはめられた。

(18) 北海道浅漬け腸管出血性大腸菌食中毒事件（2012 年）

2012 年 8 月 14 日，札幌市保健所は，市内 5 ヶ所の高齢者関連施設において下痢や血便等の有症者が発生した原因は，有限会社岩井食品（札幌市西区内）が漬け込んだ「白菜きりづけ」（浅漬け）による腸管出血性大腸菌 O157 による食中毒と断定した。浅漬けが原因で症状を訴えた入院者は 110 人余り，死亡者が 8 人と報告されている（2012 年 9 月末現在）。札幌市保健所の再現試験の結果，市保健所は，消毒前後の作業エリアに区分がないために汚染があったこと，塩素濃度の測定を行わず，次亜塩素配ナトリウムの追加が不充分であったこと，さらにザルなどを用途分けしていなかったことなどから，消毒されていない材料が漬け込み工程に入って製品になった可能性が高く，同社の製造・管理工程が食中毒の原因と最終的に結論づけられた（朝日新聞，2012）。

5　食品安全システムの確立：フードチェーン・アプローチと HACCP

世界食糧機関（FAO），世界保健機関（WHO）が組織するコーデックス委員会（Codex Alimentarius Commission, Codex 委員会）は大規模な食品事故や問題の検討を行い，1990 年代後半に食品の安全を確保するためには，一次生産から消費にわたって必要かつ適切な措置を取る「フードチェーン・アプローチ」が有効であるとしている。そのために最終製品の検査より，安全に食品を生産，加工，貯蔵，流通する，上流の方から対策を考えることが重要であるとの考え方に立った食品安全対策を求めている（Boisrobert et al., 2010；Bennet, 2010）。

食品事故の「未然防止」のためには，幅広い情報の収集とその解析，及び解

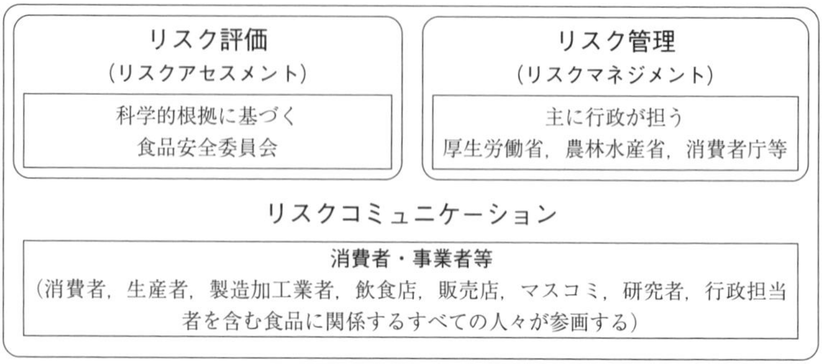

第Ⅱ部　事故の現状

```
┌─────────────────────────────┐ ┌─────────────────────────────┐
│         リスク評価           │ │         リスク管理           │
│      (リスクアセスメント)     │ │     (リスクマネジメント)      │
│  ┌───────────────────────┐  │ │  ┌───────────────────────┐  │
│  │    科学的根拠に基づく    │  │ │  │      主に行政が担う     │  │
│  │     食品安全委員会      │  │ │  │ 厚生労働省，農林水産省，消費者庁等 │  │
│  └───────────────────────┘  │ │  └───────────────────────┘  │
└─────────────────────────────┘ └─────────────────────────────┘
┌───────────────────────────────────────────────────────────┐
│                   リスクコミュニケーション                    │
│  ┌─────────────────────────────────────────────────────┐  │
│  │                   消費者・事業者等                    │  │
│  │ (消費者，生産者，製造加工業者，飲食店，販売店，マスコミ，研究者，行政担当 │  │
│  │   者を含む食品に関係するすべての人々が参画する)         │  │
│  └─────────────────────────────────────────────────────┘  │
└───────────────────────────────────────────────────────────┘
```

(注)　2003年5月に成立した食品安全基本法によりリスク分析手法が導入され，食品安全の確保が図られている。
(出所)　食品安全委員会パンフレット「食品安全委員会と」を筆者改編。

図9-2　リスク分析手法（リスクアナリシス）

析結果の活用が重要である。科学文献のみならず，諸外国政府の公表資料や法令，プレス発表など，関連業界や学会，消費者からの情報，職業的ネットワークを通じた情報，実態調査の結果など，数多くの情報源からの幅広い情報を，有機的に統合して解析することが求められる。また，食品安全確保には科学的なデータに基づいて予防措置を取ること，すなわち，健康に悪影響を与える可能性のある危害因子についてリスクを推定し，リスクを社会的に許容できる範囲内に抑えるために必要な措置を講じるなど，政府の役割が極めて大きい。

　リスクの管理の枠組みはリスクアナリシスとよばれる（図9-2）。これは，①リスクを科学的に評価すること（リスクアセスメント），②その結果に基づき，効果や費用を勘案して，リスク低減に必要な措置を決定・実行・是正すること（リスクマネジメント），③そのすべてのプロセスを通して，リスクの科学的な推定と市民のリスク知覚との乖離を埋めることを含めて，すべての関係者の効果的なコミュニケーションを確保すること（リスクコミュニケーション）の3点から成り立っている。これは，Codex委員会がその枠組みを提示し，これを踏まえて各国で取り組まれているものである（新山編，2004）。

　食品供給において安全を確保する第一義の責任をもつのは，フードチェーンを構成するすべての事業者，関係者である。つまり農業者，農産物処理業者，貯蔵業者，食品製造業者，流通事業者である（表9-2）。すべての事業者は食

品の原材料や食品を扱う環境を衛生的に保つための措置（一般衛生管理）を実施すること，食品工場ではさらに重要な危害因子を重点的に管理する措置（HACCP）を導入することが求められる。一般衛生管理とは，生産環境中の汚染源，使用する投入材，施設・設備（立地・設計・レイアウト，水の供給，排水・廃棄物処理）による病原性微生物，化学物質などの汚染を防ぎ，作業員や機器の衛生を保持し，清掃・保守・衛生を確保することである。すべての汚染防止の基礎になる。その農業生産に関する実務を適正農業規範（Good Agricultural Practice）といい，食品製造工場に関するものを適正製造規範（Good Manufacturing Practices）とよぶ。Codex 委員会の一般衛生管理の規格として食品衛生の一般原則があり，生鮮果実・野菜の規格なども作成されている。HACCP 方式は，重要な危害因子を重要な管理点で集中的に管理する仕組みであり，これを導入するには一般衛生管理が実施されていることが前提として必要である（新山編, 2004）。

6　食品安全行政とレギュラトリーサイエンス

　食品事故や事件を契機として，食品安全に関する法制度や組織が整えられてきている。しかし，行政組織が社会的な役割を果たすためにはそこで働く人材が重要である。政策担当者の専門性の確保，科学性の確保，それを担う政策担当者や実務者の人材の育成と配置は大きな課題となっている。

　食品安全行政に必要な科学としてレギュラトリーサイエンスがある。欧州諸国においては食品行政においてはレギュラトリーサイエンスの活用が不可欠と認識されている。レギュラトリーサイエンスは基礎科学に裏打ちされた応用科学の一分野である。多くの異なる分野の科学者の関与と幅広い視野が必要であり，わが国の大学や研究所があまり得意とする分野ではない。リスク管理では，コスト分析なども必要であり保健経済学を専門とする職員も必要である。また，リスクコミュニケーションや心理学を専門とする職員も必要である。いずれにしてもそれぞれの分野ごとに，幅広い専門知識と統合的な解析力を有する職員が必要となるが，そのような職員を養成するには時間がかかる（5年程度）。

このような人材の育成と人材の配置，継続研修は食品安全行政が国民の信頼に応えるものとするためには是非とも求められる（寺嶋，2012）。わが国では政府内部にリスクコミュニケーションの専門家は皆無に等しい。

　食品安全行政に携わるためには，生化学，化学，微生物学，公衆衛生学，毒性学，薬学，遺伝学，統計学などのうちの，複数の分野について精通していることが必要である。その他対象となる食品についての知識，例えば食品科学，農学，水産学，畜産学のいずれかの知識があることが求められる。さらに，海外の情報をタイムリーに収集し，解析して活用することは不可欠であり，英語力もある程度は必要である。わが国の政府機関では人事異動が頻繁であり，専門性を嫌うことが通例である。そのため欧米諸国と比べて食品安全行政の専門家が育ちにくい。欧米諸国では一つの領域を長期に担当し，専門性を高めている。その上，博士号の取得も奨励されている。食品安全行政においては，「科学に基づく」政策を行う必要があるということは国際的な合意事項である。「衛生植物検疫措置の適用に関する協定」（SPS 協定）の第 2.2 項では，加盟国は食品安全に係わる措置を，人の生命や健康の保護に必要な範囲内で，科学的原則に基づいて適用し，十分な科学的証拠なしに維持してはならないとしている。また，わが国の「食品安全基本法」も，食品安全の確保に必要な措置が科学的知見に基づいて講じられることとしている。しかし，食品安全行政における科学に基づいた政策の比重は低い（山田，2008）。

　食品の安全，安心，信頼を保つためには，食品のどこかの製造工程に問題が起こっても対応できる体制の整備が必要であり，消費者が安心して食品を購入・調理・食するためには，食品を扱う事業者に対する監視や十分な食品検査がなされる必要がある。生産者と消費者との距離が遠くなり，途中に様々な事業者が介在することにより不正や偽装が生じやすくなっている。そのために食品のトレーサビリティシステムの導入も必要である。もし食品に異常があるとわかった時に消費者に広報し，食品を迅速に回収する体制づくりの強化が求められている（表 9-3）。

　近年，食品安全の法制度や組織体制は整ってきている。また，わが国の食品安全の現場において食品監視や食品検査などの実務を行う者はある程度確保さ

第9章　食品事件・事故と食品安全システム

表9-3　食品の安全・安心・信頼

・安全
　安全を確保する衛生管理手法の導入（HACCP）など
・安心
　適切な監視・検査
　正確な食品表示
　食品情報公開（トレーサビリティシステム導入）
　危機発生時の迅速な対応システムの確立
・信頼
　消費者が食品情報を入手できる
　生産者と消費者が見える関係づくり
　環境にやさしい食品の流通

（出所）　筆者作成。

れ，配置することができている。しかし，食品行政は国際社会と連動性が強く求められてきている（萩原，2011）。しかも国際化だけでなく，食品の複雑化，食品安全対策の分業化も進んできている。このために国民を食品による健康被害から守るためには，全体を総合的にマネジメントする機能を高め，対策の責任の所在を明確化していくことも必要になっている。一方で，危険食品の流通を常時監視し，危険食品と判明した場合には迅速に回収，処分する危機管理（crisis management）体制を強化することが求められている。

食品安全・衛生システムは，今や公衆衛生分野の中でも，感染症対策分野とならんで，専門的な組織を整備し，専門職員を配置して，様々な食品安全に関わる現実問題に臨機応変に対応できる組織として発展させていくことが必要となっている。

参考文献

『朝日新聞』2012年9月26日朝刊，北海道本社，2012年，26頁。
池田重信「食品表示制度の現状と課題」『公衆衛生』第75巻第5号，2011年，385-388頁。
萩原竜佑「わが国の食品衛生施策の現状と課題」『公衆衛生』第75巻第5号，2011年，358-362頁。
神山美智子「食品安全と企業倫理　消費者の立場から」『公衆衛生』第72巻第10号，2008年，783-786頁。
小泉直子「食品安全とリスクアナリシス」『公衆衛生』第68巻第7号，2004年，516-519

頁.

厚生省医務局『医制百年史』ぎょうせい，1976年.

厚生省五十年史編集委員会『厚生省五十年史（記述篇）』中央法規出版，1988年.

厚生統計協会『国民衛生の動向』第59巻第9号，2012年.

厚生労働省企画情報課検疫所業務管理室「輸入食品と検疫所」『公衆衛生』第75巻第5号，2011年，381-384頁.

小松一裕「安全性評価の手法」『公衆衛生』第75巻第5号，2011年，376-380頁.

堺市学童集団下痢症対策本部「堺市学童集団下痢症報告書」1997年8月.

佐藤元昭「中国における食品安全管理体制」『公衆衛生』第72巻第11号，2008年，865-868頁.

滝澤行雄「福島原発事故に伴う食品の放射能汚染とその健康影響評価」『放射線生物研究』第46巻第2号，2011年，108-117頁.

寺嶋淳「生食と腸管出血性大腸菌」『公衆衛生』第76巻第1号，2012年，19-23頁.

新山陽子編『食品安全システムの実践理論』昭和堂，2004年.

新山陽子「食品安全確保と食品表示偽装」『公衆衛生』第72巻第10号，2008年，774-778頁.

矢坂雅充「米トレーサビリティの確保に向けて」『農村と都市を結ぶ』第702号（5月号），2010年，37-46頁.

山内一也「わが国のBSE対策への提言」『公衆衛生』第68巻第11号，2004年，852-859頁.

山田友紀子「食品安全行政と必要な知識」『公衆衛生』第72巻第11号，2008年，861-864頁.

山本茂貴「BSEの世界の現状と対策の評価」『公衆衛生』第75巻第1号，2011年，23-25頁.

米谷民雄「残留農薬・残留動物用医薬品」『公衆衛生』第75巻第5号，2011年，371-375頁.

Bennet, Gregory S., *Food Identity Preservation and Traceability*, New York : CRC Press, 2010.

Boisrobert, Christine, Sangsukoh, Aleksandra Stjepanovic, and Lelieveld, Huub (eds.), *Ensuring Global Food Safety*, London : Academic Press, 2010.

Department of Health, *Public Health in England. Report of the Committee of Inquiry into the Future Development of the Public Health Function*, London : Department of Health, 1988.

Department of Health, *Getting ahead of the curve : A strategy for combating infectious diseases (including other aspects of health protection)*, London : Department of Health, 2002.

Hill, Alison, Griffiths, Siân and Gillam, Stephen, *Public Health and Primary Care. Partners in Population Health*, USA : Oxford University Press, 2007, pp. 4-8.
Hutter, Bridget M., *Managing Food Safety and Hygiene*, Cheltenham, UK : Edqrs Elgar, 2011, pp. 69-73.

（高鳥毛敏雄）

第10章
事故の社会心理

　他者や社会に関わる心理を社会心理という。本章では，事故に関わる人間心理を社会心理学の見地から論考する。

　事故に対して社会心理が関わることには大きく二つの側面があると考えられる。一つは，事故が将来発生しないようにあらかじめ備えることについての社会心理である。あと一つは，実際に事故に遭遇した時の社会心理である。本章では，この二つについてそれぞれ検討するとともに，あわせて事故遭遇時の社会心理と関連してパニック神話とエリート・パニック，そしてクライシス（危機）・コミュニケーションについて述べる。

1　事故に備える社会心理

　危機に対応する組織のあり方を研究する政治学者のH. B. D. レオナルドとA. M. ホウィトは，危機を次のように定義している（Leonard and Howitt, 2008）。状況には四つのレベルがある。すなわち，(1)通常の状態（normal operations），(2)小規模な問題発生状態（minor operating problems），(3)日常的非常事態（routine emergencies），(4)危機（crises）である。彼らによれば，危機とは未経験で予測もしなかった危険な状態が発生することである。事故もまたレオナルドとホウィトの定義にしたがって次のように分類することができる。(1)無事故の状態，(2)事故といえるほどではないが小規模問題が発生する状態，(3)あらかじめ起こり得ることが想定されていた事故（想定内事故），(4)想定されていなかった事故（想定外事故，これら四つである）。

　本節では，事故に備えようとする心理について検討するので，対象とするの

は想定内事故が中心である。想定内事故に対しては，事故を発生させないように，また，事故が発生した時には最小限の被害で収まるように，対策が取られてマニュアルを整備し訓練を行うことができる。

　想定外事故については，社会心理としてなぜ想定されなかったのかが問題となる。この点に関して，木下冨雄は一般に想定外事故であると主張され得る事故を，(1)隕石の直撃のように発生確率が極めて小さい場合，(2)発生確率があるとの見解が学問分野において少数意見である場合，(3)当事者が慢心などから発生確率を主観的に低いと思い込んだ場合，(4)コストや政治的配慮などの外部要因とのトレードオフの結果として想定外とする場合，(5)当事者の不勉強や想像力不足のために発生確率があることに気がつかなかった場合の五つに分類している。これらを事故が想定されない理由とすることができよう。さらに木下は，真に想定外であるとすることができるのは(1)の場合のみであって，それ以外はあってはならない想定外であると断じている（木下, 2011）。

（1）事故をリスクと捉える視点

　事故を発生させないように準備する心理を明らかにするには，事故をリスクだと捉える視点に立ち，事故というリスクを私たちがどのように認識するものかを考えることが有用である。

　まず，そもそもリスクとは何か，その定義について述べる（辛島, 2011；土田, 2011, 101-165頁；土田, 2012.6）。リスクという言葉が日本に定着したのは早くとも第二次世界大戦後，おそらくは高度経済成長期からであろう。日本語のリスクは英語・riskからの外来語である。英語・riskは，大航海時代にイギリスにおいて外洋貿易が盛んになり始め「保険」の概念が必要とされたことに伴って，イタリア語あるいはスペイン語・riscoから移入されたものだといわれている。riscoは航海に関する言葉であり，浅瀬の水面に隠れている岩のことである。riscoは航海にとって危険なものであるが，しかし，危険なriscoを避けて遠回りしては損をする。riscoには，「危険なものではあるが，それからうまく逃れることができれば利益を得ることができる」という含意がある（Skeat, 1898, p.512）。

日本語リスクと英語・risk にも同様に,危険と利益の両方が常に含意されている。すなわち,「危険なものではあるが,それを行うことによって利益を得られるもの」あるいは「利益が得られるものであるが,危険を伴うもの」がリスクである。

ここで,事故に備えることにおける利益とは,事故対策に要するコストが小さいことである。コストがかからない事故対策であれば利益が大きいと認識される。コストには,経費などの経済的／物理的コストの他,「事故に備えるために体を動かさなければならず疲れる」などの身体的コスト,「いつも事故のことを考えていなければならないのは憂鬱だ」などの精神的コストも含まれる。また,事故の危険とは,実際に事故が発生した時に受ける被害である。

リスクを心理学的側面から考える場合には,リスクに利益が含まれていることが重要である。人間には,基本的に危険を避けようとするメカニズムが遺伝子レベルで備わっていると考えられる。それにもかかわらず危険を避ける準備を行わないのは,準備を行わないことによる利益が十分に大きいと判断するからである。このことから明らかなように,事故対策を行うかどうかの動機づけには,どれほど深刻な危険があるかとの認識・判断と同時に,あるいはそれ以上に,事故対策にかかるコスト（利益）についての認識・判断が決定要因として機能している。

リスクにはもう一つの側面がある。リスクは未来の事象について表現する言葉であり,過去や現在のすでに生じている事象に用いられることはない。このことは,リスクには必ず不確実性があり,危険や利益の程度は確率でしか表現できないことを意味する。このことから,リスクは「生起確率によって表現される危険」と定義されることもある。特に,経済学などの分野では生起確率（将来の不確実性）そのものをリスクと定義することもある（Knight, 1921, pp. 22-48）。例えば株取引において,ほとんど値動きがなく高い確率で将来の株価を予測できる株はリスクが低く,株価が乱高下して低い確率でしか予測できない株はリスクが高いと表現される。

人間は,確率によって将来の事象を直感レベルでイメージすることが不得意であると考えられる。そのため,確率によって表現された将来事象は「必ず生

起する」と判断するか,あるいは逆に,「生起しない」と決めつけることがしばしば生じる。すなわち,生起確率を0%か100%のどちらかだけで認識しようとするのである。そのために,適切な事故対策が取られなくなることも多い。

　まとめると,社会心理学からの考察では,将来の事故に備えるというリスクでは対策コストが小さいほど利益が大きいと認識されること,そして,事故が現実に起きるかどうかが不確実であることの2点が重要な要因となる。

(2) 危険認知と利益認知の関係

　人間の認識において,対象の危険性をどの程度と評価するか(=危険認知)と対象の便益性をどの程度と評価するか(=利益認知)とには関連性がある。

①人は確実な事実から不確実なことを推測する(負の利益〔コスト〕認知の
　場合)

　人は事象の詳細を明確に知らないことであっても,入手した事実から論理的に不確実な事柄を推測することができる(村田,1982,71-103頁)。将来予測される事故についてのリスク認知,すなわち危険認知と事故防止のためにかけるコストという負の利益認知についてもこのことが生じる。事故を予防するためのマニュアル作成や訓練をどの程度行っているか(=対策コストという負の利益認知)は,現在や過去に実際に行っている(あるいは行っていない)確実な事実である。それに対して将来予測される事故がどの程度の被害をおよぼすか,また,どの程度の発生確率となるか(=危険認知)は不確実な事柄である。そこで人は,現在や過去に実際にかけているコストに基づいて将来の事故被害を「論理的に」推測しやすい。

　すなわち,人は多くのコストをかけて対策を実施している事故ほど,大きな被害をもたらすはずであり,事故が発生する確率も高いと考えやすいのである。逆にいえば,人はあまり対策を実施していない事故ほど,被害は軽微であるはずであり,事故が発生する確率も低いと考えやすい。

　理念的には,当然のことながら,発生すれば大きな被害をおよぼすと考えられる事故,あるいは発生する確率が高いと考えられる事故であるがゆえに,多くのコストをかけて対策を実施するのであり,逆に,軽微な被害でしかないと

考えられる事故，あるいは発生する確率が低いと考えられる事故であるから，対策にコストをかけないのである。しかしながら，人は無意識的にせよ，自分たちがかけている対策コストに基づいて，その多少にしたがって将来の事故の大きさや生じやすさを判断している側面があることに留意すべきである。この判断バイアスが実際の事故に対する認識を誤らせてしまうことがあるからである。

②危険認知と利益認知はトレードオフ関係がある（正の利益認知の場合）

一般に，リスク認知においては，利益も危険もともに将来のことで同じような確かさでしか認識できない場合には，「危険が大きければ利益は小さい」，逆に，「利益が大きければ危険は小さい」と認識されやすい（Tsuchida, 2011）。すなわち，危険と利益の不確実性が同程度であるならば，危険認知と利益認知の間にはトレードオフ関係が生じるのである。例えば，原子力発電所が事故を起こすはずと思う者は原子力発電所から得られる利益を過小評価しやすい。逆に，原子力発電所が社会にとって有益であると思う者は原子力発電所が事故を起こすことを過小評価しやすい。あるいは，医療現場においては，手術による医療効果が高いと判断する医師ほどその手術の危険性を低く見積もりやすいのに対して，医療効果があまり期待できない手術の危険性は過大評価されがちであろう。

危険認知と利益認知にトレードオフ関係があることは，事故の危険を予測する際に危険性の要因だけではなく，得られる利益という要因によっても危険性評価が左右される可能性があることを意味している。

（3）安全の多義性

日本語の安全という概念は多義的であって様々な意味を含んでいる。事故に備えるに当たっては次の3点が重要であろう。すなわち，セキュリティ（security），セイフティ（safety），そしてレジリエンス（resilience）である。

セキュリティとは，事故が起きないようにするという意味での安全である。すなわち，事故の発生確率を最小にする安全である。

セイフティとは，事故が起きたとしてもその被害をできるだけ小さなものに

とどめるという意味での安全である。すなわち，事故による被害を最小にする安全である。

レジリエンスとは，事故が起きてしまった後に，可能な限り早急にかつ効果的に復旧するという意味での安全である。

将来の事故に備えるに当たっても安全の様々な意味に対応した準備が必要であり，また，事故へのそれぞれの備えがセキュリティ，セイフティ，レジリエンスのどれに対応したものであるのかを，個人においても組織においても明確にしておくべきであろう。

2 事故遭遇時の社会心理

（1）事故遭遇時の心理的諸反応

事故などの社会災害だけではなく自然災害をも含めて災害に遭遇した時に人々が示す社会心理を，広瀬弘忠は被害規模と制御可能性という二つの観点から表10-1のようにまとめている（広瀬，2004，33-38頁）。

事故の被害が極めて小さく気づくことがないか，あるいは気づいていたとしても問題視するほどの被害ではないと思われた場合，すなわち，事故被害が閾値以下である場合には人々は事故に無関心である。

被害の大きさが無関心でいられるほどに小さなものではないとしても，比較的に大きくはない被害規模にとどまるのであれば，その事故に対して制御することができると思えるかどうか，すなわち，制御可能性が問題となる。

被害規模が極端に大きなものではなく，かつ，事故を制御可能であると思われる場合には，費用便益に基づいて物理的にも，身体的にも，また，精神的にも最適解を求める合理的・規範的判断に基づく事故対処が図られる。

それに対して，被害規模が極端に大きなものではないにもかかわらず，事故を制御することはできないと思われる場合には，人々は事故被害を我慢するという対処を図ろうとする。

被害規模が極端に大きなものとなった場合には，人々の心理的反応はまた違ったものとなるが，この場合においても事故に対する制御可能性いかんによっ

表10-1 災害遭遇時の人々の心理的反応

		災害の大きさ（被害規模）		
		大	小	閾値以下
制御可能性	有り	過剰反応（パニック）	費用便益反応	無関心
	無し	諦め	我慢	

(出所) 広瀬 (2004)。

て人々の心理的反応はまったく異なったものとなる。

　被害規模が極端に大きなものであるにもかかわらず，それでも事故は制御可能であると思い込んだ場合には，制御が困難なあるいは不可能な事故を何とか制御しようとして失敗を繰り返すという心理的過剰反応，いわゆるパニックを生じさせることになる。このことについては次節において詳述する。

　被害規模が極端に大きなものであり，かつ，事故を制御することはできないと思われる場合には，人々は諦めの境地に至り，事故に遭遇した自分（たち）の不運な運命を受容するようである。実際，旅客機の墜落事故現場からは墜落が不可避となった墜落直前の状況において，乗客が記されたと思われる家族などに向けた遺書の走り書きが回収されるが，その内容は自分が置かれた状況を諦め，受け入れたことを示しているものが多い。

　以上のことを，対応行動の量を縦軸に取り，被害の大きさ評価を横軸にとってグラフ化したものが図10-1である。図10-1では，制御可能性があると思っている場合の心理的反応を実線で示し，制御可能性がないと思っている場合の心理的反応を破線で示している。

　自分がもつ制御可能性についての認識を社会心理学ではコントロール感とよんでいる。1970年代から続く多様な研究によって，コントロール感は無気力と内発的動機づけ（＝やる気）を決定する主要要因であることが明らかにされている（Deci, 1975, pp. 1-324 ; Seligman, 1975, pp. 1-250 ; Seligman, 1991, pp. 1-336）。人に限らず，ネズミ程度以上の知性をもつ動物では，自分を取り巻く環境を自分の望むようにすることができるというコントロール感がある場合には内発的

第10章　事故の社会心理

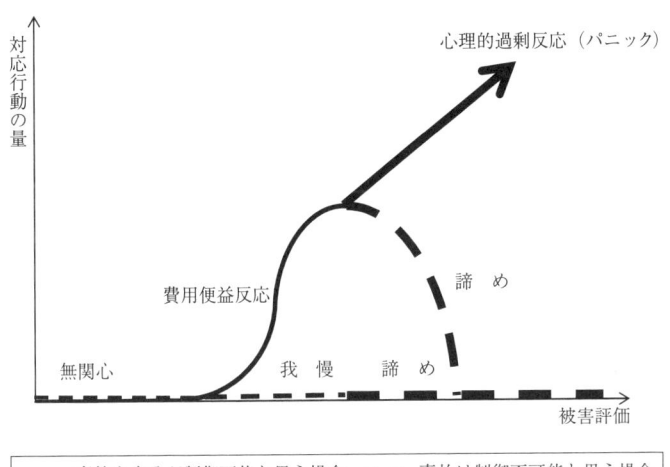

図10-1　災害遭遇時の人々の心理的反応

（出所）筆者作成。

凡例：――事故を自分が制御可能と思う場合　----事故は制御不可能と思う場合

縦軸：対応行動の量　横軸：被害評価

ラベル：無関心、我慢、諦め、費用便益反応、諦め、心理的過剰反応（パニック）

動機づけが高まり活動が活発化する。反対に，コントロール感がもてない場合には無気力に陥り活動しなくなる。

　事故に遭遇した場合も，事故を制御して状況を改善することができないと認識する場合には対応行動が動機づけられることはなく，無関心，我慢，諦めなどの反応が現れることになる。

　これに対して，事故を制御して状況を改善することができると認識する場合には，被害に気づかないあるいは無視できる程度であると認識されれば無関心であるが，被害評価が無視できる程度を超えたと判断される場合には，対応行動が取られることになる。被害評価が比較的に小さく実際に制御可能な事故であるならば理性的な対処行動が取られやすく，コスト・パフォーマンス比の高い対処行動（＝費用便益反応）が取られことになる。

　事故の被害評価がとても大きくて制御できないと認識された場合には，制御できない可能性が高いと認識されるほど諦めの反応が出現する。

　しかしながら，被害評価がとても大きくかつ現実には制御不可能な事故であっても，人は自分にはその事故を制御することができると思い込み続けること

189

がある。その場合，現実には制御不可能であるにもかかわらず制御しようとし続けるのであるから，その対処は不適切なものとなり，焦燥などの心理的負荷が増大するとともに，事故による混乱を助長させ避難などの適切な対処を妨げることになってしまいがちである。これが心理的過剰反応，いわゆるパニックである。このように人がパニックに陥るのは眼前の事故を制御することができると思い込んでいる時のみである。事故を制御できないと思う人がパニックを起こすことはない。

（2）事故評価における心理的バイアス

事故評価に関して，人は自分が安全側にあると思い込んでしまういくつかのバイアスがかかることが指摘されている（広瀬，2000，268-269頁）。

①正常性バイアス

何か異常な兆候に気づいた時に，人はそれを事故であると認識するのではなく，むしろ，あえてその異常な兆候は事故ではないと思い込もうとする傾向がある。自分が置かれた状況を安全な方に解釈しようとするバイアスがかかるのである。これを正常性バイアスという。例えば，ビルの中で火災報知器のベルが鳴ったとしよう。多くの人は火災報知器のベルの音が聞こえたとしてもそれですぐに火事が起きているとは考えようとはしない。火災報知器が故障したと考える方が一般的であろう。これは私たちの中に「自分は守られている大切な存在である。したがって，自分が危険な目に遭うはずがない」という信念があるからである。

②非現実的楽観主義

将来の事故に備えるに当たっても，正常性バイアスのように自分が危険なことにあうはずがないと思い込む傾向が人にはある。すなわち，自分が行おうとしていることが危険なことであると理解していても，「他の人は事故を起こすかもしれないが，自分に限って事故を起こすことはない」と信じ込んでしまいがちなのである。これを非現実的楽観主義という。これは，正常性バイアスのように人には自分が危険に遭遇するはずはないという思い込みがあることに加えて，人は，意識的にも無意識的にも，自分にとって都合のよい情報だけを認

識して，自分にとって都合の悪い情報を認識しようとはしない性質があることから生じている。

③経験の多寡による事故評価バイアス

上記の事故評価における心理的バイアスは，よく経験していることであったり，逆にほとんど経験していないことである時にはより一層生じやすくなる。よく経験していることの場合には，慣れによる慢心から，事故であることを否定したり，大した事故ではないと事故評価を低く見積もるバイアスがかかりやすくなる。これをベテラン・エラーという。逆に，あまり経験していないことの場合には，未経験であるがゆえに正常性バイアスや非現実的楽観主義が生じやすくなる。これをバージン・エラーという。

3　パニック神話とエリート・パニック

（1）パニック神話

1938年10月30日にSF作家のH. G. ウェルズの小説を基にしたラジオ番組「宇宙戦争（The War of the Worlds）」が全米で放送された時，ニュースの実況放送形式を用いてあまりにも迫真の演出がなされたために，多くの人々が本当に火星人が攻めてきていると信じて混乱が発生した。このことがパニック現象の実例であるとして社会心理学などにおいてこれまで多く引用されてきた（Canatril, 1940, pp. 1-228）。

また，1942年11月にボストンのナイト・クラブで500人近い死者を出す火災が発生したが，社会心理学者R. H. ボルトフォートとG. E. リーは，これほどの被害が生じたのはパニックのせいであると主張した（Voltfor and Lee, 1943）。

しかしながら，これまでパニックとされてきた多くの事例が実際にはパニックとよぶべきものではなかったとの指摘が繰り返しなされている（Quarantelli, 1957；広瀬，2004, 128-149頁；Clark and Chess, 2008）。

多くの人が，大きな事故が発生すると人々は必ずパニックを起こすと信じているようである。しかしながら，どれほど大きな事故が発生しようとも一般の人々にパニックが発生したことは実際のところほとんどないといわざるを得な

いのである。パニックが起きるとの言説はいわば神話である。

　例えば，2011年の東日本大震災において東京電力福島第一原子力発電所の事故が発生した時に数万人の人々が長距離にわたる避難行動を余儀なくされたが，避難をした人々にパニックが発生したという報告は一つもない。また，事故ではないが，同じく東日本大震災において津波が押し寄せるとの警報が出され住民に避難がよびかけられた時にもパニック現象があったとの報告はない。むしろ，避難勧告がなされても「自宅でくつろいでいたい」と逃げようとはしない人々がいたとか，踏切の警報器が鳴り続けていたので法を守って何台もの車が踏切の前で停車したまま列を作って待っていたなど，パニックとは正反対の現象が発生したとの報告が数多くなされている。

　前節で述べたように，パニックは現実には制御できないほど大きな事故が発生しているにもかかわらず，事故は制御できると思い込むことによって心理的に過剰反応をしてしまう現象である。また，集合的現象としてパニックが生じる時には，大勢の人々の中で「他の人を押しのけてでも，自分だけは助かるようにすることができる（＝制御できる）」と多くの人が思い込むことによって生じる。つまり，パニックが発生するためには次の二つの条件が同時に満たされなければならない。すなわち，①被害規模が命に関わるなど極めて大きいと認識されること，②被害規模が大きいにもかかわらず事故を制御することが可能であると思い込んでいること，である。

　普通の市民は，重大な事故に遭遇した場合には，その事故を自分が制御できると考えるよりも，大した事故ではないと思い込むか，誰かが適切に自分を助けてくれるだろうと期待することによって事故に対応しようとするものである。したがって，重大な事故においても人々にパニックは生じ難いのである。

　パニックが発生することを防ぐためであるとして，重大な事故であるにもかかわらず被害規模を人々に知らせない措置が取られたり，あるいは，被害規模を偽って実際よりも小さいと人々に知らせる措置が取られることがある。パニックの発生を防ぐという目的だけのためであるならばこれらの措置は間違いである。パニックは被害規模が大きいという情報だけでは発生しないからである。むしろ，正常性バイアスなどがあるために，人々は大きな危険が迫っていても

自分には危険は及ばないと思いやすい性質があるので，正確な被害規模が知らされないことは適切に逃げるという人々の判断を誤らせる害さえあるであろう。

　また，特に日本では相互依存的人間関係（interdependent relationship）を尊重する価値観・文化が強い。例えば，駅や電車の中にカメラを置き忘れたとしても，日本の社会ならば誰かが届けてくれて後日自分の元に戻ってくることを十分に期待できる。他者が自分のために尽くしてくれることを当然のこととして期待することができ，また自分も他者のために尽くすことが当然であると考える社会が相互依存的社会である。欧米において見られる相互独立的人間関係（independent relationship）を尊重する社会，すなわち，それぞれの個人が自分の責任において自分の安全や利益を守らなければならないとする社会とはこの点において異なる。したがって，日本のような相互依存的社会においては，他者を押しのけてでも自分だけは助かろうとするパニック特有の行動は取られにくいと考えられよう。日本は特にパニックが発生しにくい文化をもっているといえるのである。

（2）エリート・パニック

　災害社会学者のL.クラークとC.チェスは，エリート（権力者，専門家）が災害時に民衆がパニックを起こすのではないかと恐れるあまり，逆にエリートの方がパニックに陥った事例を多く指摘し，この現象をエリート・パニックと名付けた（Clark and Chess, 2008）。

　社会心理学の見地に立てば，これを次のように説明することができる。パニックは，事故を制御できるとの思い込みがあれば発生することがある。先に述べたように一般の人々は重大な事故に遭遇してもその事故を自分が制御できるとは思わない。しかしながら，例えば運転士や操作員など事故が発生した機械や事象を制御している者，あるいはその職能をもっている者，あるいはまた事故の発生や収束に責任がある立場にある者は，重大な事故であってもそれを自分は制御できると思い込みやすくなる。そのために生じてしまうパニックがエリート・パニックである。すなわち，パニックは一般の人々ではなく，むしろ，専門家や責任ある立場の者の方にこそ生じやすいのである。特に，事故に対し

て自分が責任を取らなければならないと考える責任感の強い者や，自分の技能や知識への自負心が強く自分しか事故を制御できる者はいないと考える者ほど，エリート・パニックを起こしやすいと考えられる。エリート・パニックでは，心理的な過剰反応として何かをしなければならないという焦りが生じて十分な検討なしに様々な対策が取られやすくなり，結果的に不適切な対処しか取られなくなる可能性が高まるのである。

東京電力福島第一原子力発電所の事故においても，福島県民にはパニックは発生しなかったようであるが，例えば，首相官邸においてはエリート・パニックが発生していたのかもしれない。

4　クライシス・コミュニケーション

近年，企業経営のノウハウとしてクライシス・コミュニケーションが取り上げられている。ここでは，重大な事故が発生してしまった時の社会心理に影響するクライシス・コミュニケーションについて述べる（土田，2012.3）。事故が非常に重大なものとなってしまった場合には，事故そのものによる被害だけではなく，風評被害やデマなど事故に関連する情報の流布いかんによって生じる社会心理的な二次被害の拡大を阻止する必要が出てくる。クライシス・コミュニケーションとは，危機（重大事故）が生じた時に行う世間（＝パブリック，集合としての世間）との情報送受信のことをいう。

危機とは本章の冒頭に述べたように，まったく想定されていなかった異常事態が発生することをいう。したがって，誰もが対処に戸惑うような重大事故発生時における情報の送受信がクライシス・コミュニケーションである。危機においては，適確な状況把握に基づいて正確な現実認識を達成することが最も困難なことの一つとなる。これは，単に事故が大きくなるほど現場において機器による正確な測定が困難になるということだけではなく，例えば，戦争で開戦一日目に戦場（前線）からの報告の80％は間違った情報であるといわれることもあるように，困難な状況においては心理的に現実認識が歪んでしまう現象も加わるからである。このような事情から，クライシス・コミュニケーション

では，危機対応に直接に当たる当事者が現場の情報を世間に伝えることだけではなく，現場の当事者が自らの現実認識と判断の客観性を点検するためにも，世間から当事者への情報伝達もまた重要となるのである。

(1) クライシス・コミュニケーションはなぜ必要なのか

重大事故発生時において，事故に対応する責任がある当事者にクライシス・コミュニケーションを行うことが求められる理由は次のようにまとめることができる。

①道義的責任：事故を発生させてしまった主体として道義的に（すなわち，世間を騒がせたことへの償いとして）世間に状況を説明する責任がある。ただし，道義的責任のみの理由でクライシス・コミュニケーションが必要とされるのは，当該の事故がその主体内で収束する場合のみである。事故がその主体を超えて被害・影響をおよぼすのであれば以下の理由が重要となる

②世間の理解を得るため：風評防止や根拠に基づいて世間に判断してもらうためには，事故について十分かつ正確な情報の基に理解をしてもらうことを世間に求めなければならない。そのために世間に対して理解に必要となる情報を提供し，かつ，提供した情報についての世間からのフィードバックに対応しなければならない。

③世間を助けるため：事故の被害が無関係な多くの人にもおよぶのであれば，危険情報や避難情報を速やかに世間に対して開示しなければならない。

④世間に助けを求めるため：事故が深刻であるほど責任を取るべき当事者だけでは事故に対応できなくなる。その場合には広く世間に支援を求めなければならない。なお，ここで重要なことは，クライシス・コミュニケーションとして世間に助けを求める場合には，求める支援のスペックをより具体的に発信することである。助けを求めるクライシス・コミュニケーションにおいても受け手にとってわかりやすい情報発信を行う必要がある。

(2) クライシス・コミュニケーションにおける世間とは何か

事故対応当事者との情報送受信の相手方となる世間とは，次のように整理す

ることができる。

　①一般大衆：世間とは字義的には一般の人々を指す。

　②報道機関：マスメディアが発達した今日では，一般大衆を代表するとして報道機関が危機対応当事者との情報の窓口となる。

　③行政機関：一般大衆に代わって実際に権力を行使するのは様々な分野，レベルの行政機関である。特に，消防や警察などの事故対応を任務とする行政機関とのコミュニケーションが重要であることはいうまでもない。また，被害が非常に広範囲にわたる重大事故である場合には，中央政府（国），県，基礎自治体である市町村それぞれと十分な情報送受信する必要がある。

　④関連企業・同業者：事故が下請け会社など複数の企業が関わるものである場合には，これらの企業間の情報送受信が重要であることは当然である。これに加えて，重大事故においては平常時に期待できる資源や能力の多くが得られなくなる状況となることから，それを補うためにも，普段は交渉のあまりない関連企業や同業者とも情報送受信を行う必要がある。

　⑤他分野の研究開発機関（研究開発者）：危機とは通常では想定されない異常事態が発生することである。したがって，その対応には通常では他分野とされる領域の研究成果が有効である場合もあり得る。それは当事者にとっては異常事態であっても他分野では通常状態であるか，あるいは，想定され得る異常事態である場合もあり得るからである。したがって，事態が異常であるほど他分野の研究開発機関との情報交換が有効である可能性が出てくる。

　⑥諸外国の上記①～⑤：グローバル化した国際社会において，重大事故の場合には諸外国に対しても自国に準じて行われることが求められている。

（3）クライシス・コミュニケーションでは何をどこまで**発信**すべきか

　クライシス・コミュニケーションに限らず，一般に情報を送受信するコミュニケーションにおいて「何を」「どこまで」情報発信するかは受信者の情報解読能力による。すなわち，クライシス・コミュニケーションは，受信者の情報解読能力を推定しながら行うことになる。クライシス・コミュニケーションとして必要とされる上記の目的を達成するためには，受信者が何を知りたいと願

っているのかを推測して，受信者にとって有益な情報を，受信者の情報解読能力を推定しながら発信することになるのである。

受信者が解読できないような情報が発信された場合には，受信者に情報が伝わらないだけではなく，送信者は受信者から「情報を隠しているのではないか」「誠実ではない」「信頼できない」などの評価を受けてしまう可能性が高く，クライシス・コミュニケーションの目的を達成することが困難となりやすいのである。

参考文献

辛島恵美子「社会安全学構築のための安全関連概念の再検討」『社会安全学研究』第1巻，2011年3月，153-177頁。

木下冨雄「リスク学から見た福島原発事故」『日本原子力学会誌』第53巻第7号，2011年7月，1-8頁。

土田昭司「リスクコミュニケーションの社会心理学的様相」平川秀幸・土田昭司・土屋智子『リスクコミュニケーション論』大阪大学出版会，2011年。

土田昭司「福島原発事故にみる危機管理の発想とクライシス・コミュニケーション――何のための情報発信か？」『日本原子力学会誌』第54巻第3号，2012年3月，181-183頁。

土田昭司「リスクコミュニケーションとは何か――安全心理学からの提言」『日本保健医療行動科学会年報』第27巻，2012年6月，10-19頁。

広瀬弘忠「リスク認知と受入可能なリスク」日本リスク研究学会編『リスク学事典』TBSブリタニカ，2000年。

広瀬弘忠『人はなぜ逃げ遅れるのか――災害の心理学』集英社新書，2004年。

村田光二「因果の推論と理解」佐伯胖編『認知心理学講座3――推論と理解』東京大学出版会，1982年。

Canatril, H., *The invasion from Mars : a study in the psychology of panic*, Princeton University Press, 1940.

Clark, L., Chess, C., "Elites and panic : More to fear than fear itself," *Social Forces*, Vol. 87, No. 2, 2008, pp. 993-1014.

Deci, E. L., *Intrinsic motivation*, Plenum, 1975.

Knight, F. H., *Risk, uncertainty and profit*, Houghton Mifflin, 1921.

Leonard, H. B. D., Howitt, A. M., "'Routine' or 'Crisis': The Search for Excellence," *Crisis/Respnse Journal*, Vol 4., No. 3, June, 2008, pp. 32-35.

Quarantelli, E. L., "The behavior of panic participants," *Sociology and Social Research*, Vol. 41, 1957, pp. 187-194.

Seligman, M. E. P., *Helplessness : On depression, development, and death*, Freeman, 1975.
Seligman, M. E. P., *Learned optimism : How to change your mind and your life*, Knopf, 1991.
Skeat, W. W., *An etymological dictionary of the English language (3rd ed.)*, Clarendon Press, 1898.
Tsuchida, S., "Affect Heuristic with "good-bad" Criterion and Linguistic Representation in Risk Judgments," *Journal of Disaster Research*, Vol. 6, No. 2, 2011, pp. 219-229.
Voltfor, R. H., Lee, G. E., "The Coconut Grove Fire : A study in scapegoating," *Journal of Abnormal Psychology*, Vol. 38, No. 2, 1943, pp. 138-154.

(土田昭司)

第Ⅲ部

事故の防止

第11章

事故調査制度
―― 運輸事故調査を中心に ――

1 事故調査の意義

　わが国では，後述するとおり，1年間に約4万人もの多数の人が「不慮の事故」により死亡している。事故により家族が失われると，残された遺族は深い悲しみに襲われる。家庭内で起こった事故であれば，「もっと注意して目配りをしておけばよかった」などの後悔の念にもかられ，鉄道事故や航空事故のような災害に遭遇した場合には，「なぜ突然，命を奪われてしまったのか」「原因は何なのか」など，時には怒りを含む感情が発露する。また，「どうしてあの電車（飛行機）に乗せてしまったのだろう」と自責の念にかられることもある。遺族のこうした不幸な体験を繰り返さないためには，事故そのものを減少させるとともに，事故が発生した場合でも可能な限りその被害の程度を軽減させる，事故防止・減災の取組みが必要である。事故防止・減災への備え・対策は，安全・安心な社会を創造していく上で，必要不可欠な活動なのである。

　そうした事故防止・減災の対策を推進していく上で重要な営為は，既発事故の原因を分析し，そこから同種事故の再発防止や別種事故の発生防止に役立つ知見と教訓を得るための事故調査である。よく知られた事例であるが，世界初のジェット旅客機として1952年に就航した英国のコメット機が3機，53〜54年にかけて，飛行中に連続して墜落してしまった。事故調査の結果，特に54年の空中分解した2機の連続事故の原因は，機体への与減圧の繰り返しによる金属疲労であることがわかった。この新しい知見は，その後の航空機の格段の安全性向上と航空事故の防止に大きく役立った。

　このように，事故調査によって新しい安全上の知見が獲得され，それが事故

の再発防止や減災に活用されることは，社会にとって極めて有益である。本章では，事故の再発防止に資する事故調査について，すでに制度的に確立されている運輸事故調査のケースを中心に考察し，その現状と課題を述べる。

2　事故調査の対象と組織

　厚生労働省の「平成22年（2010）人口動態統計（確定数）の概況」（2011年）によれば，2010年の1年間にわが国では119万7012人が死亡している。その死因を見てみると，第1位は悪性新生物（いわゆる癌）で，以下，心疾患，肺炎などが続いている。注目すべきなのは，死因の第6位に「不慮の事故」がランクインしていることである。その実数は，死亡者総数の実に3.4％に当たる4万732人である[1]。

　ここで用いられている「不慮の事故」というタームは，WHOの国際疾病分類第10次修正（ICD-10）の「事故」（accidents[2]）に準拠したもので，「交通事故」「不慮の窒息」「転倒・転落」「不慮の溺死及び溺水」などがこれに含まれる。この場合の「交通事故」とは，単に自動車事故だけでなく，鉄道，航空はいうまでもなく自転車やスキー場のリフト事故など動くもの全般に関係する事故のことをいい，WHO分類の原語は"transport accidents"となっている。厚生労働省は，これに「交通事故」という訳語を当てているが，わが国では交通事故は自動車事故と同義に用いられることが多いので，運輸事故と訳す方が適切であろう。なお，死因順位の第10位までを見ると，第7位の自殺を除いて，残りは老衰や病気を原因とするものである。

　安全論や事故調査論の分野で国際的に著名な英国のJ・リーズンは，事故をその影響が個人レベルで収まるものと，その影響が組織全体に及ぶものの二つに大別し，前者を個人事故（individual accidents），後者を組織事故（organizational accidents）とよんでいる。リーズンが組織事故として例示しているのは，原発事故，旅客航空機事故，石油化学産業や化学プラント工場の事故，船舶・鉄道事故，堤防決壊，スタジアムにおける群衆事故などである。非常にまれにしか起こらず，また，予測ないし予知が難しいが，一度発生するとしばしば大

惨事となるのが組織事故である。⁽³⁾

　前述の「不慮の事故」の内容を詳細に見ていくと，それはリーズンのいう個人事故と組織事故からなっていることがわかる。すなわち，「交通事故」の中にも，自転車に追突されて死亡するといった個人事故もあれば，大型旅客機の墜落によって死亡するといった組織事故もあるのである。こうした「不慮の事故」の再発を防止・減少させる上で有効な方策は，既発事故の原因を調査し，そこで得られた知見・教訓を再発防止のために活用するための事故調査である。例えば，自宅で家族の誰かが，2階から降りてくるときに足を踏み外して，1階のフロアーへ転落して死亡してしまったとしよう。階段のステップ部分が滑りやすくなっていたことがその原因とわかれば，再発防止のために階段のステップ部分に滑り止めを付ける対策を取る。これにより，同種事故の再発がかなりの程度で防止できることになる。

　以上のような個人事故の場合は，事故原因も単純な場合が多く，対策も取りやすい面があるが，やっかいなのは組織事故である。典型的な組織事故である鉄道脱線事故や航空機墜落事故の場合を見てみよう。鉄道や航空機のオペレーションを支えているのは，運輸機関・装置体系と人間の運転・操作・監視・指令労働が組み合わさったマンマシン・システムである。このシステムのどこかに，何らかの不具合が発生した場合に事故が起きる。したがって，運転者のエラーが事故に直結する自動車事故とは異なり，鉄道や航空事故の大半はシステム性災害として発現する。そのため，その原因は複合的であり，①人的要因（ヒューマンエラー），②機械・装置の故障・不具合，オペレーターにとって不適切な機器のデザインや配列など機械・装置側の要因，③安全に対する経営姿勢や企業文化などのマネジメント上の問題，④天候・気象や自然災害，動物（例えば航空事故におけるバードストライク）などの外的要因を多角的に調査・解析することが必要になってくる。⁽⁵⁾

　そこで，組織事故の調査を行うには，その任に当たる者が，当該事故分野における専門的・実務的知識を有していることが必要不可欠となる。そのため，事故調査は広義の専門家によって担われるのが一般的である。わが国において，組織事故及びそれに準じる事故が，どのような組織・専門家集団によって取り

第Ⅲ部　事故の防止

```
所管：国会，内閣府，国土交通省，消費者庁など
```

消費者安全調査委員会（常設）	運輸安全委員会（常設）	設置を検討中	臨時の委員会（非常設）	警察（行政機関）	消防庁消防署（行政機関）
製品・施設・食品・事故等	航空・鉄道・船舶・事故	医療事故	原発・産業災害等	自動車事故	火災事故

(注)　自動車事故や火災事故の中には，組織事故といえないものが含まれている。
(出所)　筆者作成。

図11-1　事故調査のフィールドと調査組織・機関

扱われているかを整理したのが図11-1である。

　まず，事故調査を専門的に行う常設組織として，後で詳述する運輸安全委員会（2008年10月発足）と消費者安全調査委員会がある。後者の消費者安全調査委員会は，消費者の生活に関係して発生する生活用品事故やエレベータなどの施設事故，食品事故などを調査対象とする，2012年10月に新設されたばかりの組織である。次に，常設ではなく，重大な組織事故が発生した場合に，臨時に事故調査委員会が設置され，事故調査が行われる場合がある。例えば，2011年3月に発生した東京電力福島第一原子力発電所の事故を調査するために，政府と国会の下に二つの原発事故調査委員会が設置された[6]。また，医療分野では，これまでのところ常設の事故調査委員会は設置されていないが，医療事故が多発し，それに係わる民事訴訟も増加していることから，現在，当該分野においても常設の事故調査委員会の設置が検討されている[7]。

　以上の他，事故調査専門の組織ではないが，年間約69万2000件（2011年度）発生している自動車事故の調査は警察が，そして，自動車事故の全体的な分析・評価は公益財団法人の自動車事故総合分析センターが，また，年間約4万7000件発生している火災事故の調査は消防署・消防庁が行っている。消防庁の消防大学校・消防研究センターでは，特に自動車，電気用品，燃焼機器の3つの製品火災について原因調査を行い，その結果を事故情報として開示・公

開している。

　以下，本章では，事故の再発防止に有益な事故調査制度について，わが国のみならず世界の主要な国において常設されている運輸事故調査機関の場合を中心に検討する。

3　世界の運輸事故調査制度

(1) 第三者機関による事故調査

　前述したように，組織事故を防止ないし減少させる上で極めて有益かつ有効な方策は，専ら事故調査を専門的に行う第三者機関が，再発防止を目的として既発事故の原因を調査し，そこで得られた知見・教訓を再発防止のために活用するための事故調査である。つまり，事故の再発防止を目的とした事故調査を行うことによって，技術やシステム，マネジメントの欠陥を洗い出し，事故原因となった諸要因を改善することで，起こり得る事故の芽を事前に摘み取ることである。

　この種の事故調査は，実は航空の分野では古くから行われていた。その根拠の一つは，航空機事故ならびにインシデント調査の原則を示した1951年の国際民間航空条約第13付属書（ICAO, Annex 13）である。この付属書に基づき，条約締結国は航空機事故が発生した場合に，常設，非常設の調査組織によって事故調査を行ってきた。その目的を付属書は，「事故又はインシデント調査の唯一の目的は，事故とインシデントの防止という点にあるべきである。この活動の目的は，批難したり責任を負わせたりすることにあるのではない」と定めている。後述のとおり，わが国では74年に，航空事故調査委員会が国家行政組織法第8条を根拠に運輸省傘下の組織として設置されている。

　また，海難事故の調査も各国で第二次世界大戦前から行われており，わが国では1949年に，戦前の海員審判所を前身とする海難審判庁が，事故の原因究明及び船員の懲戒を行う外局として運輸省に設置されている。他方，鉄道の分野においては，事故を起こした当事者の鉄道会社や監督官庁による事故調査は古くから行われていたが，常設の第三者機関による調査は行われていなかった。

しかし，鉄道事故の場合も，米国の国家運輸安全委員会（National Transportation Safety Board, NTSB）を嚆矢として，主要国において1980年代以降，第三者機関が設置され，そうした組織による事故調査が一般化してきている。

ところで，事故の再発防止を目的とする事故調査が，その成果を十分に挙げるためには，以下の原則を充たして行われることが必要である。

第一は，独立性の原則である。事故が発生した場合，その事故原因をめぐって事業者，航空機や車両製造などのメーカー，そして監督官庁（規制当局）など利害関係者が錯綜することとなる。そこで，どの利害関係者にも偏らない公平・中立な事故調査が遂行されることが何よりも重要になってくる。そのためには，事故調査の任に当たる調査機関の関係企業，行政機関からの独立性が確保されなければならない。

第二は，専門性の原則である。現代の鉄道はCTC（列車集中制御）やATC（自動列車制御装置）など複雑なシステムの下に運行されている。また，航空機も高度にハイテク化された統合的なシステムの下で運航されている。そこで，たとえ調査が公平・中立に行われたとしても，こうした複雑なシステムや運航技術に習熟した者が調査の任に当たらなければ，いたずらに調査の時間ばかりがかかるだけでなく，調査結果も的確性，妥当性を欠いたものになりかねない。こうした事態に陥ることを避けるためには，調査は事故調査に習熟した専門家集団によって行われる必要がある。

第三は，公開の原則である。調査における客観性や中立性を担保するために，また調査の結果を関係者が活用して運輸の安全の向上に役立てるためにも，調査過程と調査結果が関係者のみならず，広く国民一般に公開されることが必要である。調査の過程の公開は，運輸事故の最大の被害者である遺族の「事故の全容と原因を知りたい」という強い望みに応えることでもある。

第四は，教訓化の原則である。調査によって得られた事実や知見は，教訓化されなければならない。換言すれば，鉄道会社や航空会社などの事業者や監督官庁，メーカーなどによって事故原因となった諸要因の改善策が実施される必要がある[10]。

以上のような原則を備えた事故調査機関として国際的に有名なのがNTSB

である。NTSBは当初，1967年に米国運輸省に属する一組織として設置されたが，事故調査の独立性を確保するために74年に法律改正が行われ，翌75年に運輸省から独立した大統領直轄の連邦政府機関の一つとして再出発した。事故調査とは別の言い方をすれば，組織やシステムの欠陥や弱点をえぐる作業に他ならない。その作業は時として運輸行政の欠陥の検証へと及ぶ場合もある。したがって，先にも触れたが事故を発生させた事業者からの独立性の確保に加えて，運輸省など規制当局からの独立性の確保が併せて極めて重要なのである。

　NTSBは，航空や鉄道，船舶事故はいうまでもなく，さらにハイウェイ上の重大な自動車事故及びパイプライン事故や危険物輸送に関わる事故をも調査対象としている。すなわち，それは複数の交通モードの事故調査を行う，統合型事故調査組織である。設立以降のNTSBのめざましい調査活動は，その後，次第に米国以外の国においても知られるようになった。そして，NTSBの活動によって，運輸の安全の向上に果たす独立した事故調査活動の重要性が国際的に認識されるようになり，1989年にノルウェー，続いて90年にはカナダ，ニュージーランド，スウェーデンなどの諸国でも同種の統合型事故調査機関が設立されていった。そして，93年10月には，これら各国の事故調査機関の国際的連携組織として，オランダのハーグを本部とする国家運輸安全連合（International Transportation Safety Association，ITSA）が米国，カナダ，スウェーデン，オランダの4ヶ国の事故調査組織を結集して結成された。その後，ITSAの加盟組織は拡大し，2012年9月現在では，以下のとおり15ヶ国の15組織となっている。[11]

・オーストラリア：運輸安全局―ATSB（Australian Transport Safety Bureau）
・カナダ：運輸安全委員会―TSBC（Transportation Safety Board of Canada）
・ロシア：州間航空委員会―IAC（Interstate Aviation Committee）
・フィンランド：安全調査庁―SIA（Safety Investigation Authority, Finland）
・フランス：民間航空機安全調査分析局―BEA（Bureau d'Enquêtes et d'Analyses pour la sécurité de l'aviation civile）
・インド：鉄道安全委員会―CRS（Commission of Railway Safety）
・日本：運輸安全委員会―JTSB（Japan Transport Safety Board）

・韓国：航空鉄道事故調査委員会—ARAIB（Aviation and Railway Accident Investigation Board）
・オランダ：安全委員会—DSB（Dutch Safety Board）
・ニュージーランド：運輸事故調査委員会—TAIC（Transport Accident Investigation Commission）
・ノルウェー：事故調査委員会—AIBN（Accident Investigation Board Norway）
・スウェーデン：事故調査庁—SHK（Statens Haverikommission）
・台湾：航空安全評議会—ASC（Aviation Safety Council）
・英国：運輸事故調査委員会—BTAI（Board of Transport Accident Investigators）
・米国：国家運輸安全委員会—NTSB（National Transportation Safety Board）

こうした第三者機関の事故調査活動によって、かかる事故調査システムを有する国々では、第三者機関が設置される以前と以後とで比較すると、運輸機関の安全性は格段に向上したと評価されている。例えば、1993年に結成されたヨーロッパ運輸安全評議会（European Transport Safety Council）は、2001年に公表した報告書の中で、事故調査の意義を「効果的な事故とインシデントの調査は、運輸の安全の向上へ疑問の余地なく、永続的に寄与する」と強調している。

（2）統合型事故調査機関

現在、世界の主要国において、運輸事故調査制度に関わって、次の二つの動きが進んでいる。一つは、航空や鉄道などモード別に、事故調査のための独立した第三者機関の設立が相次いでいることである。もう一つは、すでにモード別にそうした組織が設置されていた国々においては、既存組織を統合して、NTSBのような複数モードの事故調査を行う統合型の事故調査機関を創設する国が増えていることである。例えば、1999年にオランダでは、それまでの民間航空委員会や鉄道事故調査委員会などを統合してオランダ運輸安全委員会

(DTSB) が設置された。また，同年，オーストラリアにおいても，航空安全調査局や連邦鉄道安全局，船舶インシデント調査部などを統合してオーストラリア運輸安全局（ATSB）が設立された。日本でも，後で述べるように，2001年に航空・鉄道事故調査委員会が設置され，さらに 2008 年に同委員会と海難審判庁の一部が統合されて，運輸安全委員会が発足した。

こうした動きは，第一に，各国において運輸の安全性向上に対する社会の要請が高まっていること，そして第二に，国際的に運輸事業の規制緩和や民営化が進む一方で，運輸の安全確保と事故防止に関する公共政策の充実が求められていることなどを背景としている。[13]

ここで，NTSB 以外の世界の統合型事故調査機関を概観しておこう。

①カナダ

TSBC は，「カナダ運輸事故調査・安全委員会法」に基づいて 1990 年に設置された。5 名の委員と約 235 人のスタッフからなる組織である。調査対象としているのは，航空，鉄道，船舶及びパイプライン事故である。あらゆる政府組織から独立した存在であり，形式的にはカナダ総督に直属し，カナダ議会に対して政治的責任を負っている。本部はケベック州のガティノーにあるが，この他，モントリオールやバンクーバーなど全国 8 ヶ所に地域事務所が置かれ，事故調査官の大半は地域事務所に配属されている。

②ニュージーランド

TAIC は，「1990 年運輸事故調査委員会法」に基づいて 1990 年に設置され，航空，鉄道，船舶の各事故ならびにインシデントを調査対象としている。3 名の委員による委員会方式の組織であるが，スタッフ数は少なく，常勤スタッフはわずか 18 名（2008～2009 年）である。しかし，例えば 2008～2009 年の活動を見ると，新規に着手された事故調査は 28 件で，41 件の勧告が出されている。

③スウェーデン

SHK は，航空機事故のみを調査対象にしていた旧事故調査委員会（1978 年に設置）を母体にして 1990 年に設立された。他国の事故調査機関と比較して，SHK の特質は次の点にある。すなわち，他の国々では所管とされる事故は，ほとんどの場合，運輸事故であるのに対して，SHK は運輸事故はいうまでも

なく，火災や爆発事故，原子力事故なども調査対象としているという点である。しかし，扱う事故の種類は広範囲であるにもかかわらず，当委員会の規模はそれほど大きくはない。2012年9月現在，1人の事務局長と28名の常勤スタッフ（うち事故調査官は17名）が配置されているのみである。こうした少人数での事故調査が可能なのは，発生した事故ごとに臨時にパートタイムの調査官が組織されるからである。

④フィンランド

FAIBは，1996年に法務省傘下の組織として設置された。調査対象としているのは，航空，鉄道，船舶事故ならびに「その他の事故」（火災や倒壊，水道汚染など）である。2009年現在の常勤スタッフは11名で，うち事故調査官は8名である。常勤スタッフ数が少ないのはスウェーデンと同様に，事故の種別によって外部から臨時に調査官が組織されるからである。

⑤オランダ

オランダでは，1999年に「運輸安全委員会法」に基づいて，民間航空委員会や鉄道事故調査委員会などを統合してTSBが設置された。形の上では交通・公共事業・水管理省の傘下に置かれたが，米国のNTSBに近似した委員会方式の独立した事故調査機関であった。所管したのは，航空，鉄道，内航水運，パイプライン及び道路交通に係る事故ならびにインシデント調査である。その後，TSBは，エンスヘーデで発生した大爆発事故とフォレンダムで発生したカフェの火災が契機となって，2005年に運輸事故のみならず，火災や産業災害，健康被害なども所管するDSBに改組された。2007年12月末現在，5名の常勤委員の下，49名のスタッフが事故調査活動に従事している。

⑥オーストラリア

ATSBは，前述したように，航空安全調査局や連邦鉄道安全局，船舶インシデント調査部，連邦道路安全局などを母体に1999年に設立され，その後，2003年の法律改正によって体制の強化が図られた。航空，船舶，鉄道の事故ならびにインシデントの調査を所管している。本部はキャンベラにあり，その他ブリスベーン，アデレード，パースに地方事務所がある。3名の委員（うち2名は非常勤）の下，総勢約110名のスタッフが事故調査活動に従事している。

第11章 事故調査制度

表11-1 世界の統合型事故調査機関

国 名	名 称	設立年	所管組織	調査対象	スタッフ数
米 国	NTSB	1967	運輸省	航空，高速道路，船舶，鉄道，パイプライン，危険物輸送	本部299名，地方92名（2009年）
		1975	大統領直属の独立した連邦行政組織		
ノルウェー	AIBN	1989	交通通信省	航空，鉄道，道路交通，船舶	―
カナダ	TSBC	1990	独立したエージェンシー（機関）	船舶，パイプライン，鉄道，航空	218名（2011-2012年）
ニュージーランド	TAIC	1990	運輸大臣・運輸安全大臣（独立行政法人）	航空，鉄道，船舶	常勤19名（2012年6月）
スウェーデン	SHK	1990	国防省	航空，船舶，鉄道，軍，その他（鉱山，道路交通，化学爆発，原子力等）	29名（2011年末）
フィンランド	FAIB	1996	法務省	航空，船舶，鉄道，その他（火災，倒壊事故等）	常勤11名（2009年）
オランダ	TSB	1999	交通・公共事業・水管理省	航空，パイプライン，内陸水運，鉄道，道路交通	―
	DSB	2005	内務・王国関係省	航空，建設・サービス，危機管理・救援，国防軍，健康，産業災害・パイプライン・ネットワーク，内陸水運，鉄道，道路交通，海運，水災害	65名（2011年末）
オーストラリア	ATSB	1999	交通・地域サービス省	航空，船舶，鉄道	常勤110名（2010-2011年）
日 本	ARAIC	2001	国土交通省（8条機関）	航空，鉄道	―
	JTSB	2008	国土交通省（3条機関）	航空，船舶，鉄道	177名（2011年）

（出所） Transportation Safety Board of Canada, *Departmental Performance Report 2011-2012*, 2013； Transport Accident Investigation Commission, *Annual Report Year Ended 30 June 2012*, 2012； Accident Investigation Board of Finland, *Annual Report 2009*； Statens Haverikommission, *ÅRSREDOVISNING, RÄKENSKAPSÅRET 2011*, 2012； Dutch Safety Board, *JAARVERSLAG 2011*, 2012； Australian Transport Safety Bureau, *ATSB Annual Review 2000*, 2000； Australian Transport Safety Bureau, *Annual Report 2010-2011*, 2011； National Transportation Safety Board, *Annual Report to Congress 2011*, 2012，及び各組織のウェブページ。

そのうちの 60 名が事故調査官である。2009～2010 年に調査が完了した事故件数は，航空 51 件，船舶 11 件，そして鉄道 9 件である。[14]

　以上の統合型事故調査機関に共通する特徴は次のとおりである。

　第一に，事故調査の目的が事故の再発防止に置かれているという点である。この種の事故調査機関をもたない国はいうまでもなく，前述のわが国を含む事故調査機関を有する国であっても，死傷者を伴う運輸事故が発生した場合，警察も刑事責任の追及を目的に捜査に着手する。しかし，警察の捜査は，事故の再発防止という観点から見ると大きな弱点がある。すなわち，捜査において，再発防止という点からは重要であったとしても，刑事事件の証拠として役立たない事実や知見は無視される。また，捜査の結果，明らかとなった知見も再発防止のために活用されることは少ない。したがって，事故の再発防止のためには，警察による捜査ではなく，責任追及を目的としない事故調査が必要不可欠なのである。なお，唯一の例外は米国である。米国では，過失により発生した事故については警察組織は捜査を行わず，NTSB のみが事故調査を行っている。

　第二は，数多くの勧告が発出されているという点である。関係する規制当局や運輸事業者などに対してなされる勧告は，事故調査から得られた貴重な教訓を実際化するための有力な手段である。換言すれば，調査の結果判明したシステムやマネジメント上の欠陥，規制の不備などについて関係組織へ改善を通告することによって，事故の教訓が社会化されるのである。

　第三は，事故調査とならんでインシデント調査が重視されているという点である。運輸の現場では日々，数多くのインシデントが発生しているが，それらはほとんどの場合，事故に至らずに不具合やトラブルとして収束している。インシデントが事故となって発現するのは，悪条件が重なり，数多くの要因が複合した場合である。したがって，インシデントの段階で，その諸要因を解析し，それを引き起こすに至った欠陥や問題点を是正してやれば事故の芽を摘み取ることができ，事故の発生を事前に防止することが可能となるのである。つまり，インシデントは事故の予兆ないし警報というべきものなのである。各国の事故調査機関がインシデント調査を重視しているのはこのためである。

4　米国のNTSB

（1）NTSBの概要

　米国において，運輸全般の事故調査を任務とするNTSBが発足したのは，1967年のことである。この年，省庁再編成によって運輸省が発足したのを契機に，省内に運輸事故の調査を任務とするNTSBが置かれ，航空，鉄道，船舶，高速道路，パイプラインそして危険物輸送に関わる事故の調査を所掌することになった。(15) しかし，それは運輸省内の一組織にすぎず，予算・人員は不十分で，満足できる調査活動は展開できなかった。とりわけ，運輸省のスタッフは，事故の再発防止ということよりも事業者に運輸法規を守らせることの方に熱心であるという問題点も，次第に顕在化するようになった。このため，NTSBを運輸省から独立させるべきであるという議論が起こり，連邦議会は1974年に「独立安全委員会法」を制定して，翌75年にNTSBを連邦準備制度理事会や証券取引委員会などと同等の独立した委員会として運輸省から分離させた。(16) こうして現在のNTSBが誕生することになった。

　NTSBの使命は，①連邦議会から負託された独立性と客観性の確保，②客観的かつ的確な事故調査と安全研究の遂行，③航空従事者や船員からの資格証明処分についての上訴に対する公正で客観的な対応，④安全勧告（Safety Recommendation）の発出と提言，⑤運輸事故被害者とその家族に対する支援，などの活動を通じて運輸の安全を向上させることにある。すなわち，NTSBは米国内で発生したすべての民間航空機事故，重大な鉄道事故，ハイウェイ上の重大な自動車事故，船舶事故，パイプライン事故ならびに危険物輸送事故の調査を行い，(17) 将来の事故を防止するために安全勧告を関係機関へ送付する。事実，NTSBは発足以来，40数年の間に14万件以上の航空機事故及び数千件の陸上・海上交通事故の調査を行ってきた。そして，事故調査結果に基づいて，関係機関に1万3500件の安全勧告を発出してきた。(18)

　NTSBの意思決定機関は，5名の委員からなる委員会である。この5名の委員は，上院の同意を得て大統領によって任命される。そして，この委員会の

第Ⅲ部　事故の防止

下，約380名の常勤スタッフが日々，運輸の安全推進活動に取り組んでいる。NTSBの本部はワシントンDCにあるが，迅速に事故現場に到着できるよう全米各地に地域事務所が置かれている。すなわち，航空部門はアトランタ，マイアミ，シカゴなど9ヶ所に，鉄道部門はアトランタやガーデナなど3カ所に，そしてハイウェイ部門はアトランタやデンバーなど4ヶ所にオフィスがある。

NTSBの組織で特徴的なことは，事故調査部門に加えて，充実した研究部門や事故調査官の教育・訓練などを行うトレーニングセンターまで備えていることである。このトレーニングセンターは，ジョージ・ワシントン大学のノーザン・ヴァージニアキャンパスの中に立地している。そして，中でも注目されるのが，運輸事故の生存者や被害者遺族を支援するためのセクションの存在である。すなわち，1996年に組織内に新たに家族支援局（現在は運輸災害支援局へ改組）が新設され，大規模事故が発生した場合に，当局が米国赤十字や他の政府機関とも連携しながら，生存者や遺族のケアー，被害者やその家族の支援を行っている[19]。

（2）安全勧告

NTSBは，"ゴー・チーム（Go-Team）"や"パーティ・システム（Party System）"[20]などのユニークな仕組みを考案し，それに基づいて事故調査活動を推進してきた。ここでは，NTSBが導入した，事故の再発防止という点で極めて有効な仕組みである安全勧告制度について述べる。いうまでもなく，安全勧告制度についてはNTSBのみならず，世界のいずれの事故調査機関においても同種のものが導入されているが，NTSBの安全勧告制度は，"ゴー・チーム"や"パーティ・システム"といった事故調査手法とならんで，そうした各国の勧告制度のモデルとなったという点でも大きな意義がある。

さて，事故調査によって明らかとなった知見を基に，NTSBによって事故の再発防止に役立つと思われる提言が運輸事業者や行政機関，メーカーなど対して発出されるが，これが安全勧告である。安全勧告は，書簡（letter）の形態で送付され，長文のものであると十数枚に及ぶものもある。送付された安全勧告が，被勧告組織によって受け入れられ，何らかの改善措置が採られた場合，

第11章 事故調査制度

表11-2 NTSBの分野別安全勧告件数（1967年～2010年2月16日）

モード	勧告件数	クローズド数	勧告受け入れ率(%)
航　空	5,024	3,808	82.44
ハイウェイ	2,187	1,445	87.34
モード共通	234	188	74.27
船　舶	2,345	2,044	74.61
パイプライン	1,243	1,043	86.16
鉄　道	2,133	1,724	83.69
総　計	13,166	10,257	82.22

（出所）　National Transportation Safety Board, *Safety Recommendations Statistical Information*. (http://www.NTSB.gov/Recs/statistics/dot_rates.htm 2010年8月10日アクセス)。

NTSB側はその改善策について評価を行う。満足すべき対応がなされたと判断された場合，NTSBはその安全勧告のフォローアップを終了する。こうしてフォローアップが終了した安全勧告は完了扱いとなる。この状態をクローズド（Closed）とよぶ。

なお，勧告を受けた組織が安全勧告の受け入れを拒否した場合，あるいは対応策が採られたが不十分であった場合，さらに勧告後90日以上何らの対応もなされなかった場合には，追加の書面が送付される。または，NTSBスタッフが当該組織と直接コンタクトをとることによって，さらなる改善策の実施が促される。こうしたフォローアップにもかかわらず，勧告後270日以上にわたって何らの応答もなされない場合，また，勧告後3年を経た時点で満足すべき改善策が採られない場合も，その安全勧告はクローズド状態となる。ただし，こうしてクローズド状態となる安全勧告の件数はわずかである[21]。

表11-2は，NTSBが設置された1967年から2010年2月16日までに発出された安全勧告の総数とフォローアップ完了件数をモード別に整理したものである。40数年の間に，総数で1万3166件の安全勧告が出され，フォローアップを完了したものは全体の82％に当たる1万257件であった。このうち，連邦航空局や連邦道路局，連邦鉄道局，国土安全保障省など政府機関に対して送付された安全勧告は8057件で，そのうちフォローアップが完了したものは7254件であった。つまり，安全勧告の約61％は運輸行政などの不備を改善す

るために政府機関に対して出されたものであった。

　NTSBの安全勧告によって，この40年数間，米国では政府機関，運輸事業者，メーカーなど各レベルで数多く事故防止のための改善施策が実現されてきた。このことは，事故の発生を抑止する上で大きな効果があったと評価されている[22]。安全勧告制度は運輸の安全性の向上にとって極めて有効な仕組みといえよう。

5　日本の運輸事故調査制度

（1）航空・鉄道事故調査委員会

　わが国では，運輸事故の原因究明を行う組織として，前述したように1947年に船舶事故を所掌する海難審判庁が，また74年に航空機事故の原因調査を行う航空事故調査委員会が設置された[23]。しかし，鉄道事故の調査を行う第三者機関は存在していなかった。そのため，死傷者を伴う鉄道事故が起こった場合は，事故の発生現場を管轄する各都道府県警察が刑事事件としての立件を目的として捜査を行ってきた。また，特に重大な事故が発生した場合には，鉄道事業者を監督する立場にある運輸省（現・国土交通省）も，事故の原因調査を行うことがあった。

　1991年5月14日に滋賀県の信楽高原鉄道において列車の正面衝突事故が発生し，42名の犠牲者が出た。この事故の捜査は，所轄の滋賀県警察本部が担当した。滋賀県警による捜査は的確に行われ，事故原因に関わる多くの事実が解明された。しかし，刑法によって警察の捜査情報の開示は制限されていたことから，滋賀県警の捜査は「事故原因の全容を一日でも早く知りたい」という遺族の願いに応えるものではなかった。また，鉄道行政を所管する運輸省も独自の調査を行ったが，その報告書（1992年12月公表）は，内容的に貧弱といわざるを得ないものであった。そのため，遺族の間から事故調査の在り方に関して強い批判が起こった。遺族は93年に，支援する弁護士らとともに鉄道安全推進会議（TASK）という市民団体を結成し，鉄道事故調査のための第三者機関の設置を求める市民運動を推進した[24]。一方で，信楽高原鉄道の事故後も列車

の正面衝突事故を含む重大な鉄道事故が毎年のように発生していた。特に帝都高速度交通営団（現・東京地下鉄株式会社）の日比谷線で重大な脱線衝突事故（2000年3月）が発生したことなどから，政府内でも鉄道事故の原因究明を行う常設組織の必要性が強く認識されるようになった。

こうして2001年4月に「航空事故調査委員会設置法の一部を改正する法律」が成立し，同年10月に所掌に鉄道事故調査を付加する形で，航空事故調査委員会を改組して航空・鉄道事故調査委員会（以下，航空・鉄道事故調とよぶ）が発足した。1974年の航空鉄道事故調査委員会の誕生から実に27年ぶりの組織再編であった。

しかし，再出発した航空・鉄道事故調は，従前の組織と比較して，事故調査の守備範囲という点では航空に鉄道が加わり拡大されたものの，組織態勢は脆弱なままに止まっていた。そのため，JR西日本（西日本旅客鉄道株式会社）の福知山線列車脱線事故（2005年4月25日）を契機として，以下のように態勢の強化が図られた。第一は，職員と予算の拡充である。すなわち，2006年度から鉄道事故調査官がそれまでの7名から14名に倍増されるなど，職員総数が51名から64名に増員された。また，予算も対前年度比1.6倍に増額された。第二は，所掌任務の拡張である。航空・鉄道事故調設置法が改正され，第一条の目的に「事故が発生した場合における被害の軽減に寄与することを目的とする」との条文が，そして第3条の所掌事務の中に「事故に伴い発生した被害の原因を究明するための調査を行うこと」が付加された。すなわち，航空・鉄道事故調の任務の一つにいわゆるサバイバルファクター（生存率向上要因）の究明が追加された。このように，航空・鉄道事故調は態勢的に拡充されていったが，NTSBなど海外の事故調査機関と比較すると，なお多くの課題を残した組織であった。

(2) 運輸安全委員会

わが国における運輸事故調査制度が，次に大きく改編されたのは2008年のことである。すなわち，この年の10月に，航空・鉄道事故調と海難審判庁の原因究明部門が統合され，新たに運輸安全委員会が発足した。海難審判庁は，

それまで船舶事故の原因究明機能と，船員等の懲戒機能の二つの機能を有していたが，このうち前者の機能を航空・鉄道事故調と統合させ，後者の機能は新設の海難審判所に移管された。これにより海難審判庁は廃止され，一方で運輸安全委員会は，航空ならびに鉄道事故に加えて船舶事故の調査をも行う事故調査機関となった。海難審判庁が廃止されるに至ったのは，2008年5月に国連の専門機関である国際海事機関（IMO）において，船舶事故の調査は懲戒から分離した再発防止のための原因究明型とすべきとの国際的なルールが条約化されたことから，それへの対応の必要からであった。[25]

運輸安全委員会は，国会の同意を得て国土交通大臣によって任命される，任期3年の委員長1名と12名の委員（うち5名は非常勤）によって組織されている。そして，この委員会の下に事務局が置かれており，177名のスタッフが配置されている（2011年12月現在）。[26]うち事故調査官は105名で，その内訳は航空事故調査官が22名，鉄道事故調査官が15名，船舶事故調査官が24名，地方事故調査官（船舶）が44名である。このように，運輸安全委員会は，海難審判庁と統合されたことにより航空・鉄道事故調時代と比べると，人的な面ではその態勢が著しく強化された。

運輸安全委員会の主な業務は次の三つである。第一は，事故の責任を問うのではなく，再発防止の観点から，①発生したすべての航空事故と重大インシデント，②すべての船舶事故とインシデント，③鉄道事故のうちすべての列車衝突・列車脱線・列車火災事故と，重大なまたは異例な踏切障害・道路障害・人身障害事故及び重大インシデントの原因を究明するための調査活動を行うことである。第二は，調査結果に基づいて事故ならびにインシデントの再発防止や事故による被害の軽減のための施策・措置について，関係する行政機関や事故を起こした原因関係者に勧告及び意見を述べることにより改善を促すこと，そして第三は，事故ならびにインシデントに関する調査，再発防止，被害軽減といった運輸安全委員会の施策推進のために必要な調査・研究を行うことである。[27][28]ちなみに，最近数年間の状況を見てみると，1年間に運輸安全委員会が着手した事故調査件数は，航空事故が20件程度，航空重大インシデントが10件程度，鉄道事故が10件程度，鉄道重大インシデントが5件程度，そして船舶事故・

インシデントが千数百件程度となっている。

運輸安全委員会は法律的には，国家行政組織法が定める3条機関（内閣府・省の外局で各省大臣の所轄の下に置かれるが，職権行使の独立性が保障されている）であり，国土交通省の附属機関（8条機関）であった航空・鉄道事故調と比較すると，独立性や権限が強化されている。また，事故調査体制や分析機能，国際協力体制を強化するために，発足に当たり新たに参事官や事故調査調整官，事故防止分析官，国際渉外官などのポストが新設されている。

運輸安全委員会には，委員会に加えて，統合部会，航空部会，鉄道部会，海事部会，海事専門部会の5つの部会が設けられている。特に社会的影響の大きい事故については委員会または統合部会において審議され，軽微な事故やインシデントについてはモード別の各部会において審議されることとなっている。また，海難審判庁の地方組織を継承して函館，仙台，横浜，神戸，広島，門司，長崎，那覇の全国8ヶ所に地方事務所が置かれている。

（3）運輸安全委員会の組織改革

2008年10月の海難審判庁との統合によって，運輸安全委員会は形の上では航空，鉄道，船舶の事故ならびに重大インシデントを調査し，関係者に勧告を発出する統合型事故調査機関となった。しかし，運輸安全委員会にはなお多くの課題が残されている。

第一は，組織の機能強化と調査能力の向上である。第三者機関による事故調査システムが社会から信頼されるためには，何よりも事故調査報告書の内容が妥当かつ適切なものでなければならない。そのためには，運輸安全委員会が機能を強化し，調査能力や研究能力，また外部への情報発信力などを高めていく必要がある。一例を挙げれば，現在，運輸安全委員会には航空，鉄道，船舶の事故調査官が存在するが，各調査官を専門職と位置付け，その調査能力のレベルアップを図っていく必要がある。特に鉄道事故調査官の任期は短く，最長で4年の任期が終われば，出向元の組織（国土交通省や鉄道会社など）に復職していくことから，調査官の任期を延長させることを検討すべきである。また，事故調査調整官や事故防止分析官を増員し，調査研究能力の向上を図る必要があ

る。

　第二は，独立性の問題である。第三者機関による事故調査において最も重要なことは，あらゆる利害関係者からの独立である。この場合の利害関係者には，単に事故を起こした原因関係者のみならず規制当局である国土交通省などの行政機関も入る。運輸安全委員会は3条機関であるとはいえ，国土交通省傘下の組織であり，また事故調査官や事務職員の中には国土交通省の人事異動によって同省からの出向者も多い。換言すれば，数年後には本省に復職していく者に，果たして自分の帰属する組織の問題点を摘出することができるのか，という問題がある。このため，運輸安全委員会を国土交通省から独立させ，内閣府に移管すべきであるという意見もある。独立性を確保するためにはいかなる組織形態が望ましいのか，国土交通省と運輸安全委員会の人事交流の在り方をも含めてさらなる検討が必要である。

　第三は，警察・検察捜査との関係である。現行制度の下では，人的被害を伴う運輸事故が発生した場合，責任追及ではなく再発防止を目的として，運輸安全委員会が事故調査を行うと同時に，警察・検察が刑事責任を追及する立場から捜査を行う。この場合，運輸安全委員会の事故調査報告書は，刑事裁判において警察・検察の鑑定書ないし証拠として用いられることがある。これは，前述のICAOの事故調査の原則に照らすと適切とはいえず，米国で行われているように，犯罪行為が事故原因でない限りは事故調査は運輸安全委員会のみに委ねられる方が望ましいと考えられる。しかし，わが国では直ちにこの点が実現するとは考え難いことから，当面は現行の鑑定嘱託制度の見直しが必要である。すなわち，原因関係者から事実に即した口述を得ることは事故の原因を究明していく上で必要不可欠な要件であり，その実を上げるために必要なのが鑑定嘱託の在り方の見直しである。

　第四は，情報公開の問題である。運輸安全委員会の情報開示の現状は，満足すべき状態にあるとはいえない。NTSBでは，事故調査が完了し，事故調査報告書が公表された段階で，その事故調査に関わる一連の資料が公開される。直近のものはウェブ上でも閲覧可能であり，それをAccident Docketという。また，調査報告書が議決される最終の委員会審議は一般に公開されるとともに，

会議の模様を記録した映像もウェブ上に公開される。「一日でも早く，正確な事故原因が知りたい」というのが，被害者・遺族の切実な願いである。こうした願いに応えるためにも，運輸安全委員会は調査過程での情報開示も含めて情報公開をさらに進める必要がある。

　第五は，かねてからその必要性が指摘されてきた，運輸事故の被害者家族に対する支援の問題である。NTSB は，前述したとおり，1996 年から運輸事故の被害者に対する支援業務をその任務の柱の一つにしている。わが国でも，2012 年 4 月に国土交通省内に「公共交通事故被害者支援室」が開設され，公共交通事故が発生した場合に，被害者への情報提供や被害者等に対して中長期にわたる支援活動を推進していく態勢が作られた。また，運輸安全委員会も被害者家族への情報提供やコミュニケーションの充実を図るために，2012 年 4 月に「事故被害者情報連絡室」を設置した。こうした，被害者支援業務について，国土交通省が主としてその任を担うのか，または NTSB と同様に運輸安全委員会がその任を担うのかについて，さらに今後の検討が必要である。

　2009 年 9 月に，航空・鉄道事故調の一部の委員が福知山線事故調査の過程で，ＪＲ西日本の社長（当時）らの求めに応じて調査状況の情報や公表前の報告書案をＪＲ西日本側へ提供するなど，事故調の公平性や中立性，信頼性を著しく損なう由々しき行為を行っていたことが発覚した。運輸安全委員会は，航空・鉄道事故調時代の不祥事であるとはいえ，これを組織の存立を揺るがす重大な問題と認識し，当該問題の全容の解明のために，2009 年 12 月に福知山線事故被害者を含む外部の第三者からなる検証チームを設置した。同チームは，1 年 4 ヶ月かけて検証した結果を取りまとめ，不祥事の再発を防止するためには運輸安全委員会の組織改革が必要との観点から，国土交通大臣ならびに運輸安全委員会委員長に対して 11 項目の改革案を提言した。[31]この提言を真摯に受け止めた運輸安全委員会は，2011 年度から組織を挙げて事故調査システムの改革に着手している。前述した諸課題も，この改革の取組みの中で実現されつつある。

第Ⅲ部　事故の防止

注
(1) 厚生労働省の「平成22年（2010）人口動態統計（確定数）の概況」2011年（http://www.mhlw.go.jp/toukei/saikin/hw/jinkou/kakutei10/index.html　2012年9月10日アクセス）。
(2) World Health Organization, *ICD-10 Version : 2010,* 2011.（http://apps.who.int/classifications/icd10/browse/2010/en#/XX　2012年9月10日アクセス）。
(3) Reason, James, *Managing the Risks of Organizational Accidents,* Ashgate, 1997, pp. 1-2. （塩見弘監訳『組織事故』日科技連，1999年）。なお，訳書では，例えば組織事故の一つとして例示されているbanksを金融業と訳すなど，誤訳と思われる箇所が散見される。ここで原書を基に記述した。
(4) とはいえ，いうまでもなく，人間の注意不足やエラーを根絶することは不可能なことから，個人事故をゼロにすることは甚だ困難である。
(5) これは，これまで事故調査の方法論の一つとして，Man・Machine・Management・Mediumの頭文字を取って4Mなどと定式化されてきた。
(6) 2011年5月24日の閣議決定で設置され2012年9月28日に解散した「東京電力福島原子力発電所における事故調査・検証委員会」，ならびに2011年10月30日に施行された東京電力福島原子力発電所事故調査委員会法を根拠に設置された国会事故調（東京電力福島原子力発電所事故調査委員会）の二つである。
(7) 2007年4月に厚生労働省医政局の下に「診療行為に関連した死亡に係る死因究明等の在り方に関する検討会」が設置され，死因究明のための調査組織の在り方の検討が始まり（2008年12月1日の第17回検討会まで開催），さらにこれを引き継ぎ，2012年2月に設置された「医療事故に係る調査の仕組みのあり方に関する検討部会」が同年10月までに8回開催され，「医療安全調査委員会設置法案（仮称）大綱案」も策定されている。
(8) なお，事故調査は当事者によっても行われる。しかし，当事者による事故調査には客観性という点で疑義が呈されることが多いことから，最近では，外部の第三者による調査委員会が設置され，そこに調査が委ねられる場合が多い。例えば，2006年7月に明るみに出た「パロマ・ガス湯沸器連続中毒事故」や，2011年7月に社会問題化したいわゆる「九州電力やらせメール事件」の際に第三者委員会が設置されている。
(9) International Civil Aviation Organization, *Annex 13 to the Convention on International Civil Aviation,* 1951, Chapter 3-1.
(10) こうした原則は，すでに筆者が1998年に提示している。詳しくは，安部誠治監著『鉄道事故の再発防止を求めて——日米英の事故調査制度の研究』日本経済評論社，1998年，201-202頁を参照されたい。
(11) ITSAのホームページによる（http://www.itsasafety.org/home/members/　2012年9月30日アクセス）。

⑿　European Transportation Safety Council, *Transport Accident and Incident Investigation in the European Union*, Brussels, 2001, p. 1.
⒀　例えば，韓国では2004〜2005年に国有鉄道の「民営化」が実施され，それまでの韓国鉄道庁が韓国鉄道公社に経営形態を転換した。民営化に伴う安全の確保のために，2005年1月に鉄道安全法が施行され，2006年7月に航空・鉄道事故調査委員会（Aviation and Railway Accident Investigation Board）が設置されている。韓国の鉄道安全法に関して詳しくは，安部誠治・鄭炳玹「韓国の鉄道安全法（上）」『関西大学商学論集』第50巻第6号，2006年2月，125-127頁を参照のこと。
⒁　以上の各国の統合型事故調査機関に関する記述は，表11-1の出所に記載した情報を基にしている。
⒂　Whitnah, Donald, R., *U. S. Department of Transportation : A Reference History*, Greenwood Press, 1998, pp. 10-12.
⒃　National Transportation Safety Board, *Annual Report to Congress 2009*, January 2010, p. 2. ; 秋田真志「NTSBとアメリカの鉄道事故調査」（安部，前掲書，73-75頁）。
⒄　NTSBは，民間航空機事故については発生したすべての事故を調査対象としているが，その他の運輸事故については重大なまたは特異な事故のみが調査対象とされている。すなわち，例えば鉄道事故で2011年中に調査が着手されたのは7件で，一方，航空事故については米国内で発生した重大事故4件，地域事務所が扱うその他の事故302件，また，海外で発生した事故7件（国外で発生したものであっても米国のメーカーが製造した機体が関連した事故であれば調査権限を与えられている）の調査が新たに着手されている（National Transportation Safety Board, *Annual Report to Congress 2011*, June 2012, p. 32.）。
⒅　*Ibid.*, p. 1.
⒆　この点について詳しくは，日本航空機操縦士協会監修，同法務委員会訳『アメリカ連邦政府による航空災害家族支援計画』成山堂書店，2009年を参照されたい。
⒇　ゴー・チームとは，事故発生の一報を受けるやいなや，現場に急行する主任調査官を中心とする現場派遣チームのことであり，パーティ・システムとは事故調査の遂行過程において，事業者やメーカー，行政機関など関係当事者が集められ，当事者参加により現場調査を行う方法のことをいう。
(21)　秋田，前掲論文，96-99頁。
(22)　例えば，2007年3月28日にNTSB委員長（当時）のM. V. ローゼンカーは，創設40周年を記念する祝辞の中で次のようにアピールしている。「私はしばしば，NTSBは政府機関の中で最もお買い得な組織の一つだといってきた。400名弱のスタッフで，NTSBは1年に2000以上の運輸事故の調査に責任を負っている。40年の間に，我々の独立した調査は，運輸のあらゆるモードにおける安全性の向上に重要な役割を果たしてきた。NTSB，他の政府諸機関，メーカー，事業者，その他の利害関係者の努力の結果

として，合衆国は世界が羨むほどの安全な運輸機関を享受している」(NTSB, "Press Release," March 28, 2007.〔http://www.ntsb.gov/news/2007/070328.htm　2012年9月20日アクセス〕)。
(23)　航空事故調査委員会が設置された経緯については，安部誠治「日本の運輸・鉄道事故と事故調査」(安部，前掲書，27-29頁) を参照されたい。
(24)　鉄道安全推進会議の活動は，信楽列車事故遺族会・弁護団『信楽列車事故——JR西日本と闘った4400日』現代人文社，2005年，73-84頁，を参照のこと。
(25)　なお，2006年3月にいわゆる「運輸安全一括法」が成立した際，衆参両院の委員会付帯決議において，航空・鉄道事故についてその再発防止のために原因究明機能をより高度化すること，また，事故調査をより円滑かつ的確に進めるために事故調査体制の一層の整備が必要であると求められたことも，運輸安全委員会発足への重要な契機となった。
(26)　運輸安全委員会『運輸安全委員会年報　2012』2012年9月，資料編，1頁。
(27)　国土交通大臣または原因関係者に対してなされ，大臣及び原因関係者がそれに拘束されるものが勧告，一方，委員会が必要と認めた時に国土交通大臣または関係行政機関の長に対してなされるのが意見である。
(28)　運輸安全委員会「運輸安全委員会——航空，鉄道，船舶事故・重大インシデントの原因究明と再発防止」(リーフレット)，2012年7月。運輸安全委員会，前掲書，資料編3-4，17-19，34頁。
(29)　3条機関へ移行したことによって強化された権限などの詳細は，宇賀克也「運輸安全委員会の現状と課題」『Jurist』第1399号，2010年4月15日号，12-13頁，を参照のこと。
(30)　事故で家族を失った遺族の中には，「人の命を奪っておいて誰も罰せられないのは納得がいかない」という感情や，裁判によって事故原因の解明が進むのではないかとの期待から，刑事責任の追及を求める声が強い。刑事責任の追及を行わないという方向に転換するには，まず，前者に関しては，刑事罰に代わって遺族の納得を得られる，何らかの代償措置が必要であろう。この点で，米国には被告への制裁と再発防止を目的とした懲罰的損害賠償制度が存在する。他方，後者については運輸安全委員会が行う事故調査が充実していけば，解消されていくものと考えられる。
(31)　福知山線列車脱線事故調査報告書に関わる検証メンバー・チーム「JR西日本福知山線事故調査に関わる不祥事問題の検証と事故調査システムの改革に関する提言」2011年4月15日，146-150頁(運輸安全委員会のホームページからダウンロード可能)。

(安部誠治)

第12章
火災と消防システム

1 火災の現状

　2010年度の出火件数は4万6620件，建物延焼床面積は118万7415 m^{2}で死者数は1738人，損害額は1017億6200万円である。一日当たり128件の火災が発生したことになる。出火の構成を見ると，建物火災が全火災の58.2％を占め圧倒的に多い。

　火災による死者は1738人で，死因に至った経過を見ると，55.4％が気付くのが遅れたり，逃げ遅れたりしたケースである。そして建物火災による死者は1314人で，火災による死者の内の75.6％を占めている。さらに建物火災による死者の90.3％が住宅（一般住宅，共同住宅，併用住宅）における火災で亡くなっている。

　これらの火災状況を受け2004年の消防法改正で，すべての住宅への住宅用火災報知器の設置が義務づけられた。その結果，住宅火災による死者数は，2005年以降減少傾向にある[1]。

　火災は，家屋の耐燃化が進み，また消防による防火の取組みが高度化した現在でも，国民の生命と財産を日常的に奪っている。前述の一年間での死者数1738人，損害額1017億6200万円という数字は，社会の安全にとって今なお火災が大きな脅威であり，また大きな経済的損失を社会に与えていることを示している。火災の防止は，社会の安全・安心にとって現在も重要な課題である。

　住宅用の火災報知機設置の義務づけのような，事前からの防火・被害削減の取組みを，予防消防と消防行政ではいう。予防消防は，戦後にわが国に導入された概念である。この予防消防の取組みと，建物の不燃化でわが国の火災によ

る被害は大きく減少した。

しかし,特に消防法上の違法・不適切な防火管理は,いくら法律上の規制を強めても無くならない。本章では,まずわが国の歴史的火災とそれに伴う防火の取組みの変化について概観し,さらに火災の現状や大火を受けて消防上の取組みがどのように変化したかを考察し,そして予防消防の現状,課題について考察し,最後にまとめたい。

2　江戸から戦前期の火災と消防の沿革

(1) 江戸時代

①江戸三大大火

「火事と喧嘩は江戸の華」という言葉が示すとおり,江戸は火災が多かった。江戸時代に江戸では49回もの大火が発生した。特に江戸三大大火が,明暦の大火,明和の大火,文化の大火である[2]。

明暦の大火は,わが国の歴史上最大の火災である。1657（明暦3）年1月18日本郷の本妙寺より出火した火炎は,20日の午前8時ごろ鎮火されるまでに,江戸城の天守閣,本丸,二の丸を含む江戸中を焼き尽くし,一説には10万人以上の死者を出した[3]。

明和の大火は,1772（明和9）年2月29日に,目黒行人坂（現在の目黒雅叙園）の大円寺から出火し,麻布,芝から日本橋,京橋,神田,本郷,下谷,浅草と江戸の市中の3分の1を焼き尽くし,一説には1万5000人の死者と4000人の行方不明者を出した。出火の原因は放火であった[4]。

文化の大火は,1806（文化3）年3月4日芝車町から出火し,日本橋,京橋,神田,浅草を焼き,1000人を超える死者を出した[5]。

②江戸時代の消防

わが国において,消防が組織的に行われるようになったのは1658（万治元）年に江戸幕府が旗本に火消役を命じた「定火消」（旗本火消）からである[6]。

その他にも江戸時代初期においては,「大名火消」「方角火消」（所々火消）「八丁火消」等の火消が設置された。ただこれらは江戸城及び大名屋敷の防火

が主目的で，民間の家屋を対象とするものではなかった。そこで八代将軍吉宗が1719（享保4）年に組織させたのが，「店火消」（町火消）であった。

それを南町奉行大岡越前守忠相が編成替えして，町火消「いろは四十八組」及び，隅田川以東の「本所，深川十六組」が誕生した。定火消は官設消防（国営消防），町火消は義勇消防（今日の消防団）の元祖といわれる。

江戸以外の地域においては，各藩によって消防事情は多少異なるが，城下町には江戸にならった火消組織が，農村部には名主，五人組を中心とした駆付け農民による臨時火消の制が存在し，消防制度は一応整備されていた。[7]

③火災を契機にした防火の取組み

消防・防災行政は，よく後追い行政といわれる。火災や災害が発生して，初めて問題点の改善が行われるという意味である。江戸時代からその傾向はあり，火災を契機に様々な防火の取組みが行われるようになった。

明暦の大火の教訓から，消防体制や都市計画による防火体制の整備が進んだ。まず消防体制については，大火の翌年に定火消が設置された。旗本4名が定火消役に命じられ，御茶ノ水，小石川伝通院前，麹町半蔵門外，飯田町に火消屋敷が設置された。

定火消役は，それぞれ与力6名と同心30名が付属され，そしてさらに火消人足を抱えるための役料300人扶持が給された。

都市計画・建築規制等による防火体制整備の取組みも行われ，(1)避難と延焼防止のため市街地における道幅の拡張，(2)延焼防止を目的とした広場の設置（上野広小路等），(3)神田と日本橋に2本の高さ7.2mの火除土手の設置，(4)江戸城内への延焼防止のため多くの寺院を外堀の向側か新開地に移動，[8] (5)江戸城内に延焼防止の空地を設置，(6)瓦葺きや3階建て禁止の建築規制の他，土蔵造・塗屋造を奨励，[9] (7)避難通路である河岸通りや橋の管理の厳正化等が実施された。[10]

八代将軍吉宗の時代も多くの火災が発生した。それを受けて，吉宗は前述の町人による町火消を設置すると同時に，延焼防止のため江戸中の町家に瓦を用いることを許した。瓦はそれまで武家屋敷にしか使用することが許されず，町家は茅葺か板葺であった。ただ解禁されても，瓦葺は費用が掛かるためなかな

か普及せず，そのため新築の家屋には瓦葺が強制され，町屋にも幕府からの拝借金制度が許され，違反すると家屋が召し上げられることとなった。また土蔵にしなければならない地域も決められた。[11]

しかしその後も大火は，度々江戸を襲った。それは当時の日本家屋が木と紙でできていたことと同時に，消火方法が破壊消防のみで，江戸時代をとおして技術的進歩がほとんどなかったからである。[12]

（2）明治：戦前期

①明治：戦前期の火災

明治に入り，やっとわが国にも西洋から蒸気ポンプ等の近代消防技術が導入されることとなる。それにより，江戸時代のような規模の大火は姿を消すものの，全焼100戸以上の火災は警視庁の管轄下に消防組が入った1874（明治7）年から1907（明治40）年の間に129回とかなりの頻度で発生した。

明治最大の大火は，1881（明治14）年1月26日に発生した神田大火（明治14年東京神田松枝町の大火）である。深夜1時30分頃神田松枝町の個人宅より出火し，当日午後6時頃鎮火された。神田，日本橋，本所，深川の四区を焼き尽くし全焼1600戸，焼損面積12万7697坪（42万1400m^2），被災者数3万6542人に達する大きな被害を出した。1万戸以上を焼失した大火というのはこれ以降，関東大震災，東京大空襲以外，東京ではない。

消防設備，装備の近代化とともに，大正に入ると大火は減少するが，1923（大正12）年9月1日に発生した関東大震災は，たちまち大火へと発展し，190万人が被災，10万5000人余の死亡者・行方不明者が出た。建物被害も全壊が10万9000余棟，全焼が21万2000余棟という大惨事となった。

道路が破壊され水道管は破裂し，ポンプ自動車も消防機器も損傷して使えず，消防は完全に機能不全に陥った。[13]

昭和に入ると，戦時下で通常の火災への対応から空襲への対応に，消防の重点が徐々に変わってくる。そのような中，1945（昭和20）年3月10日の東京大空襲は0時7分，爆撃が開始され，大規模な火災が明け方まで続いた。死亡・行方不明者は10万人以上，東京市街地の3分の1を焦土と化した。

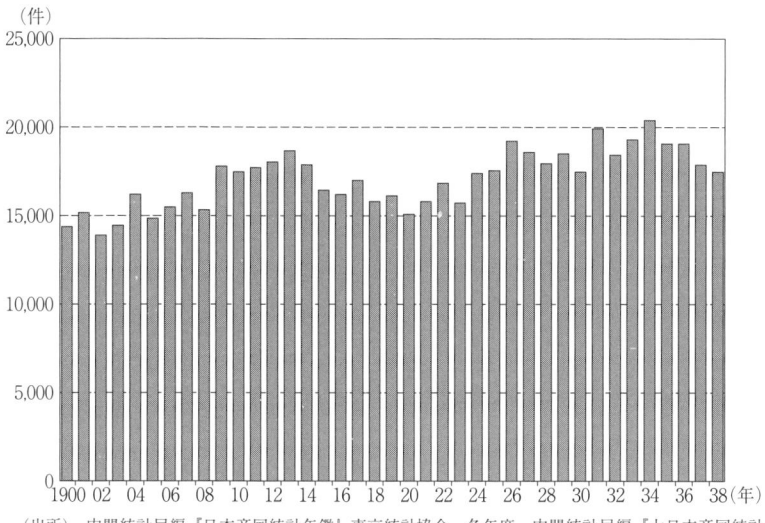

第**12**章　火災と消防システム

(出所)　内閣統計局編『日本帝国統計年鑑』東京統計協会, 各年度, 内閣統計局編『大日本帝国統計年鑑』東京統計協会, 各年度より筆者作成。

図12-1　火災件数の時系列的変化（戦前期）

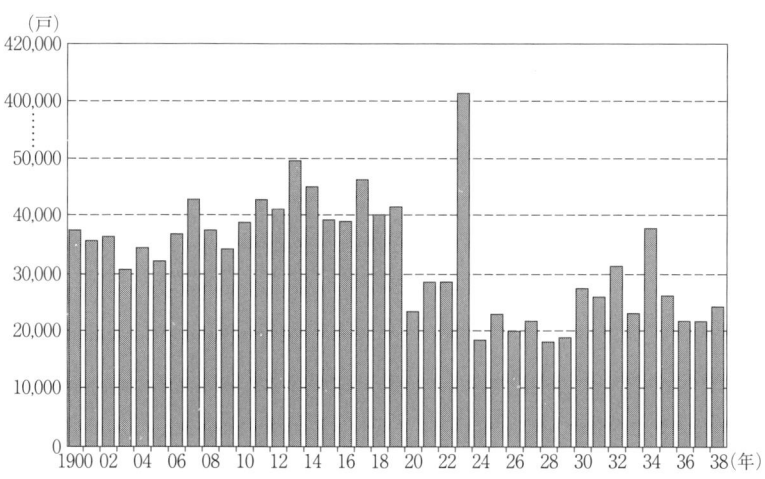

(出所)　内閣統計局編『日本帝国統計年鑑』東京統計協会, 各年度, 内閣統計局編『大日本帝国統計年鑑』東京統計協会, 各年度より筆者作成。

図12-2　全焼戸数の時系列的変化（戦前期）

ちなみに図12-1は，1900（明治33）年から1938（昭和13）年までの38年間における火災件数を時系列的グラフにしたものである。明治後半（1900～11年）の火災件数の平均が1万5781件なのに対し，大正年間の平均が1万6793件，そして昭和初期（1926～38年）の平均が1万8755件で，火災件数は人口の増加や都市化とともに，徐々に微増している。

ただ図12-2のように，やはり同時期の全燃件数を見ると，明治後半（1900～11年）の全燃件数の平均が3万6529件，大正年間の平均が3万5731件（関東大震災の年を除く），そして昭和初期（1926～38年）の平均が2万4500件で，特に1934（昭和9）年以降（関東大震災の年を除く）大幅に減少している。

火災が増加しているのに，全焼件数が減少しているということは，一度の火災で焼失する家屋の件数が減ったということである。これは，戦前期の消防の様々な防火への取組みの成果である。

②明治：戦前期の消防

明治に入ると，町火消しは東京府に移管され，消防組と改組された。次いで1873（明治6）年に消防事務を新たに所管することになった内務省の下，東京府の消防は翌年，東京警視庁に移された。

しかし東京府以外では，ほとんどが市町村の条例によって設置された消防組か有志によって設置された私設義勇消防組であったので，政府は1894（明治27）年に勅令で「消防組規則」を制定し，消防を府県知事の所管とした。[14]これによって従来の市町村消防組及び私設消防組は制度上廃止されることになった。しかし従来の消防組を解散し，新しい公設消防組（公営消防）を設置する作業は思うように進まず，旧消防組（私営消防）が存続する事態を生んだ。公設消防組（公営消防）に対してこの旧消防組は，私設消防組と称されることになった。[15]

東京以外の主要都市では，1910（明治43）年に大阪府に官設消防が設置され，また神戸市，函館市，名古屋市が明治後半から相次いで常設消防化するなど都市部における消防体制の強化が図られ始めた。

1919（大正8）年に国は，勅令をもって「特設消防署規程」を公布し，大阪，京都，横浜，神戸，名古屋の五大都市に特設消防署を設置し，官設消防を広げた。

昭和期に入ると，国防体制の整備が急がれる中，内務省は，1939（昭和14）年勅令をもって「警防団令」を公布し，これによって消防組は解散して警防団が全国一斉に発足した。その数は約1100，団員数は約300万人にのぼった。また官設消防署の設置都市は，終戦までに36市町，人員も約3万人を超えるに至り，市町村消防発足までに57都市に拡大した。[16]

③防火の取組み

明治30年代半ば以降は，火災の規模が小さくなってきている。それまで蒸気ポンプを導入しても，消防水利が悪く放水できなかったものが，1901（明治34）年，1902（明治35）年以降消防水利が地下水道による消火栓に切替わりポンプを有効に活用しての消火が可能になったからである。

それまで火災現場付近の住民は，夜間門戸への点灯，屋外での火の粉の防除，樽や桶に水を満たし戸外に出すこと，私有の泉井の消防水利への使用を拒絶できないこと等が規定されていたが，樽や桶が逆に消火活動の邪魔になるので，1911（明治44）年その規定が廃止になった。

大正に入ると，さらに消防力の強化が進む。消防ポンプ自動車がわが国で初めて1914（大正3）年横浜，名古屋に導入され，東京でも1918（大正7）年ポンプ自動車を導入した。また1920（大正9）年には一般市民が使える公衆用火災報知機が東京に導入される。このような消防設備，装備の機械化とともに，消防活動も機械操法，共同動作による消火法が重視されるようになった。[17]現在も，消防団の操法訓練は，これらの影響を色濃く残している。

関東大震災では，消防はほとんど無力であった。消防署，出張所，派出所もほとんど壊滅状況であった。震災後の消防の取組みは，消防の再建の取組みから始まった。消防機器の改善強化が急がれ，都市部のみでなく郡部でも消防力の機械化が進んだ。

昭和に入ると，特に東京においては消火栓の完備が図られ，さらに消火栓の放水口接手を改善され，取扱いが楽なものになった。[18]

その後戦時色が強まる中，官設消防署の設置都市は徐々に増加し，全国の消防力は強化されるが，主な目的は消防から防空・警防の方へと大きく移っていった。

3　戦後の火災と消防

（1）戦後の消防行政
①沿　革

　戦後，わが国の消防は大きく変わることとなる。官設消防（国営消防）から自治体消防（市町村消防）へと消防行政の運営主体が変わり，多くの消防に関する専門知識がアメリカから導入されるともに，事前に予防措置を取ることで火災被害を減らそうとする予防消防も導入されることとなった。

　終戦とともにGHQの民主化政策の下，消防と警察が市町村公安委員会の管理へと下ろされる。1947（昭和22）年9月に消防組織法が成立し，1947年12月23日をもって公布され，1948（昭和23）年3月7日から施行された。ここに消防責任はすべて市町村という原則の下市町村消防制度が発足した。また1948年8月には消防法が施行され，それまでは法の効力を伴わない事実行為に過ぎなかった消防活動が法的に裏づけられた。また消防予防活動や火災原因調査権等も認められ，権限が拡大された。

　警防団に関しては，消防組織法の制定前に「消防団令」が勅令をもって公布され，1947年4月より施行されていた。これにより，警防団は解消され，新たに消防団（勅令消防団）が組織された。さらに1948年3月の消防組織法施行に伴い勅令消防団令は廃止され，政令消防団令が公布され，義務設置であった消防団が，任意設置となった。

　その後自治体警察（市町村警察）は，市町村から返上され都道府県警察となったが，消防は市町村にそのまま残り現在に至っている。

②消防防災行政の制度及び現状

　次に，消防防災行政の制度及び現状について概観したい。消防組織法は市町村に対して，その消防事務を処理するための機関として，消防本部，消防署，消防団のうち，その全部または一部を設けなければならない（第9条）としている。消防本部を設けないで消防署のみを設置することはできないとする解釈が一般的である。[19]

一方で，消防本部か消防団のいずれかが最低でもあればよいということとなるので，近年では少数になったものの，常備消防を設置せずに，消防団だけに消防力を依存している非常備町村も未だ存在する。

消防本部は，市町村の消防事務を統括する機関で，一般的に予算，人事，庶務，企画，統制等の事務処理をするとともに，消防署が設置されていない場合には第一線的事務もあわせて行う。現在約798消防本部が全国にある。消防の常備化率は現在97.8％である（2011年4月時点）。

（2）予防消防

終戦後，GHQの公安課主任消防行政官としてわが国の市町村消防制度を作ったG.W.エンゼルは，以下のように戦前の消防の問題点を指摘し，わが国に予防消防の発想がそれまでまったく欠落していたことに驚くと同時に，それが火災被害をさらに大きくしていたと指摘している。

「消防の主たる目的は，第一に火事が出ないようにすること，第二にもし出たら人命及び財産の損害を小さく食い止めること，第三に火災の拡大を防ぐこと，第四に火災を消すことである。日本では，これまで，消防活動にのみ重きを置いて，火事の予防が殆ど無視されて居た[20]」。

まずは予防消防制度の概略について概観したい。消防行政の主な業務は，三つに大別できる。一つ目は警防，いわゆる火災の消火業務である。二つ目が予防，そして三つ目が救急である。

予防消防とは，「火災から国民の生命，身体及び財産を保護するため，消防法令に基づき，出火防止のための対策や，火災発生時の人的・物的被害の軽減を図るための各般の施策を講じることにある[21]」と消防白書は説明する。つまり火災発生時の被害軽減のため消防法の順守を国民に求めるための様々な取組みや，法の遵守状況のチェック，是正が予防消防の主な仕事である。

予防消防の主な制度としては，①防火管理制度，②防火対象物定期点検報告制度，③防災管理制度，④消防同意及び予防査察等がある。

防火管理制度とは，多数の人を収容する防火対象物の管理について権限を有する者に防火管理者に決めさせ，一定の防火管理上必要な業務を行わせるべき

ことを義務づけた制度である。

　防火対象物定期点検報告制度とは，一定の用途，構造等を有する防火対象物の管理権原者に対して，火災の予防に関して専門的知識を有する者（防火対象物点検資格者）による点検及び点検結果の消防長または消防署長への報告を義務づけているものである。

　管理を開始してから3年間以上継続している防火対象物で，管理権原者の申請で消防機関が実施した検査により，消防法令の基準の遵守状況が優良と認定された場合には，3年間点検・報告の義務が免除される。

　また防火対象物が，防火対象物点検資格者によって点検基準に適合していると認められた場合は「防火基準点検済証」を，消防機関から消防法令の基準の遵守状況が優良なものとして認定された場合は「防火優良認定証」をそれぞれ表示することができる。

　本制度は，2002年の消防法改正で，防火基準適合表示制度（いわゆる適マーク制度）に代わって導入されたものである。

　防災管理制度は，2007年6月の消防法改正により制度化されたものである。大規模・高層建築物等の管理権原者は，地震災害等に対応した防災管理に関する消防計画を作成しなければならない。また地震発生時に特有な被害事象の応急対応や避難訓練の実施等を行う防災管理者を選任し，火災その他の災害による被害を軽減するために必要な業務等を行う自衛消防組織の設置が義務づけられた。

　消防同意とは，消防が建築物の火災予防について，設計の過程から関与し，建築の安全性を高めようという制度である。ただし留意すべきは消防同意があくまで設計図上で判断するという制度であり，立ち入り検査等をするというものとは違うという点である。

　それに対し，火災予防のために必要のある時に防火対象物に立ち入って査察ができるという制度が予防査察である。消防法では，査察で違反が発見された場合，指示や警告，命令などの改善指導を行い，命令に従わない場合は刑事告発もできると定めている。

第12章　火災と消防システム

（3）戦後の主な大火

　過去10年（2001〜2010年）の火災件数の平均を見ると，5万5900件で，前述の昭和初期（1926〜38年）の平均が1万8755件と比較すると3倍近くに増加している。しかし戦後の都市化による人口密集の度合い等から考えるとかなり抑えられている方であると思われる。

　図12-3のとおり，この50年間ほどの推移で見ると，出火件数は2002年以降おおむね減少傾向となっている。また火災による死者数も，2003年以降おおむね減少傾向にある。特に，減少が著しいのは損害額で火災予防の取組みの成果が現れている。

　このように戦後導入された予防消防や，現代的消防技術・装備，建物の不燃化等により，防火の取組みが続いている。しかし消防法上の違法・不適切な防火管理等から，多数が死傷する火災はなくならない。戦後の代表的火災を概観したい。

①千日前デパート火災

　1972年5月13日，大阪市南区（現在の中央区）の千日前のデパートで発生した千日前火災は，死者118名・重軽傷者78名を出す，日本のビル火災史上最悪の大惨事となった。

　出火原因は電気工事関係者のたばこの不始末で，出火場所は3階の売り場内であった。最も大きい被害が出たのは7階キャバレーで，7階にいた181人の内118人が死亡した。この火災を受け，消防法関係の法令及び建築基準法の改正が行われた。

　消防庁は，消防法施行令を改正し，防火管理者制度の拡充，スプリンクラー設備の設置対象の拡大，複合用途防火対象物（雑居ビル）に対する規制の強化，不特定多数の者や身体弱者等が利用する施設（特定防火対象物）に対する自動火災報知設備の遡及設置等の改正を行った。

　建設省は，防火区画における防火戸の常時閉鎖の原則，煙感知器連動閉鎖式防火戸の規定，防火ダンパーの遮煙性能の要求，二方向避難の要求範囲の拡大，避難階段・特別避難階段の防火戸に対する遮煙性能と煙感知器連動化の要求，内装制限の強化等，主として煙対策を中心とする建築基準法の改正を行った。

第Ⅲ部　事故の防止

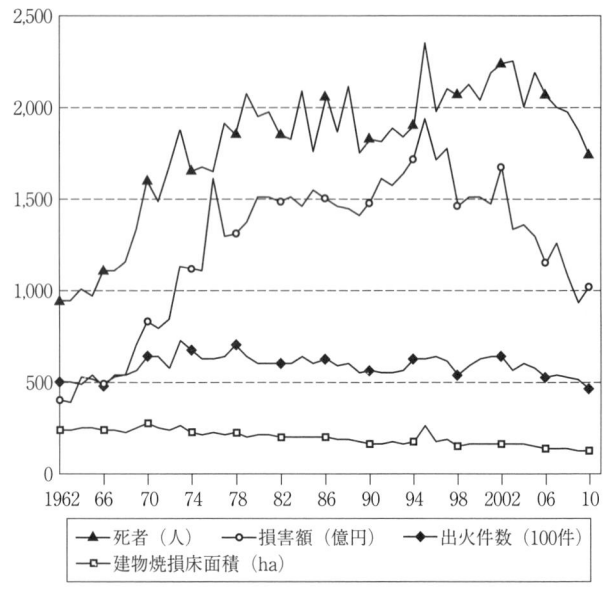

（出所）　消防庁『消防白書』ぎょうせい，各年度より筆者作成。

図12-3　火災件数，火災による被害・損害の時系列的変化

②川治プリンスホテル火災

1980年11月20日15時15分頃，栃木県藤原町の川治プリンスホテルで出火した火災は，同日18時45分に鎮火されるまでに死者45人を出す惨事となった。

本ホテルは1964年に建築され，4度にわたる増改築を繰り返し内部が複雑で，さらに宿泊客への通報が遅れたため，避難しようとした時には廊下に煙が充満しており，被害者を増やした。死者の大多数が高齢者であった。[23]

防火管理者が未選任，消防計画未作成，避難訓練も行われていなかった。本火災を契機に，防火基準適合表示制度（適マーク）が発足した。

③歌舞伎町雑居ビル

2001年9月1日午前1時頃，新宿歌舞伎町雑居ビル「明星56ビル」で起きた火災は，44名の死亡者を出す戦後5番目の火災となった。出火場所は，5階建て雑居ビルの3階エレベーターホール付近で，放火の可能性が濃厚である

が，まだ未確定である。

　消防法違反のビル管理が被害者を拡大させた。違法な内装，防災管理の不徹底などで東京消防庁から行政指導を受けていた。ビル内の避難通路の確保が不十分であった。さらに雑居ビルでテナントが短期間で入れ替わるため，防火管理の責任体制も不明確であった。

　特に，一つしかない屋内階段から出火し避難路を絶たれたことが致命的であった。またその階段は大量の物品が置かれ塞がれていた。さらに防火戸が閉鎖されなかった。そしてこれらは本来，防火管理者が管理するべきものであった。[24]

　本火災を契機に，28年ぶりに消防法の大幅な改正が行われた。消防署による立入検査の時間制限撤廃や，措置命令発動時の公表，建物の使用停止命令，刑事告発などの積極的発動により違反是正が徹底された。違反者の罰則が強化され，法人の罰則の上限は1億円にまで引き上げられた。また自動火災報知設備の設置義務対象が拡大，機器の設置基準も強化された。

4　予防消防の課題

(1) なぜ多くの違反が放置されているのか

　2001年9月1日に発生した歌舞伎町雑居ビル火災後，全国の消防本部が約8000施設で行った査察で，問題がなかった施設はわずか8％で，9割を超える防火対象物が何らかの違反をしているという事実が明らかになった。また同年10月29日に出火し，7人の死傷者を出した「歌舞伎町三洋ビル」では，1月の査察では21件の違反が指摘されていたが，その後改善されたかどうか東京消防庁は掴んでおらず違反是正の追跡をしていなかったことが判明した。[25]

　その後，28年ぶりに消防法の大幅な改正され，火災の予防を目的に消防が行っている査察等の権限は強化された。しかし未だ違法・不適切な防火管理を行っている建物は存在する。なぜこのように違反は多く，また放置された違反が存在するのか。

(2) 予防消防における問題点
①行政命令回避主義と人員不足

違反放置の原因としては、(1)行政命令回避主義と、(2)予防にまわす人員不足がある。

消防機関は火災予防のために、消防法第4条の規定により防火対象物に立ち入って検査を行っている。立入検査で消防法令違反を発見した場合、消防長または消防署長は改善命令を出すことができる。

立入検査により防火対象物の防火管理上の不備や消防用設備等の未設置等が判明した場合には、消防長または消防署長は、消防法第8条、第8条の2または第17条の4の規定に基づき、防火管理者の選任、消防用設備等または特殊消防用設備等の設置等を命じることができる。

また火災予防上危険である場合には、消防法第5条、第5条の2または第5条の3の規定に基づき、当該防火対象物の改修、移転、危険排除等の必要な措置や使用禁止、制限等を命ずることができるという大変強力な権限をもっている。そしてこれらの行政命令を出した場合には、公示することとなっている。

ところが第一点目の行政命令回避主義とは、消防の側が違反を見つけても、行政指導はする一方で、行政命令を回避したがる傾向のことを指す。

消防法は、査察で違反が発見された場合、警告、命令などの改善指導を行い、命令に従わない場合は刑事告発もできると定めている。ところが長年、予防消防は育成行政といわれ、従わなくとも刑罰の対象とならない行政指導を繰り返し、違反者側の認識を徐々に変えることを気長に目指すものとされ、行政命令にまで至る件数は極めて少なかった。

ただ悪質な違反をしても出されるのが行政指導なので、防火管理者の防火意識が結局高まらず、予防効果が薄れるとの指摘も根強くあった。

また二点目の予防にまわす人員不足とは、予防にまわす人的リソースがどの消防本部においても慢性的に不足しており、そのため十分な予防業務が行えないのだという指摘である。多くの消防本部が財政的制約等から人員を増やせず、警防業務及び救急業務をこなすのに精一杯で予防に人員をまわせないというものである。その結果小規模消防本部では、予防業務だけ行う予防専務職員を置

いている専務体制の本部は少なく，多くの消防本部で予防を兼務で行わざるを得ない。

しかし消防行政においても，それぞれの業務に求められる専門知がある。警防には火災防護や戦術等の専門知識が，救急には救急救命の専門知識，予防には法律の専門知識が必要不可欠である。他の業務と兼務だと，なかなか予防の専門性が向上しない。

また物理的に予防の人員が少ないので，立入検査ができる防火対象物の数にも限度がある。全国の防火対象物の件数は391万3278件（2011年3月31日時点）あり，2010年度中に全国の消防機関が行った立入検査回数が83万8016回であることから見ても，毎年すべての防火対象物に立入検査を行うのは不可能である。

②行政命令回避主義となる背景

北村喜宣は，地方公共団体の消防行政における予防業務に着目し，特定防火対象物（デパートやホテル，旅館のように大勢の人が常時出入りする建物）の設備維持義務違反が見つかった場合の行政指導の実態についての興味深い研究を行っている。

わが国の消防法は，前述のとおり特定防火対象物の防火責任者の設備維持義務に対して，消防が改善命令を出せることを定めている。これらのうち，特に5条命令は実務の分野で伝家の宝刀ともいわれるもので，もし改善命令に防火責任者が従わない場合は，業務停止命令も出せるといった非常に強力な権限を消防に認めるものである。

しかしながら北村の研究によると，この5条命令や4条命令といった権力的な行政命令の発動は全国的に見ても極めて少ない。年に数件あるかないかである。この現象は，どの消防本部でも等しく，行政命令を極力回避して行政指導で対応しようとする傾向である（後述するが，最近は北村の論文執筆当時とは状況が変わってきている部分もある）。

その要因を，北村は，(1)消防行政の現場が慢性的な人的リソース不足で，行政命令を出した場合に生じる煩雑な事務をする人的余裕が消防の側にないことや，(2)消防が政治の圧力に弱く，業務停止命令を出されそうな経営者が地方議

員の下に駆け込むとすぐ腰砕けになること，(3)法律に関して詳しい消防吏員がまだ少なく，不服申立や訴訟提訴に対応する自信がないこと等とし，行政の側に止むに止まれぬ事情があることを指摘している[27]。

建物の使用禁止等の行政命令を出すことで企業経営に支障が出ると，地域経済全体にとってもマイナスとなる。市町村消防にとっても勇気のいる決断である。そこに政治が介入する余地が生じる。

前出のエンゼルも，次のように指摘している。

「予防部長の地位は，大小の消防本部の中で最も重要なものである。しかも，仕事をするのに最も難しい地位である。多数の人々は，自分の関係する事柄については，法規の適用を見逃してくれと要求する。また，他の人々は，これ等の法規は民衆を困らせるものであるからと云って，法を無視してかかる。故に，予防部の長には，反対を押切って，消防及び建築の法令を強制実施していくだけの勇気が必要である。ある政党の幹部であるとか，実業界の重鎮であるとか云うような理由で，微力な一般市民に対するよりも違った便宜を特定人に与える理由はあり得ない」[28]。

また行政命令は，訴訟リスクを伴う。不服申立や訴訟提訴に，小規模消防本部は兼務なので予防担当者の法律能力では対応できない場合がある。そして実は，多くの消防本部が人員不足なので，裁判を起こされるとそこに人を取られ日常業務が回らなくなってしまう。そのことを恐れ，行政命令を出すことを長年躊躇してきたのである。

③ 2002年の消防法の一部改正以降の変化

このような予防消防の状況に変化を生じさせたのが，歌舞伎町雑居ビル火災を受けた2002年の消防法の一部改正である。

消防庁が，違反が是正されない防火対象物に対しては，消防本部が違反処理基準等に基づき適切な履行期限を設定した警告，措置命令を速やかに発動することを求めるようになった。

これにより，命令件数は近年増えてきている。図12-4は，全国の消防本部が出した命令件数の合計の時系列的変化を見たものであるが，2002年度以降増加していることがわかる。2000年度の命令件数の合計が84件なのに対し，

第12章　火災と消防システム

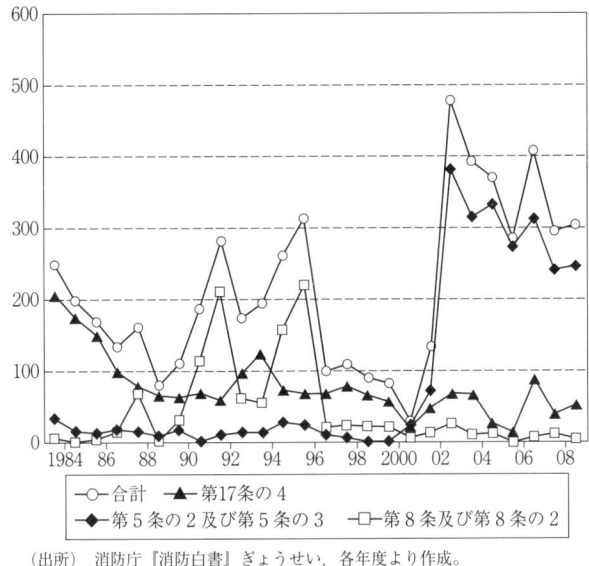

図12-4　命令件数の時系列的変化

（出所）消防庁『消防白書』ぎょうせい，各年度より作成。

2010年度は274件で3倍以上増加している。また伝家の宝刀といわれている5条命令の発動件数も4件から，233件に増加している。

　このよう統計上は，行政命令回避主義は是正されてきているように見える。ただし，消防庁が消防白書の中で「命令の発動件数や法令基準の遵守状況には地域差が見られる[29]」と指摘するように，命令の発動件数には大規模消防本部と小規模消防本部で大きな格差がある。

　人員に余裕のある大規模消防本部は，予防消防の専門化を進め，訴訟リスクも気にせず違反が是正されない防火対象物に対して命令発動を積極的に実施するようになったのに対し，小規模消防本部の状況は以前と変化がないのが実情である。

5　根本的問題解決のための広域再編，予防への人員確保

　このように，防火対象物に対しての命令発動件数の地域間格差が生じる最大

第Ⅲ部　事故の防止

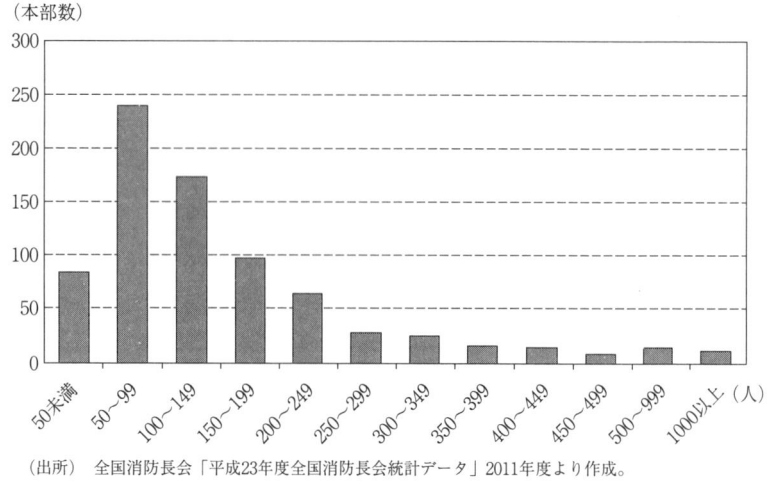

(本部数)

図12-5　全国消防本部の職員数の度数分布

(出所)　全国消防長会「平成23年度全国消防長会統計データ」2011年度より作成。

の要因は，消防本部間の組織規模の地域間格差が極めて大きいことに起因している。

　図12-5を見るとわかるように，全国の消防本部の職員数の地域間格差は大きい。最小の消防本部は職員数が15人（三宅村消防本部）の一方，最大の消防本部である東京消防庁の職員数は1万8000人である。

　ところが「命令の発動件数や法令基準の遵守状況には地域差が見られるなど，引き続き違反是正の推進に努める必要がある」と，小規模消防本部が抱える人員不足の問題は未解決のまま，違反が是正されない防火対象物に対しての措置命令を出すことのみが，消防庁から求められているのが現状である。

　無論，消防庁も消防本部の地域間格差を放置している訳ではない。全体の9割を占める管轄人口30万人未満の消防本部の解消を視野に入れた広域再編を現在実施中である。2006年6月6日，「消防組織法の一部を改正する法律案」が成立し，14日より施行された。市町村消防の広域化の推進を目的とするものである。総務省消防庁の広域再編計画によると，少なくとも1消防本部の管轄人口を，30万人規模（職員数は350人規模で，3消防署6所を保有する）程度に引き上げることを目指している。

しかし，2012年度末までを一応の期限としてきたが，必ずしも予定どおりに進行していないのが現状である。統合方法や財政負担の調整が難航したり，消防署の人員再配置による対応力低下への懸念が市町村の側に根強くあるからである。

　そのような状況を受け，2012年7月27日消防庁の消防審議会も，再編・広域化計画の実施期限を今年度末から，5年程度延長する中間答申素案をまとめた。消防の広域再編を断念するものではないが，市町村レベルでの再編に向けた交渉が難航しているのを認めた形である。

　広域再編は，予防消防のみの問題から出てきた話ではないが，予防消防の抱える問題の根本的解決にもつながる問題である。小規模消防本部が解消されることで，多くの消防本部が抱える人員不足も解消され，予防に人員を回せるようになる。それにより予防の専門性も高まり，訴訟リスクがあっても断固とした姿勢で命令発動をすることができるようになる。予防消防の強化という視点からも，消防広域再編の実現が求められる。

　また，冒頭でも述べたとおり，現在火災の大半が一般家庭で起こっている。予防消防の取組みは，今まで比較的特定防火対象物（ホテル，デパート等の不特定多数が出入りする建物）に重きが置かれてきた。住宅用の火災報知機設置の義務づけ等，近年住宅火災の対策に力が入れられるようになってきているが，特定防火対象物と同じような対応（立入検査等）は不可能である。個人の防火に対する意識向上が，行政の取組みとともに大切である。

注
(1)　消防庁『平成23年度消防白書』ぎょうせい，2011年。
(2)　よって放火は重罪で，馬で市中引廻しの上火罪となった。
(3)　明暦の大火の火元は，実は本妙寺に隣接した老中・阿部忠秋の屋敷で，威信低下を恐れた幕府の要請で本妙寺が罪を被った可能性が高い。大火後も本妙寺は取り潰しにあわなかった。また明治以降，本妙寺もそのよう説明している。ちなみに火元に関しては，曰く付きの振袖を本妙寺で供養している最中に出火したという伝説もある。明暦の大火が振袖火災とも呼ばれるゆえんである。
(4)　明和の大火は，出火場所にちなんで別名，行人坂火事ともいう。

第Ⅲ部　事故の防止

(5) 別名，芝車火事，あるいは丙寅火事ともいわれる。
(6) 定火消以前にも，武家火消は存在した。1629（寛永6）年三代将軍家光は，将軍の命令書（奉書）で大名の消防隊を非常召集する奉書火消を設置し，さらに1639（寛永16）年に大名6家に専門の火消役を命じ，奉書火消の強化を図った。そしてさらに1643（寛永20）年，大名16家に命じ大名火消を組織させていたが，定火消は幕府の常備消防でより組織化されたものであった。役職の無い旗本の二男，三男の救済策でもあったので，別名「旗本火消」ともいう（藤口透吾・小鯖英一『消防100年史』創思社，1968年，54-58頁）。
(7) 安藤明・須見俊司『消防・防災』第一法規，1986年，26頁。
(8) 西本願寺は横山町から築地へ，東本願寺は神田明神下から浅草へ，霊厳寺は霊厳島から深川へ，山王権現社は三宅坂上から溜池上へ，吉祥寺は本郷元町から駒込へそれぞれ移された。
(9) 瓦葺きは，火の粉による延焼防止の観点から有効であるが，明暦の大火の後一時的に禁止になったのは，瓦の崩落に伴う圧死者が極めて多かったためである。
(10) 黒木喬『明暦の大火』講談社新書，1977年。
(11) 藤口透吾・小鯖英一『消防100年史』創思社，1968年，60頁。
(12) 18世紀後半に，竜吐水（手押しポンプ）が発明されたが，放水力は15，6mでほとんど消火活動の役には立たなかった。
(13) 藤口透吾・小鯖英一『消防100年史』創思社，1968年，179頁。
(14) 安藤明・須見俊司『消防・防災』第一法規，1986年，26頁。
(15) 魚谷増男『消防の歴史四百年』全国加除法令出版，1965年，201-202頁。
(16) 安藤明・須見俊司『消防・防災』第一法規，1986年，26頁。
(17) 藤口透吾・小鯖英一『消防100年史』創思社，1968年，157-173頁。
(18) 藤口透吾・小鯖英一『消防100年史』創思社，1968年，188-197頁。
(19) 安藤明・須見俊司『消防・防災』第一法規，1986年，84頁。
(20) エンゼル，G.W.／小林辰男・本出英三郎訳『日本の消防』日光書院，1950年，37-38頁。
(21) 消防庁『平成23年度消防白書』ぎょうせい，2011年。
(22) 防災都市計画研究所『千日デパート火災研究調査報告書——防災の計画と管理のあり方を検討する』防災都市計画研究所，1972年。
(23) 消防科学総合センター「火災・事故防止に資する防災情報データベース」(www.bousaihaku.com/cgi-bin/bousaiinfo/index.cgi　2012年12月アクセス)。
(24) 消防科学総合センター「火災・事故防止に資する防災情報データベース」(www.bousaihaku.com/cgi-bin/bousaiinfo/index.cgi　2012年12月アクセス)。
(25) 消防科学総合センター「火災・事故防止に資する防災情報データベース」(www.bousaihaku.com/cgi-bin/bousaiinfo/index.cgi　2012年12月アクセス)。

(26) 消防庁『平成23年度消防白書』ぎょうせい，2011年。
(27) 北村喜宣「執行裁量権の選択的行使と規定要因」『自治研究』第71巻第8-12号。
(28) エンゼル，G.W.／小林辰男・本出英三郎訳『日本の消防』日光書院，1950年，38頁。
(29) 消防庁『平成23年度消防白書』ぎょうせい，2011年。
(30) 消防庁『平成23年度消防白書』ぎょうせい，2011年。

(永田尚三)

第13章

もう一つの安全神話の崩壊
――地震時の新幹線の最悪の被災シナリオ――

1　「想定外」を防ぐ最悪の被災シナリオ

　わが国にはこれまで安全神話が二つあった。一つは原子力発電所であり，もう一つは図 13-1 の新幹線である。そして，東日本大震災が起こって，前者の神話は崩れてしまった。残るは後者である。新幹線は本当に大丈夫だろうか。その疑問に答えようとしてまとめたものが本章である。筆者らは危機管理と地震学の専門家である。その観点から考察した結果である。

　筆者のうちの河田は，過去 20 年にわたって，確実に 2000 回以上，新大阪と東京を東海道新幹線で往復してきた。そして浜名湖から丹那トンネルの間を走行中に東海地震が起こらないことをいつも願ってきた。一方で，遭遇すれば断線転覆事故は免れられないと覚悟してきた。特に 2011 年，東日本大震災が起こって以来，年末まで「のぞみ号」で約 130 往復利用してきたことは，自分ながらよく利用したものだと関心すらしている。車中では，必ず仕事をしてきた。書籍の執筆や雑誌の原稿書き，校正が仕事の中心であった。もう年齢が年齢であるからいつもグリーン車を利用するが，大体，通路側の席は空席の場合が多く，その空間をまるで書斎のように使ってきた。そして，これまで安全だったのは，たまたま脱線転覆するような地震の揺れに遭遇していないからだと自分では考えてきた。福島第一原子力発電所が事故を起こした時，自分自身が東海道新幹線にもっている不安感を自分だけのものにしてはいけないという思いがつのってきた。事故を「想定外」としない試みは，危機管理の専門家では当然の行為であると考えている。本章のみで終わらせるつもりはない。重大事故が起こった場合の，JRや事故が発生した地域の自治体の救急・救命活動の問題

第13章　もう一つの安全神話の崩壊

（出所）筆者撮影（2012年10月16日撮影）。

図13-1　静岡駅に進入する新幹線ひかり号

もほとんど議論されていないからである。それについても，今後，著者らの責任で明らかにしていきたい。

　これまで，事前対策で事故が起こらないように最大限の努力を払うのがわが国の「安全文化」であった。例えば，新幹線では，可能な限り地震を早く検知して列車を停止させる「ユレダス」が開発され，地震時の脱線防止ガードが設置されているのはその例である。東海道新幹線の開業が1964年10月1日であるが，それ以来48年間にわたって車内の乗客に死傷者の出る事故は起こっていない。2011年3月11日の東日本大震災でも，東北新幹線では27本の列車が走行中であったが，死傷者が出る事故は発生しなかった。しかし，このような事実を知っても，まだ不安は払しょくできない。なぜなら，これまでの事故防止努力は，簡単にいえば"新幹線が事故を起こさない"ためのものであった。福島第一原子力発電所もその観点から対策が立てられてきた。これが破たんしたのは一つには想定が甘かったからである。筆者らは，東日本大震災が起こっ

て以来，想定外の巨大災害に遭遇しない努力を重ねてきた。その結果，従来のアプローチとはまったく逆の方法で減災や事故防止策を立てることが重要であることに気がついた。すなわち，最悪の被災シナリオを見出して，それが起こらないようにするのである。新幹線の場合は脱線転覆事故である。そして，この事故が"起こる"のはいかなる条件の下であるのかを見出すことを試みた。つまり，いきなり事故を防ぐのではなく，事故が起きる条件を見出して，そうならないような対策を講じることが有効であると考えたわけである。

事故を起こさないような努力だけを積み重ねると，一度事故が起きればお手上げである。起こらないような努力を継続すると，いつの間にか"起こらない"と思い込むようになる。そうなると，起こるかもしれないという情報は意識的に排除されるようになる。それを確証バイアスという。

もし，将来，東海地震時に脱線転覆するという事故が起こった場合，起こった場所の当該市町村にとっては晴天の霹靂である。何の準備も対策もしていないからである。それは福島第一原子力発電所事故以上の"不意打ち"となる。なぜなら，原子力発電所の事故の場合，起こったらどうするかについては，不十分ながら事前に準備されていたからである。ところが新幹線については，起こったらどうするのかにつながる想定やシナリオが一切ない。

筆者らは，人が作ったものは必ず不具合を起こすと考えている。不具合を起こさないと考えて，起こってからの対策を事前に考えていないと，未曾有の混乱が起きることを多くの事例で学んできた。さらに筆者ら自身が東海道新幹線に年に100回以上乗車するヘビーユーザーであり，これからも新幹線は事故を起こして欲しくないと考えている。だからこそ，抜け落ちている事故発生のシナリオを見出すことはとても重要であると考える。

2　新幹線の危機管理の問題点

一般的に，危機管理は事前対策，直後対策と事後対策の三つで構成されている。ところが新幹線の場合，直後対策と事後対策がないのである。新幹線の事故対策は，起こさないようにするという事前対策しかないといっても過言では

第13章 もう一つの安全神話の崩壊

ないだろう。

　災害時の対応が困難な最大の理由は，事前に問題点が必ずしも把握できない点にある。したがって，災害対応に関わる担当者に最も必要な資質は，想像力（イマジネーション力）である。想定外のことが起こらないようにする努力が求められるわけである。自然災害の外力は，人間社会のシステムを攻撃するわけであるから，ピンポイントの防御策では不十分である。

　そして，災害規模が大きくなればなるほど，それまで経験したことのない被災事象が起こるのが必定である。東日本大震災では，市町村の庁舎が津波で被災し，町長や多数の自治体職員が犠牲になるという悲劇が起こった。事前の業務継続計画にそのような想定をしていなかったのである。なぜなら，このような事態は少なくとも津波災害に関して，わが国では近年発生しなかったからである。だから"そのようなことは起こらない"という思い込みがあった。

　過去に起こった災害への備えを基本とする発想から，災害対策基本法（1961年施行）は作られている。そこでは，"二度と同じ被害を繰り返さない"という立場から対策が実施されてきている。したがって，この法律では災害の発生に先立って，防災・減災の先行投資ができないことになる。例えば，1978年に東海地震を視野に入れた「大規模地震対策特別措置法」が施行されたが，これは東海地震対策の強化地域に指定された自治体が対象であって，推進地域は対象外なのである。この法律がなければ，防災・減災投資はできないのである。東日本大震災前に筆者らは，東海・東南海・南海地震で被災する危険性のある自治体に事前復興計画の必要性を説いて回ったけれども，すべて一笑に付されてしまった。"起こる前に無理です"，というわけである。しかし，あまり努力しなくても，この作業の初期の過程で，いまどこが災害に脆いのかがわかるという長所もある。東日本大震災の復興まちづくりがいずれの被災自治体でも難渋していることを考えると，少なくとも事前に検討しておく価値は高いと認められる。

　近い将来発生する地震が，これまで想定されていた東海地震になるか，広い範囲が連動して起こる「南海トラフ巨大地震」であるか，あるいはその中間に当たる安政東海地震や宝永東海地震程度のものになるかについては，確実な予

測は難しい。だが，起これば一番被害が大きい都府県が静岡県になることは確実である。多数の被災住民対応で自治体の体制がとても厳しい状況下で，さらに東海道新幹線が事故を起こせば，一体誰が対応できるというのであろうか。満席の「のぞみ号」が脱線転覆し，平均高度 12.5m の高架や盛土部分から落下すれば 1323 人の乗客はどうなるのであろうか。JR では社内的に極秘に検討が行われているのかもしれない。しかし，少なくとも静岡県をはじめ沿線市町村にそのような対策に関する情報共有化の存在を筆者らは知らない。

3　これまでの地震時の新幹線の状況

まず，地震時の新幹線の状況について，明らかになっている情報をここで紹介したい。なお，技術的に詳細な記述は別途公表されている報告書や論文に譲り，概要の記述にとどめることにした。

（1）1995 年 1 月 17 日　阪神・淡路大震災当時

山陽新幹線の新大阪・新神戸・西明石の区間において 8 ヶ所で高架橋が落橋する被害が発生した。また落橋箇所以外でも 32 ヶ所で橋げたがずれる被害が発生した。このような箇所に列車が進入していれば極めて大きな被害が発生したことは間違いない。だが地震の発生時刻が新幹線の始発列車よりも前の午前 5 時 46 分であったため，走行中の列車が巻き込まれる事故には至らなかった。

（2）2011 年 3 月 11 日東日本大震災当時

東北新幹線の営業運転中の 27 本の列車は脱線しなかった。ただし，試運転中の回送列車 1 本は低速であったにもかかわらず脱線した。施設被害，例えば，電化柱の傾きや架線の切断などは大宮―いわて沼宮駅間の約 1750 ヶ所で発生したが，起こった場所と列車の位置関係が幸いして重大事故にはつながらなかった。高架橋や橋脚にも被害が出たが，これも同様の理由から列車事故にはならなかった。

（3）2004年10月23日新潟県中越地震当時

　上越新幹線の「とき325号」が走行中に脱線した。コンクリート床板のスラブ軌道上の線路中央部側に幸いにも脱線したので，車輪がコンクリート上を滑走して，車体が傾いただけで止まった。線路の外側に脱線しておれば，高架橋から転覆した可能性があった。いずれにしてもいくつかの幸運が起こって重大事故にはならなかった。

　今回の論考の基本的部分は，この事故が発端であり，もう少し詳しく紹介すれば，次のようになる（中村, 2006）。

①同日17時56分0.3秒に発生した地震は，マグニチュード6.8の内陸直下型地震であった。10両編成の下り「とき325号」は時速195kmで走行中，地震が発生し，先頭車が滝谷トンネル（大宮起点206km地点）を出て75mほど進んだところでP波に遭遇し，パンタグラフが上下動して架線との間でスパークが発生し，これが目撃された。

②P波から0.6秒後にユレダスが働き，停電，緊急ブレーキが作動開始した。

③さらに2秒後にS波が到来し，さらに1秒後には大きな揺れが始まった。先頭車両は206km240m付近に達し，その直後，先頭から3両目の後部台車の後部車軸が190m付近でレールに乗り上がり脱線した。

④列車は5,6秒継続する大きな揺れの中を全車両が一斉に左右にロッキング運動しながら交互に片輪走行した。この時，作用した地震波の加速度は周囲の被害状況からおよそ400ガルと見積もられている。ロッキング運動する水平加速度は概略330ガル程度と見積もられているので，このような挙動をした可能性は極めて高い。

⑤一方，高架橋はトンネル出口から約285mは2層ラーメン構造であるが，そこからは崖地形となって地面が走行方向に斜面となって盛り上がっている。したがって，高架橋は低くてよいので，柱が短い1層ラーメン構造となってそれがしばらく続いている。

⑥ここに差し掛かった先頭車両の前部台車が左側に脱線し，30mほど走行し，今度はロッキング運動によって反対側に揺れ始め，先頭から2両目の後部台車が285m付近を通過して，右側に脱線した。

このように，台車がロッキング運動の最中に，2層から1層ラーメンの高架橋へと変わり，そのために線路の軌道面が左右に大きく相対変位する区間へ進行したことが9両の脱線につながったのである。

このような代表的な事故の発生から，新幹線当局が手をつけている改良は，構造物（特に高架橋）の補強，ユレダス及びその他のP波検知型地震計の高速化・高度化，地震計の増設，車輪が地震時にロッキング運動して脱線しないような脱線防止ガードの設置（線路側），車両が脱線した際に軌道外への脱出を防止する突起物の追加（車両側）などである。対症療法的な対策が行われていると理解できる。

4　新幹線で懸念される地震災害の形態

次に，心配される事故の形態について述べてみよう。

（1）構造物の致命的な破壊

新幹線運行時間帯に発生した新潟県中越地震，東日本大震災とも，橋，トンネル，盛土といった構造物が致命的な被害を受けた場所への新幹線列車の進入はなかった。だが，中越地震では魚沼トンネル内でトンネル内壁を覆う「覆工コンクリート」が大きく崩れ線路内を支障する被害が発生している。東日本大震災でも高架橋が大きく損傷した箇所や電化柱が多数折損した箇所があったが，そのような箇所への列車の侵入はなく大事故の発生は避けられた。

これまでに地震被害を受けた山陽，東北，上越の各新幹線は高架橋・橋りょう・トンネルが基本的な構成要素となっており，盛土区間はほとんどない。そのため新幹線においては盛土が強い地震動にさらされて被害を受けた例はない。東海道新幹線は全線にわたって盛土構造が採用されており，その意味でこれまでに地震被害を受けた経験のない構造が線路のかなりの部分を占めている。東海地震対策として「シートパイル締切工法」（図13-2）を開発し，30年近くにわたり対策を進めていることはよく知られているが，東海地震のゆれに対して無傷でいられるという保証はない。

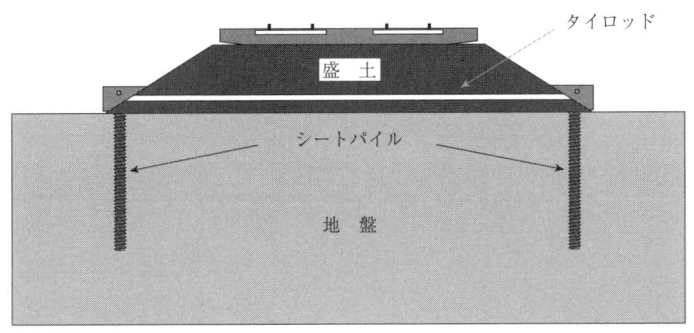

第13章　もう一つの安全神話の崩壊

（出所）関（2006, 261頁）。

図13-2　新幹線の盛土補強として使われているシートパイル締切工法（関, 2006）

（2）レールや枕木を支える道床（バラスト）の崩壊

　車輪と直接接触するレールは，枕木と道床（バラスト）を介して構造物の上に設置されている。平常時はこの道床が列車の乗り心地改善や騒音低減に寄与するとともに，日常的な保守を容易にしている。しかし，道床は砕石を積みあげただけの構造なので，強い横方向の振動を与えれば簡単に崩れてしまう。その結果，左右のレールの高さが著しく異なる形に崩れてしまった場合には，高架橋や盛土などの構造物がたとえ無傷であっても脱線を引き起こしてしまう可能性がある。

（3）地震時の跨線橋の落橋あるいは走行中の自動車の線路上への落下

　東海道新幹線では，道路や鉄道が上を通る跨線橋が約200ヶ所存在する（図13-3）。これらは，新幹線建設に伴って当時の国鉄によって建設後，沿線市町村に譲渡され，すでに公道として供用されている。これらの大半は建設後50年近く経過し老朽化している。この跨線橋の維持・管理の義務はJR東海ではなく，当該の都府県や市町村にある。近年，耐震補強工事された跨線橋が増えてきたことは車窓からも確認できるが，すべての跨線橋に確実に実施されているのかどうか不明である。また，伊勢湾岸道や京滋バイパスといった新しい道路の開通があいつぎ，新幹線の上をまたぐ道路は増加の一途をたどっている。

253

第Ⅲ部　事故の防止

(出所)　筆者撮影（2012年10月29日撮影）。

図13-3　新幹線の上をまたぐ跨線橋

新しい道路は耐震設計の基準も高く，旧来の跨線橋よりは多くの場合，耐震性が高い。だが，適切な維持管理がなされなければ，構造物は急速に劣化していくことを忘れてはならない。

さらに，構造物の耐震性確保に加えて，地震時に跨線橋から走行中の自動車などが落下しないような防止策や，平行して走行する東名自動車道や名神自動車道から自動車が線路上に落下しても新幹線の安全を確保し得るものであるかどうかの検討が必要である。東名高速道路からの工事足場の落下事故は，1992年11月20日に現実に発生したことがある。これは地震ではなく強風によるものであったが，新幹線の線路内に大きなものが入り込む危険性も十分検討しなければならない。

（4）切取急斜面やトンネル出入り口付近における土砂崩壊

新幹線は高速走行が宿命である。そのため線路は直線または極めてゆるやかな半径2500m以上の曲線から構成されている。在来鉄道であれば避けたよう

な急傾斜地や軟弱地盤があっても，高度な技術を用いた土木工事を行って，できるだけ直線になるよう作られている。特に，東海道新幹線は建設時期が早く，長大トンネルや長大橋りょうを作る技術が今日ほどの高度のレベルではない時代に作られている。そのため，自然の地形を最大限に利用して，トンネルや橋りょうを短くする設計上の工夫がなされている。しかし，そのためにトンネルの出入り口などに非常に急な崖状の地形が存在している。後に作られた東北新幹線や上越新幹線では平野内の緩斜面の場所から延長10km以上におよぶ長大トンネルに入ってしまうため，山の裾野ぎりぎりまで迫るという場所はほとんどない。

　急斜面は地震による強い振動で崩壊することがある弱点箇所である。土砂が崩壊した場所に列車が進入すれば簡単に脱線転覆してしまう。第3節でとりあげた新幹線が被害を受けた3つの震災では，新幹線からは離れた場所でいずれも大規模な土砂崩壊が起きており，新幹線の線路上を直撃する土砂崩壊の可能性は否定できない。

　土砂崩壊が大規模な土石流となれば，その発生源は新幹線沿線から数km以上も上流となる可能性もある。このような場合の土石流発生地点はもはやJR東海の管理下にはなく，多くの場合，国，都府県，市町村が管理している。1923年の関東大震災の際，ここで危惧される種類の災害が神奈川県の根府川橋りょうで発生し，大規模な土石流に飲み込まれて橋りょうは列車もろとも流されて海底に没した。これにより112人もの乗客・乗務員が亡くなった。新幹線をまたぐ跨線橋の落下危険性と同じく，自らの管理していない場所から事故の原因が持ち込まれる危険性がある。

（5）地震時あるいは豪雪時の沿線の松などの線路上への倒木

　竹のようなものであれば大きく心配することはないが，松のような直径が20cmから30cm以上もある高木が線路上に倒れ掛かり，そこに新幹線が走行してくれば，重大事故につながりかねない。事実，2011年12月の豪雪時，関ヶ原付近で折からの豪雪で直径30cmの松が線路内に倒れ込み，これが架線を切断したために新幹線が不通となって，間一髪衝突事故が避けられた。その後，

降雪時に徐行運転する事態が長く続いたことを筆者らは経験している。

（6）地震時に橋りょう上などに停車した列車への津波来襲

特に太平洋に直接面する静岡県沿岸部では，南海トラフ巨大地震時に10mを超える津波が来襲することがわかっている。富士川や大井川，天竜川の河口から巨大津波が遡上して橋梁が流失する恐れがある。その橋りょう上で新幹線車両が緊急停止していないとも限らない。一方，浜松市から湖西市にかけての浜名湖付近では新幹線の軌道は標高4m20cmというかなり低い位置にある。現在の湖西市新居町付近にあった橋本宿を壊滅させた1498年の明応東海地震クラスの津波が来襲すれば，この付近の軌道流失や停止している新幹線車両の流出は避けられないと考えられる。

ここで指摘したことが確実に起こるわけではなく，杞憂に終わる可能性の方が大きい。新幹線を運行するJR東海も構造物の補強や地震計の機能向上・増設といった地震対策に多くの人と資金を投じて積極的に進めている。特に，軌道内に脱線防止ガードが追加されているのは，全新幹線の中で東海道新幹線だけである。しかし，南海トラフで超巨大地震が起こる可能性はゼロではなく，そのような地震が起きた時にここで述べたような被害が起こらないとは断言できない以上，直後対策と事後対策も含めた対策を事前に準備することは喫緊の課題であろう。

5　新幹線の最悪の被災シナリオ：地震動による走行車両の脱線可能性

さて，前節までは可能性の問題として，発生確率が比較的小さいと考えられるが，一度発生すれば大きな事故につながる事象について説明した。しかし，これから述べることは必ず起きると確信できる事象である。つまり，やや規模の大きな地震が新幹線の近くで起こり，一定レベル以上の強い揺れに見舞われた場合，たとえ高架橋などは無被害であっても，脱線事故が高い確率で発生し得るという可能性である。そして，その時に悪条件が重なれば転覆する可能性が高いと考えられる。幸いにして過去50年間近く，このような地震動を東海

道新幹線は経験しなかった。起こり得るありとあらゆる危険を克服して，新幹線が現在のような安全な乗り物との評価を得たわけではないのである。たまたまそのような危険に遭遇しなかったので，安全と錯覚されているのではないのかと指摘したい。なぜなら，巨大な地震の発生間隔は100年以上であり，たかだか数十年では経験しない幸運もあり得るからである。東海地震がそうである。

（1）異なる構造物間での揺れ方の違い

　新幹線の線路は，地上からの平均高さ約12.5mを水平に走行するように，自然の地形の凹凸にあわせて高架橋や盛土の高さを変化させている。したがって，基本的に1層あるいは2層ラーメン構造の高架橋や盛土上を走行している。そして，軌道は，トンネルや橋梁，盛土の谷合地形や切土地形上をほぼ直線もしくは少しの曲線区間から構成されている。仮に，時空間に一様な地震波が軌道と直角方向から襲来したと考えてみよう。この時，構造物ごとに揺れ方やその振幅（変位）は変化する。それはそれぞれの構造物の固有周期や剛性が相違するからである。これは「目違い」や「角折れ」とよばれる現象である（図13-4）。つまり場所によって揺れ方が異なるために，軌道が急に折れ曲がるような場所ができてしまう。16両編成の東海道新幹線の列車は長さが約400mある。そして，地震時に400mもの区間の軌道，すなわちレールは直線状に揺れないのである。必ず，不規則な進行方向の蛇行が起こると指摘できる。それによって，レールと車輪のフランジの走行方向が平行でなく，レールの蛇行によって角度がつけば，線路を乗り越える，すなわち脱線という現象が起こるのである。また，300ガル程度以上の水平加速度を車両直角方向から受けると，新幹線の車体がロッキング運動することが解析からわかっている。

　一方，新潟県中越地震時に脱線した新幹線の高架橋付近では周囲の被害状況から見て400ガル程度の加速度が作用していたと考えられる。この地震動はとびぬけて大きなものではなく，中越地震で大きな被害を受けた川口町（震度7）や小千谷市（震度6強）で観測された揺れよりはかなり小さい。東海地震が発生するとマグニチュードは最低でも8であり，場合によっては東日本大震災並の9に迫る大きさにまで成長する可能性もある。この地震が発生すれば，

第Ⅲ部　事故の防止

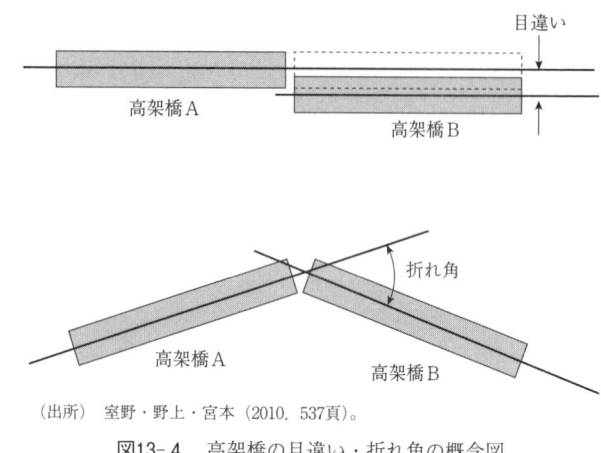

（出所）室野・野上・宮本（2010, 537頁）。
図13-4　高架橋の目違い・折れ角の概念図

　静岡県内の新幹線軌道はほぼ全線が震度6弱以上のゆれにさらされる。さらに軟弱地盤で地震動の増幅が大きい地点では震度7になると予想されている。震度と最大加速度の対応関係は地震動の卓越周期の影響もあり単純ではないが、目安として震度6弱でも520～830ガル程度となるので、東海地震が発生すれば静岡県下の新幹線軌道はすべての地点で車体は必ずロッキング運動することが予想される。しかも、レールが走行方向に蛇行する状況も発生する。

（2）地震のゆれの時空間的特徴
　地震は地下で起きる岩盤の破壊によって地震波が放出される現象である。それが周囲に広がり、その途中で反射、屈折、散乱といったプロセスを経て地表面に到達する。平坦な地形が広がり、硬い岩盤が地表面近くに一様に出ている地域であれば、地盤は一体となって動く。その結果、地下深くから伝わってきた地震波は付近一帯どこでも非常に似たものとなる。だが、地形変化に富む日本では、そのような場所はほとんどない。山地、平野といった地形の変化と地層を構成する物質の硬軟といった地質の変化の両方があり、そのような境界面を地震波が通過すると、極めて複雑な挙動をすることが知られている。その結果、わずか数十メートルしか離れていない場所で、観測される地震波が大きく

変化することになる。

　例えば阪神・淡路大震災の時に注目された「震災の帯」をその例として挙げることができる。震災の帯とは，神戸市から西宮市にかけての幅約1km，長さ約20kmの被害が集中した地域のことである。この地域で地震前から指摘されていた活断層は，この帯の直下にはなく，地震波形解析や余震分布からもこの説は支持されていた。地震の直接の源である活断層からやや離れて被害が集中した原因は，活断層から直接到来する地震波と，山地と平野の境界で二次的に生成された地震波が，増幅的に干渉して振幅を増大させたためと考えられている。これは「盆地端部効果」とよばれている。

　新幹線は既存の地形を無視して可能な限り直線の線形を維持して建設されている。そのため平野と山地の境目や盆地と山地の境目を何度となく横断する。また，山地の裾野を走るような場所では，溺れ谷と山地の境界を橋りょうと切り取りの連続で通過していく。このような場所では線路に沿った方向において，地下から入ってくる地震波が不連続に変化する可能性が高い。その結果，「震災の帯」のような特異的に大きな地震動の場所を新幹線の路線が通過する可能性は高い。

　また，地盤によって入力される地震動が変わると，地盤の上に存在する構造物に入力される地震動も変化する。このことは前の項で述べた構造物による振動挙動の違いをさらに増加させるような効果もある。

(3) 地震時の軌道の蛇行現象

　地震時の蛇行現象は1995年阪神・淡路大震災時にJR西日本の東西線で観察されている。同線の淀川の川底トンネルは完成直前であったが，西端の尼崎方面に向かっていた建設作業員らは，1km以上に及ぶトンネルの天井にぶら下げられていた蛍光灯がまるで蛇がくねくねとしながら近づいてくるように揺れたと証言している（河田，1995）。89年にサンフランシスコを襲ったロマ・プリエタ地震でも，サンフランシスコ湾の海底トンネルでバートとよばれる郊外電車が走行中にやはり蛇行状の揺れに襲われたことがわかっている。幸いロマ・プリエタ地震のケースでは，脱線という事故は起こらなかった。この海底

トンネルは，地震時に蛇行状に変位することを設計条件に入れていたために，ジョイントからの漏水は起こらなかったと報告されている。これらの事実は，地震時の構造物の揺れ方は一様ではないということを示している。

したがって，軌道が，固有周期や剛性の異なる構造物によって構成されていることを考えれば，その変状は線路直角方向に一様ではないことが理解できる。一方，実際には地震波は線路直角方向から一様に来襲するわけではなく，ある角度をもってやって来ると考えなければならない。そうすると線路の走行方向にも圧縮あるいは伸長力が不規則に作用すると考えられる。結局，レールを含む軌道は，時空間に大きさと方向が異なる地震力を受けて変形するわけである。このような条件下で高速回転の車輪がレールに乗り上げないとは断言できないのである。異種の構造物などから構成される長大構造物による揺れ方の相違は，現在の構造設計では，設計外力を超えて作用する力に対しては考慮外である。

（4）非定常外力に対する動的設計

明石海峡大橋のような長大橋では，台風時の暴風による揺れ方を考慮した動的設計を実施している。地震波と同じく風も方向や速さが時空間的な変化をする非定常外力である。新幹線の軌道のような，異なる高さの構造物やトンネル，盛土，橋梁が混在する長大軌道に対して，地震力による動的設計は行われていないのが現状である。吊橋が動的設計を導入したきっかけは，全長 1700 m の吊り橋であるアメリカ合衆国ワシントン州のタコマナローズ橋の落橋事故である。この橋は，架橋 4 ヶ月後の 1940 年 11 月，予想に満たない強風の影響で落橋する事故を招いた。この事故は，技術史の中でも共振が生じた結果の被害現象として，たびたび実例に挙げられている。このケースでは，自励振動を抑えるため床板の下の桁を補剛トラス構造にして剛性を増やして解決した。

（5）地震時の脱線の危険性

1995 年の阪神・淡路大震災当時，山陽新幹線の鉄筋コンクリート製の 2 層ラーメン構造の高架橋は兵庫県尼崎市・伊丹市付近で大規模に破壊された。不思議だったのは，線路際に立っていた神社の古いコンクリート製の鳥居が無傷

だったことである．構造物的にはこの高架軌道は鉄筋コンクリート二層ラーメンであり，構造設計では，水平面で線路方向及びその直角方向から地震力を載荷して断面構造を検討する．鳥居が無傷だったということは，構造的に単純であり，地震力の鉛直及び水平成分は許容応力範囲であったことを示している．そうすると，高架軌道が大規模に破壊したのは，明らかに地震時に働いた集中荷重が時空間的に大きく動的変化したからである．これと固有周期が共振現象を起こし，剛性不足から破壊したであろうと推定される．残念ながら破壊現場近くに地震計が設置されておらず，どのような地震力が働いたのかは明らかではない．したがって，その後の補強は，橋脚に鉄板を巻いて地震時のせん断や曲げに対する抵抗力を大きくすることになったのである．

脱線した場合，東海道新幹線ではほとんどが線路と枕木はバラストという砕石の上に敷設されているのである．したがって，上越新幹線の脱線事故のように，コンクリート床板上を車輪が滑走するわけにはいかず，必ず軌道はアコーデオンの蛇腹のように大きく変形せざるを得ないのである．

6　地震時の新幹線事故の減災対策

次に記すような，各種の減災対策が存在する．すなわち，①地震時における新幹線軌道の変状の動的解析の実施と補強，②最高速度の抑制，③レール断面の増大，④車体の強化，⑤座席ベルトの着装，⑥ハンマーなどの脱出器具の車内常備，及び，⑦事故訓練などである．これらはいずれも新幹線当局自体がイニシアティブをもって取り組まなければならない事柄であり，軌道の動的解析（①）や軌道構造の剛性を高める検討（③）など一部はすでに着手されている．だが，海外の高速鉄道では常識となっている，⑥の脱出器具の常備は日本では導入事例がないし，飛行機には必ず装備されている，⑤座席ベルトも存在しない．これは着用率が低い水準にとどまることが予想されるのに対し，維持管理のコストがかかるためであろう．内容が誤解される恐れがある④と⑦については，次のような補足説明をしておきたい．

まず，④であるが，新幹線は全線ほぼ高架軌道を走行しているので，踏切な

どで大型自動車などと衝突することは日常的には起こらないと考えられている。しかし，衝突事故が皆無であるかといえばそうではないだろう。前述したように地震時に跨線橋から自動車が線路上に落下したり，脱線転覆した場合に，高架下に車体が落下することも起こり得るのである。最近，わが国の日立製作所はイギリス運輸省から高速鉄道の車両更新プロジェクトを正式に受注した。総事業費約5445億円で，イギリス国鉄史上，最大規模となる。車両は最高時速200kmといわれている。この受注に際しては，新聞などによれば，踏切等で衝突事故が発生することを前提とした仕様書が要求されたそうである。特に，事故時に先頭車の運転手の安全性が保障されることが条件であった。

　次に，⑦であるが，1998年に発生したドイツのICEの事故が参考になろう。筆者らが事故直後に地元のツェレ郡役所にヒアリング調査した結果（河田，1999)，次の事実がわかっている。

(1)事前にドイツ鉄道公社に事故時の訓練を共同で実施したいという申し出をやっていたが，いつも断られた。その理由は「事故は起きない」ということであった。
(2)事故が起こってからは，定期的に共同訓練を始めている。
(3)鉄道公社は事前に約500億円の保険に加入しており，それで今回の事故の補償を行った。

これらの事例はわが国の新幹線当局に大いに参考になると考えられる。

7　さらなる新幹線安全運行に向けて

　新幹線は開業以来48年間にわたり乗車中の旅客の死傷者ゼロという輝かしい実績を残してきた。多くの人は新幹線の安全性について不安や疑問を感じることはほとんどない。まさに「安全神話」とよばれる状況にある。だが，実際には新幹線の歴史の中では大事故になってもおかしくない重大インシデントがこれまでに何度も起こっている。開業から数年間の間には車両の不具合による部品の落下（齊藤，2006，105-188頁）や，新幹線の安全を守る自動列車制御装置（ATC）の誤作動（柳田，1977）などがあった。初代のぞみ号300系の運行

第13章　もう一つの安全神話の崩壊

開始直後にも部品落下や軌道砕石の飛散といった事故が多発した。だが，個々の事故要因を分析し，すみやかに対策を取り，再発防止につとめてきたことで現在の新幹線安全神話は築かれた。

　新幹線は運行される列車の本数が多く，日常の運行を繰り返す中で「事故の芽」が発見される確率が高い。また，新幹線のもう一つの特徴として，車両のみならず，橋りょう，レール，信号，電力線などあらゆるものが標準化されていることが挙げられる。それゆえ発見された事故の芽から対策を見出して，それを全線・全車両に展開することが比較的容易である。日々の安全運行の継続，そこから得られるデータの蓄積，不具合の発見，対策の水平展開というサイクルこそが新幹線安全運行の要であり，この継続によって獲得されたものが新幹線安全神話であるといえよう。

　だが，事故を起こさないような努力だけを積み重ねると，ひとたび事故が起きればお手上げである。起こらないような努力を継続すると，当初は意識していたとしても，いつの間にか当事者であっても“起こらない”と思い込むようになる。

　原子力発電所で起きた「想定外」の事態が地震・津波によるものであったように，日本で想定外が起こる可能性が最も高いのは地震・津波である。新幹線では「想定外」を起こさないよう，今一度，初心にかえって地震・津波対策の見直しをすすめることが必要である。また，福島第一原子力発電所の事故で露呈しているように，大規模システムで破滅的な事故が起これば一事業者の範囲では対処しきれない。事業者，沿線自治体の連携を緊密にして，いまだ形が見えてこない新幹線事故の直後対策と事後対策の検討を進める必要がある。その時には利用者も「安全神話」という思考停止に陥らず，新幹線のリスクを理解することが求められる。安全性向上を目指して利便性を損なう対策を推進する必要がある時には利用者の理解と受容が不可欠だからである。

第Ⅲ部　事故の防止

参考文献

河田惠昭「船上で感じた海震・トンネル内で見た地震波」『科学』第16巻第2号，1995年，70-71頁。

河田惠昭「ドイツの高速列車事故から学ぶ危機管理」『土木学会誌』第84巻第7号，1999年，38-41頁。

航空・鉄道事故調査委員会「鉄道事故調査報告書　東日本旅客鉄道株式会社　上越新幹線浦佐駅～長岡駅間　列車脱線事故」2007年11月30日。

齋藤雅男『新幹線安全神話はこうしてつくられた』日刊工業新聞社，2006年。

関雅樹「東海地震等の大規模地震対策」『災害から守る・災害に学ぶ――鉄道土木メンテナンス部門の奮闘』日本鉄道施設協会，2006年。

中村豊「新潟県中越地震の早期検知と脱線」『地震ジャーナル』第41号，2006年6月，25-37頁。

西日本旅客鉄道株式会社『阪神・淡路大震災　鉄道復旧記録誌』交通新聞社，1996年1月。

室野剛隆・野上雄太・宮本岳史「簡易な指標を用いた構造物および走行車両の地震被害予測法の提案」『土木学会論文集A』第66巻第3号，2010年，535-546頁。

柳田邦男『新幹線事故』中公新書，1977年。

（河田惠昭・林　能成）

第14章

事故と損害保険

1 損害保険の意義

　現代社会で活動する個人と組織は，様々な事故に遭遇する可能性にさらされている。こうしたリスクに対して，私たちは，まず事故発生を防止（リスクコントロール）しようとする。さらに，事故が発生して損害がもたらされる場合に備えて財務的手段（リスクファイナンス）を採用する。その最も重要な手段が損害保険である。損害保険とは「一定の偶然の事故によって生ずることのある損害をてん補することを約し，保険料を収受する保険」（保険業法第3条第5項第1号）である。

　本章では，損害保険をリスクマネジメントの重要な構成要素と位置づけた上で，損害保険の要件，用語，歴史，市場という基礎的事項を概観する。次に，事故と保険の具体例として，自動車保険を中心に概説する。これらをふまえて，損害保険の現代的課題についてまとめ，事故防止に貢献し得る損害保険教育の具体的手法を提示する。本章では考察対象を社会災害事故に限定する。

（1）リスクマネジメントにおける損害保険の位置づけ

　リスクとは損害をもたらす事故が発生する可能性・不確実性である。リスクマネジメントとは，個人と組織の安全・安心を脅かすリスクについて，それを特定（発見）し，評価・分析（リスクアセスメント）し，費用対効果を考慮の上でリスク対応（リスクトリートメント）手段を選択し実行することである。リスク対応には，リスクコントロール（事故防止）とリスクファイナンス（事故発生後に備えた財務手段の準備）という2本柱がある。さらに，回避（避ける），

第Ⅲ部　事故の防止

表14-1　事故とリスクマネジメントのプロセス

リスク＝事故発生の可能性→損害発生の可能性
①リスクの特定（リスクの発見） 　リスクの洗い出し：「どんな事故が想定されるか」 ②リスクの評価・分析（リスクアセスメント） 　リスクについての予測：確率「その事故はどれくらいよく発生するのか」 　　　　　　　　　　　：強度「発生した結果，どのような損害が想定されるか」 ③リスク処理手段の選択（リスク対応，リスクトリートメント） 　　　　　　　　　「想定されるリスクにどのように対応するのか」 　　　　　　　　　「事故防止と損害軽減のために何をするか」

（出所）　筆者作成。

表14-2　リスク対応（リスクトリートメント）

リスクコントロール（事前の事故防止・損害軽減策の採用）
回避：リスクを伴う行動の中止 除去・軽減：リスクの防止（予防・軽減），リスクの分散・結合
リスクファイナンス（事故発生に備えた財務手段・事故発生後の資金繰りと補償）
転嫁・移転，共有：損害保険，共済，基金，ART（代替的リスク移転手段） 保有：リスク負担，自家保険，キャプティブ

（出所）　亀井利明『危機管理とリスクマネジメント』同文館出版，2011年を基に筆者作成。

除去・軽減（減らす），転嫁・移転（他に移す）あるいは共有（分担する），そして，保有（受け入れる）の4手段に分類される。損害保険は，リスクファイナンスの内，転嫁・移転，共有の一手段に位置づけられる。

（2）損害保険の要件

本書の主題である社会災害事故に照らせば，「損害保険とは，火災や交通事故など，同種同質のリスク（事故発生の可能性）にさらされた多数の個人や組織が一つの団体を構成し，統計的に算出された保険料を出し合って資金を構成し，偶然に発生した事故によって，集団の構成員の一部が損害を被った場合に，その資金から保険金を受け取って，損害を補償するリスク共有（risk share）の制度」と定義できる。

損害保険には次の要件や原則がある。

(1)大数の法則（law of large numbers）

同種で同質のリスクにさらされた人や物がたくさん存在すること。保険契約者一人ひとりにとっては偶発的な事故であっても，大人数で構成された集団全体で見た場合，ある一定の確率で発生することが予想できること。ただし，そうした人や物に同時発生して壊滅的な被害を及ぼさないこと。

(2) 保険事故の偶発性

偶然に発生した事故のみ損害保険の対象となる。故意に引き起こされた事故は対象外である。

(3) リスクは経済的・客観的に測定可能

被保険利益が存在すること。

(4) リスクが公序良俗やモラルに反していないこと（賭博による損失のリスクなどは対象外）。

(5) 収支相当の原則

保険契約者が支払った保険料の総額と事故にあった人が受け取る保険金の総額が一致すること。

N（保険契約者数）× P（保険料）= R（保険金受取人数）× Z（支払保険金）

(6) 公平の原則（給付反対給付均等の原則）

保険契約者がおのおの負担する保険料は，保険事故発生確率に支払保険金を乗じた金額に等しくなること。

P（保険料）= R（保険金受取人数）/N（保険契約者数）× Z（支払保険金）

（3）損害保険の要素

損害保険用語で表現される損害保険の要素をきちんと把握することは，後述する損害保険を通じた事故防止の啓蒙や損害保険教育を施す上での基盤となる。

「保険料」とは，保険契約者が保険契約に基づいて保険会社に支払う金銭のことである。保険契約の申込みをしても，保険料の支払いがなければ，補償されない。一方，「保険金」は保険契約により補償される事故によって損害が生じた場合に，保険会社が被保険者に支払う金銭のことである。

「被保険者」とは「保険の補償を受ける人」「保険の対象になる人」を指す。保険契約者と同一の人である場合もあれば，別人である場合もある。「保険契

約者」は，保険会社に保険契約の申込みをする人をいう。契約が成立すれば，保険料の支払義務を負うことになる。

「保険の目的」とは，保険をつける対象のことである。火災保険での建物・家財，自動車保険での自動車などを指す。「保険の目的物」「保険の対象」「保険の対象となる物」と言い換えられる。「被保険利益」とは，ある物に偶然な事故が発生することにより，ある人が損害を被るおそれがある場合に，そのある人とある物との間にある利害関係を意味する。損害保険契約は損害に対し保険金を支払うことを目的とするから，その契約が有効に成立するためには，被保険利益の存在が前提となる。

「保険価額」とは，被保険利益を金銭に評価した額，つまり保険事故が発生した場合に被保険者が被る可能性のある損害の最高見積額である。一方「保険金額」は，保険契約者と保険会社が交わす保険契約において定められる契約金額のことである。保険事故が発生した場合に，保険会社が支払う保険金の限度額となる。

「保険事故」とは，火災や自動車事故など，保険契約において，保険会社がその事故の発生を条件として保険金の支払いを約束した偶然な事故をいう。

「保険証券」は，保険契約の申込み後，その保険契約内容を証明するため，保険会社が作成し保険契約者に交付する書面のことである。「保険約款（やっかん）」は，保険契約の内容を定めたもので，保険契約者の保険料支払や告知・通知の義務，また保険会社が保険金を支払う場合の条件や支払額などについて記載されている。保険約款には，同一種類の保険契約のすべてに共通の契約内容を定めた普通保険約款と，普通保険約款の規定内容を補充・変更・限定する特別約款（特約条項）とがある。

「免責」とは，「保険金を支払わない場合」である。保険契約において，保険金が支払われない（補償されない）事項を定める場合があるが，これを免責または免責事項という。保険事故が発生しても，免責事項に該当する場合には補償されないので注意する必要がある。「免責金額」は，自己負担額のことである。一定金額以下の小さな損害について，契約者または被保険者が自己負担するものとして設定する金額をいう。[1]

（4）損害保険の沿革

①海上保険から新種保険まで

損害保険は，海上保険が14世紀イタリアで生まれて以来発展を続け，現代社会の安心を支える上で欠かせない存在となった。

損害保険のルーツには諸説がある。紀元前1750年頃，ハンムラビ法典の時代に，融資を受けたキャラバン（隊商）が途中で盗賊に襲われた場合，損害を融資者が負担することが行われていた。また，紀元前250年頃，ギリシア・ロード島で，海法に規定された共同海損の制度があった。これは海難に遭遇して積荷を投荷した時に，その損害を関係者全員で分担するという制度であった。

紀元前300年代になると，地中海貿易において「冒険貸借」が発達した。これは船主または荷主が，金融業者から資金を借り受け，航海が無事終了すれば高額の利子をつけて返済し，海難に遭遇し積み荷が失われた場合は返済する必要がなくなるという，融資と危険負担を兼備した制度であった。しかし，冒険貸借の利息が高率であることが問題視され，1230年頃にローマ法王グレゴリウス9世が「利得禁止令」を出し，冒険貸借を実質的に禁止した。この結果，冒険貸借の危険負担の部分のみを残した海上保険の制度が誕生した。1379年4月13日付のピサで作成された海上保険証券が最古のものといわれている。

イタリアの諸都市で誕生した海上保険は，フランスのマルセイユ，スペインのバルセロナ，次いでフランスのボルドーやルーアン，ベルギーのブリュージュ，アントワープ，オランダのアムステルダムやドイツのハンブルグへと伝播した。18世紀には英国のロンドンが海上保険の中心となり，王立取引所を中心に海上保険取引が行われた。

海上保険の中心地としてロンドンの地位が確立される原動力となったのがエドワード・ロイドが1688年頃に開業し，海事関係者が集ったロイズ（Lloyd's）・コーヒー店であった。テムズ河畔にあるこの店には，海事関係者が集って海事情報のやりとりをし，やがて船や積荷の保険を引き受ける個人の保険業者との海上保険取引が活発に行われるようになった。ロイズの店は，1691年に金融ビジネス街ロンバード通りへ移転し，取引場所の提供と海事情報の提供を続けた。そこでは保険証券下部に（under）引き受け金額と署名を

書く（write）「アンダーライター」（underwriter），つまり保険引受人が，船主と交渉し契約を交わした。1871年にはロイズ法（Lloyd's Act）が制定され，ロイズ保険組合となった。損害保険会社が設立されるようになっても，個人保険業者の組合として，ロイズは無限責任主義を背景に世界の様々な損害保険の中心としての地位を保ってきた。ロイズは1990年代にアスベスト訴訟による保険金支払請求が増加したことなどにより運営危機に陥り，現在では法人資本が大半を占める組織に変革されている。

海上保険に続いて，火災保険が誕生した。そのきっかけとなったのがロンドン大火である。1666年9月2日午前2時，ロンドン橋北東部プディング・レインのパン屋から出火し，4昼夜燃え続けた。シティにある家屋の5分の4，1万3200戸，400街が灰になった。この結果，1681年にロンドンで世界最古の火災保険会社としてファイア・オフィスが開業した。火災保険は近隣の国にも伝わり，1676年にドイツのハンブルグで火災金庫，1786年にフランスでコンパニ・ロワイヤル・ダシュランスが設立された。米国ではベンジャミン・フランクリンが米国における火災保険のパイオニアとなり，1752年にフィラデルフィア・コントリビューションシップ・フォー・ザ・ハウジーズ・フロム・ロス・バイ・ファイアを設立した。(2)

近代文明の発達に伴い，新たな技術が社会にもたらされていくと，それに伴う新たな事故が発生するようになった。そのため「新種」の損害保険が次々に開発された。それは，自動車保険，ガラス保険，鉄道事故傷害保険（後の普通傷害保険），ボイラー保険，航空保険などである。

②日本の損害保険

日本では，慶長年間の1600年頃「なげがね」という冒険貸借に似た制度が存在したことが知られている。1867年に福澤諭吉が『西洋旅案内』の付録の中で「災害請負の事イシュアランス」に言及し，火災請負，海上請負という制度があることを紹介した。明治維新後，海上保険をはじめとするすべての保険が日本に導入された。1879年には，渋沢栄一や岩崎弥太郎の尽力により東京海上保険会社が設立された。次いで1887年には東京火災保険が設立された。

第二次世界大戦後，高度経済成長期から現代に至る損害保険制度の発展に注

目すれば，その特色として次の3点が挙げられる。[3]
 (1) 家計保険分野の飛躍的発展：海上保険・企業向けの火災保険の比率が高かったのが，個人向け火災保険・自動車保険の比率が上昇した。
 (2)「損害賠償責任の社会化」としての保険制度の展開：1955年12月施行の自動車損害賠償責任法に基づいて自動車損害賠償責任保険（自賠責保険）が強制化された。1994年制定，1995年7月1日施行の製造物責任法（PL法）に基づいて生産物賠償責任保険が開発された。
 (3) 損害保険における人保険分野の拡大：海外旅行傷害保険など，傷害保険が発展した。

③自由化

1996年12月に日米保険協議が決着して以降，日本の損害保険市場が一気に自由化した。特に，1998年7月に損害保険料率算出団体に関する法律が改正されたのに伴い，従来の算定会料率の使用義務が廃止された。1997年9月にリスク細分型自動車保険が認可されたこともあり，外資系が参入するなど，自動車保険の分野で様々な新しい商品が開発されるようになった。その他，保険仲立人（ブローカー）制度導入，損保・生保相互参入，銀行における窓口販売の全面解禁，第三分野への参入規制の撤廃などが実現してきた。

④日本の損害保険市場

損害保険の自由化が進展した1990年代後半から，日本における保険の監督・規制体制にも大きな変革がもたらされた。保険の監督官庁は，大蔵省から金融監督庁を経て，現在，金融庁が担当している。保険の法規制としては，保険契約法に当たる「保険法」と保険監督法の基本法に当たる「保険業法」とがある。「保険法」は契約者保護の観点等から100年ぶりの改正が行われ，2010年4月に新しい「保険法」として施行された。それまで「保険法」は「商法」の一部分であったが，新「保険法」は「商法」から独立した単行法として制定された。1900年に公布・施行された「保険業法」は，39年以来の改正を95年に行い翌年施行された。

新「保険業法」では，保険監督上の指標として保険金を支払うための余力を示すソルベンシー・マージン比率（資本金・準備金の支払い能力／通常の予測を

超える危険×2分の1×100）が導入された。これが200を下回った場合，当該保険会社が早期に経営の健全性を図るために，金融庁当局によって早期是正措置が講じられることとなった。1998年12月には損害保険契約者保護機構，2010年4月には金融分野における裁判外紛争解決制度（金融ADR）がそれぞれ創設された。

現在，日本では，国内損害保険会社29社と外国損害保険会社24社の計53社が事業活動を行っている。国内会社は元受け及び再保険業が27社，再保険専業が2社であり，国外会社は元受け及び再保険業が15社，再保険専業が5社，船主責任保険専業が4社である。自由化の流れの中での競争激化に伴い業界の合従連衡が進んだ。現在，東京海上グループ（東京海上日動火災と日新火災海上など），MS＆ADグループ（三井住友海上火災・あいおいニッセイ同和損害保険など），NKSJグループ（日本興亜損害保険と損害保険ジャパンなど）という3大グループが形成されている。免許が必要となる損害保険業とは別に，少額短期保険業というカテゴリーで，ある特定分野に特化した小規模な保険会社も存在する。

2011年度における全損害保険種目合計の元受正味保険料は7兆9923億円で，正味保険料収入は7兆1161億円であった。元受正味保険料とは，保険契約者との直接の保険契約にかかる収入で，再保険にかかる収支は含まれない。一方，正味収入保険料は，元受正味保険料に再保険にかかる収支を加味し収入積立保険料を控除したものである。正味支払保険金は5兆5058億円であった。東日本大震災とタイの大洪水により火災保険金の支払いが大幅に増加したため，2010年度の4兆3187億円から27.5％増加した。それゆえ，保険料収入に対して保険金がどの程度支払われたかを示す損害率も2010年の67.5％から15.9ポイント上昇し83.4％となった。総資産は5.7％減少して27兆9,958億円となった。最終的に経常利益は，2344億円から801億円と大幅減益となり，当期純利益は1275億円の黒字から2671億円の赤字となった。

個人のくらしの安心を支える損害保険は，次の4種類に大別される。[4]

(1)自動車の保険（自動車事故による損害に備える保険）：強制加入の「自動車損害賠償責任保険（自賠責）」と任意加入の「自動車保険」の二段階方式。

表14-3　正味収入保険料の保険種目別構成比（2011年度）

自動車 49.2％ （3兆5,015億円）	自賠責 12.1％ （8,620億円）	火　災 14.5％ （1兆325億円）	傷　害 9.3％ （6,618億円）	新　種 11.6％ （8,254億円）	海上・運送 3.3％ （2,319億円）
7兆1,161億円					

（出所）　日本損害保険協会『日本の損害保険――ファクトブック2012』2012年，69頁。

　強制加入の「自賠責」は，対人賠償責任保険のみ。任意の「自動車保険」は，対人賠償責任保険（自賠責を補完），対物賠償責任保険，人身傷害補償保険，搭乗者傷害保険，車両保険などで構成。

(2)住宅の保険（建物や家財の損害に備える保険）：総合型の保険では，盗難や水難などによる損害も補償される。「地震保険」は「火災保険」とセットでの加入となる。

(3)身体・老後の保険（けがや病気，老後の生活に備える保険）：傷害保険，所得補償保険，介護保険，医療保険，がん保険など。

(4)くらし・レジャーの保険（スポーツやレジャー中のケガや用品の損害，他人への賠償責任などに備える保険）：海外旅行保険，国内旅行傷害保険，ゴルファー保険，スキー・スケート総合保険，個人賠償責任保険など。

一方，企業の事業活動の安心を支える損害保険には，以下のものがある。

(1)自動車：自動車損害賠償責任保険（自賠責保険），自動車保険。

(2)建物・財物：火災保険，風水害保険，動産総合保険，コンピュータ総合保険，盗難保険，機械保険，ガラス保険など。

(3)売上利益：企業費用・利益総合保険，店舗休業保険，興業中止保険，生産物回収費用保険（リコール費用保険）。

(4)輸送：運送保険，貨物海上保険，船舶保険，航空保険，船客傷害賠償責任保険など。

(5)損害賠償責任：施設賠償責任保険，生産物賠償責任保険（PL保険），自動車管理者賠償責任保険，会社役員賠償責任保険（D＆O），個人情報漏えい保険。

(6)その他：労働災害総合保険，建設工事保険，組立保険，土木工事保険，公

共工事履行ボンド，信用保険，原子力保険など。

2　事故と保険

　以上のように，現代社会の様々なリスクに対応する損害保険が開発されている。以下，主要な事故とそれに対応する損害保険について概観する。

（1）航空機事故と損害保険
　航空保険は，①航空機保険（機体保険），②第三者賠償責任保険（機外の第三者に与えた損害に対する賠償責任），③乗客賠償責任保険（墜落・不時着・爆発などによる乗客の損害に対する賠償責任），④搭乗者傷害保険（乗務員・乗客の搭乗中の死亡や傷害），⑤捜索救助費用保険で構成される。
　1985年に発生した日本航空機墜落事故では，乗客賠償責任保険により遺族に対する賠償金が支払われた。この事故では，ボーイングに責任があったことが判明している。そのため，遺族数名がアメリカでボーイングに対して製造物責任（PL）訴訟を提起した。しかしシアトル第一審はボーイングの責任を認定するもフォーラム・ノンコンビニエンス（forum non conveniens），適正な法廷地ではないという理由により訴えを却下した。
　日本航空は修理に問題が残ったままの機体をボーイング社から引渡されて，その機体を運航させた結果事故が発生した。被害者・遺族にとっての直接加害行為者は飛行機の運航・管理を行った日本航空であるため，日本航空が賠償金を支払った。仮に日本航空が乗客賠償責任保険によって賠償金を支払い，その後，ボーイング社に損害賠償を請求したのであれば，ボーイング社はそれを生産物賠償責任保険（PL）によって支払ったと推測される。

（2）鉄道事故と損害保険
　鉄道事故が発生した場合，乗客や第三者の身体傷害や財物損壊などの鉄道事故損害賠償については，「施設損害賠償責任保険の鉄道（軌道）業者特約条項」でカバーされる。

中小私鉄や第三セクターの小規模鉄道業者には賠償責任保険について民営鉄道協会による団体制度がある。車両損害については，企業向け普通火災保険・電車損害担保特約や機械保険によって補償される。保険料は列車の本数，走行距離，運行ダイヤ，踏切数など運行上のリスクを分析して，事業者ごとに個別に設定される。

2005年4月25日に発生したJR西日本福知山線脱線事故では，東京海上日動火災保険など損保3社が共同で引き受けていた「施設損害賠償責任保険の鉄道（軌道）業者特約条項」により，死者の遺族への補償，負傷者の治療代，激突したマンションの修復費用，一時避難の費用などが保険金の支払い対象となった。JR西日本が加入する保険契約での一事故当たり支払限度額は100億円に設定されていた。鉄道事故における賠償額は，一般事故と同様に民法上の損害賠償となり，航空保険で適用される国際ルール（IATA規定）のような取り決めはない。JR西日本の損害賠償額は保険金の支払限度額の100億円を大幅に超えることは確実である。[5]

（3）製造物責任事故と生産物賠償責任保険（PL保険）

生産物賠償責任保険（PL保険）は，製品・商品の製造物責任（Product Liability, PL）事故による賠償責任を補償する。この保険は，①対人・対物事故について，法律上の損害賠償金や，弁護士費用等の訴訟費用を補償，②製造業者の「製造した製品」による賠償事故を補償，③販売業者の「販売した商品」による賠償事故を補償，④工事業者の「施工結果」による賠償事故を補償，⑤事故発生時の応急手当等の緊急措置費用を補償するという点に特徴がある。この保険では日本国内で発生した事故が対象となる。[6]

（4）自動車事故と自動車保険

2011年に発生した交通事故件数は69万1937件（前年比4.7％減）であった。その内訳を見ると，死亡事故4481件（5.2％減），重傷事故4万6441件（5.5％減），軽傷事故64万1015件（4.6％減）であった。死傷者85万9105人（前年比4.7％減）の内，24時間以内の死者数は4612人（5.2％減）で11年連続の

減少となった。しかし交通事故がもたらす経済的損失は2010年度が3兆2108万円で依然として高水準である。とりわけ高齢者ドライバーが引き起こす構築物衝突による物的損失は顕著な増加傾向にある。[7]

①自動車保険の構成

自動車事故によって発生する損害を補償するのが自動車保険である。自動車保険は，第一に相手に対する賠償責任保険として「対人賠償責任保険」「対物賠償責任保険」，第二に自分への補償である傷害保険として，「人身傷害補償保険」「搭乗者傷害保険」「無保険車傷害保険」「自損事故保険」，自動車そのものに対する財物保険としての「車両保険」等で構成される。対人賠償責任保険については，すべての自動車に加入が義務づけられる「自動車損害賠償責任保険（自賠責）」と任意加入の「任意自動車保険」との，いわば二階建ての方式となっている。大多数の国では，一つの自動車賠償責任保険で，法律で定められた最低保険金額を確保することが義務づけられる一本化された方式になっており，わが国の制度は他国に類例がないものとなっている。[8]

②自動車損害賠償責任保険（自賠責）

戦後，急速な自動車普及に伴って自動車事故が急増し，被害者救済制度の整備が急務となった。このため，自動車損害賠償保障法（自賠法）が1955年に制定され，翌年から自動車損害賠償責任保険（自賠責）が制度化された。自賠法は，人身事故の被災者救済を目的として，(1)強制保険制度の導入，(2)加害者の無過失責任主義の採用，(3)政府保障事業制度の創設を定めた。(2)は，民法で損害賠償請求する場合，加害者に過失があったことを被害者が証明しなければならないが，自賠責ではその必要がないというものである。自賠責は，他人を死傷させた場合の対人賠償責任のみを補償する保険である。被害者一名当たりの支払保険金に限度額が設定されており，死亡3000万円，後遺障害75～4000万円，ケガ120万円である。なお，2002年の改正まで，自賠責は政府が再保険を引き受けていた。

③任意の自動車保険

任意加入の自動車保険は，相手に対する賠償と自分に対する補償とに大別される。相手に対する賠償としての保険は二つある。「対人賠償責任保険」は，

表14-4　損害の種類と対応する自動車の保険

	死　傷		財　物
相手への補償	○相手を死傷させた ・自動車損害賠償責任保険 　（自賠責）	○相手を死傷させた ・対人賠償責任保険	○相手の財物を壊した ・対物賠償責任保険
自分への補償	○自分や搭乗中のものが死傷した ・人身傷害補償保険　　・無保険車傷害保険 ・搭乗者傷害保険　　　・自損事故保険		○自分の車が壊れた ・車両保険

(注)　アミがけのものは強制加入，その他は任意加入。
(出所)　日本損害保険協会『日本の損害保険――ファクトブック2012』2012年，17頁。

契約の自動車による事故により，相手を死傷させ，法律上の損害賠償責任を負担した場合に，自賠責保険で支払われる金額を超える部分に対して契約した保険金額を限度に保険金を支払う。「対物賠償責任保険」は，同様に，相手の自動車や物を壊して，法律上の損害賠償責任を負った場合に保険金を支払う。

　自分に対する補償としての保険は大きく五種類がある。「人身傷害補償保険」は，1998年に東京海上が他に先駆けて開発した保険である。これは，自動車事故により，契約者自身や家族，同乗者が死傷した場合に，過失割合にかかわらず，契約した保険金額を限度に，実際にかかった損害額（実費）を補償する保険金を支払う。補償範囲を契約の自動車に限定した保険の他，別の自動車に乗車中や，歩行中，自転車に乗っている場合も補償対象とすることが可能な保険である。これと同様の「搭乗者傷害保険」は，自動車に乗車している時の事故に限定し，定額での保険金支払いである点が異なる。

　「無保険車傷害保険」は，自動車事故により，契約の自動車に乗車中の者が死亡または後遺障害を被ったにもかかわらず，相手自動車が無保険車などのため，十分な補償額が得られない場合に保険金を支払う。「自損事故保険」は，電柱に衝突するような単独事故などによって運転者自身が死傷した場合に保険金が支払われる。定額での支払いとなる。「車両保険」は，契約の自動車に事故による損害が生じた場合に保険金を支払う。

　任意の自動車保険は，対人と対物の2つの賠償責任保険を基本にして，それに「人身傷害補償保険」など自分に対する補償の保険を組み合わせる形で契約

④暴走事故と自動車保険

2012年4月に京都府の祇園で，突っ込んできた車に次々とはねられ歩行者7人が死亡する事故が発生したのに続き，亀岡市では，無免許の少年が運転する軽乗用車が登校中の児童と引率の保護者の列に突っ込み，10人がはねられて3人が死亡する事故が発生した。こうした暴走事故の場合，自動車保険はどのように機能するのか。

被害者救済の観点から，自賠責から保険金が支払われる。まず，運転者が無免許であっても，加害自動車の所有者から許諾を得て運転していたので自賠法第2条にいう「保有者」に該当する。自動車損害賠償責任保険普通保険約款，第2条第2項で「「被保険者」とは，自動車の保有者およびその運転者」と規定されており，被保険者になり得る。したがってこうした事故についても自賠責から保険金が支払われる。被害者救済を目的とする自賠責には保険金を支払わない場合である免責の規定が次の二点しかない。一つは，「わざと轢いた」「自動車による心中」など悪意による損害であり，もう一つは重複契約の場合である。

政府の保障事業は，(1)自賠責で免責となる「悪意による事故」，(2)自賠責の「被保険者に該当しない運行供用者による事故」（無断借用，盗難車，無保険車），(3)「ひき逃げ事故」の被害者に対する補償を行う。その支払い限度額は，自賠責の支払い限度額と同額である。いずれの場合も，加害者が判明した場合，政府は保障事業により被害者に支払いを行った後に，加害者に求償する。

任意の自動車保険においても，被害者救済の観点から，対人賠償責任保険については，契約内容にもよるが，通常，自賠責の場合と同様に，上述した事故も保険金支払いの対象となる。しかしながら，被保険者自身が補償を受ける「人身傷害補償保険」「搭乗者傷害保険」「車両保険」などについては，「無資格運転」が免責条項となっており，保険金支払いの対象とはならない。

3　現代社会における損害保険の課題

これまでの考察を踏まえて，現代社会における損害保険の課題を示しておく。

(1) 大数の法則が成り立たない原発事故のような大災害に対するリスク処理手段（リスク・ファイナンス）としての限界。
(2) 「自由化」による商品の多様化・複雑化と従来からの「被害者保護」の姿勢の両立。
(3) 一般契約者にとって難解な約款。
(4) 保険金不払い問題と保険料取りすぎ問題に見られた契約者視点の欠如。
(5) 契約者サイドに立つブローカー制度がまったく普及せず企業サイドに立つ代理店が依然として圧倒的販売チャネルであることに垣間見る企業中心主義（2011年のチャネル別シェアは代理店92.0％，ダイレクト販売7.6％，ブローカー0.4％）。
(6) 3メガグループ形成の功罪。東京海上，MS＆AD，NKSJの3グループで市場シェアの90％を占める現状にある。
(7) 縦割り行政による「被害者救済システム」を反映した保険。日本では，各種事故の被害者救済制度が体系的でなく，ばらばらに作られてきた経緯があり，各制度と保険が省庁の縦割りに起因して独特のゆがみを生じさせている。その例として他国に例を見ない自賠責と任意保険の二本立ての自動車保険制度がある。1955年に運輸省が交通事故被害者救済を目的に自賠責制度を導入し，その後，大蔵省管轄の民間保険会社が任意の自動車保険を開発した。
(8) 高齢化など社会の変化に適応する必要性。自動車保険を例にとれば「年々免許を取って若いドライバーが自動車保険マーケットに入ってくる」というモデルが，「少子高齢化社会」や「若者の車離れ」によってゆらいでおり，高齢化社会をにらんだ新たなビジネスモデルを構築する必要性。高齢者特有の事故増加への対応。電気自動車やハイブリッド車など，新たなテクノロジーに対応する必要性。

(9)自動車保険における交通事故被害者（弱者）の「過失相殺」の問題。人身傷害補償保険や対人賠償責任保険の交通弱者補償特約で一定の解決は見られているが，フランスやベルギーのように過失相殺の問題を実質的になくすことも検討されるべきではないか。
(10)損害保険会社がもつ，アンダーライティングや事故対応を通じて得られた情報や知見を活かして，事故防止のためのコンサルティングを社会に提供する役割の発揮。
(11)損害保険教育の重要性。損害保険教育を通じていかに事故防止・被害軽減につなげるか。

4　損害保険教育

　現代社会における損害保険の課題として最後に示した「事故防止・損害軽減のための損害保険会社によるコンサルティングの提供」と，「学校による損害保険教育」は極めて重要である。損害保険は事故に対するリスクファイナンスを担う事業であるが，リスクコントロールによって保険事故の発生が減少すれば，損害保険会社の収支状況にとってプラスになるばかりでなく，広く社会的なリスクマネジメントに貢献することになる。損害保険会社にとってまず第一のCSR活動となるべきものは事故防止・損害軽減のための啓蒙活動と技術開発支援にあろう。

（1）損害保険業界によるコンサルティング機能

　損害保険会社各社はウェブサイトなどを通じて事故防止のための情報提供を行っている。日本損害保険協会では，①「全国交通事故多発交差点マップ」をウェブサイトで公開，②『知っていますか自転車の事故』『小学生のための自転車安全教室』を作成して自転車事故防止の啓発，③高校生・大学生への交通安全啓発ビデオの貸出し，④『飲酒運転防止マニュアル』の作成や講習会への講師派遣による飲酒運転防止の取組み，⑤防火標語・ポスター制作など，様々な活動を行っている。

（2）大学における損害保険教育の課題

　損害保険は実務が重要なポイントなるので，大学の損害保険教育では，理論だけではなく，具体的事例や判例などの実務を教材に組み込んでバランスよく講義する必要がある。また，経済学・経営学・商学・法学などの観点から幅広く総合的にアプローチすることが重要となる。さらに，リスクマネジメントやファイナンシャル・プランニングの一環として保険教育を進めることが大切である。近年，リスクやリスクマネジメントの観点から保険を取り扱ったテキストが刊行されるようになっている。

　ところで，防災・減災，事故防止，危機管理について専門的に教育する関西大学社会安全学部では，災害対策や事故防止を中心とするリスクコントロールについて，様々な講義科目による教育が行われている。同時に，保険論などの講義によってリスクファイナンスについての教育も展開されている。損害保険を教えることは，究極的に，保険金が支払われる場合（損害保険の効用）と支払われない場合（損害保険の限界），つまり補償の対象となる事故と補償の対象とならない免責事項を教えることになろう。具体的な事例を示してそれらを教えることにより，学習内容を自分自身の生活にフィードバックさせて，どのように事故を防止するか（リスクコントロール），防止できない場合に備えてどのような補償（リスクファイナンス）を準備するかを学生たち自身で考えさせることが目標となろう。

（3）大学における損害保険教育の具体的手法

　大学における損害保険教育の具体的手法として，保険論や損害保険論のテキストを使って講義を進めながらも，毎回20分程度，学生たちに具体的事例，特に「自分自身に関わりのある保険」の事例を活用した演習を取り入れることを提案したい。目的は，自分に関わりのある保険について，どんな場合に保険金が支払われて，どんな場合に支払われないかという，保険事故と免責事項を学習することにある。転嫁・移転できるリスクとできないリスクを認識すること，つまり保険事故について意識することにより，事故防止（リスクコントロール）の意識啓蒙となり得る。下記に，演習内容の具体例を挙げる。

(1)「どんな場合に保険料が値上がりするか」という質問への回答を通じた保険の原則確認演習：「収支相当の原則」や「公平の原則」の式を示し，「どんな場合に保険料が値上がりするか」について回答を求める。

(2)「こんな保険があればいいなと思うものを書きなさい」という質問への回答を通じた「損害保険の要件」確認演習：学生たちに紙を配布し，「こんな保険があればいいなと思うものを書きなさい」と指示する。数分後に，何人かを指名して回答させる。通常，「失恋保険」「単位落とし保険」などの回答が挙げられるので，なぜそれが保険として成立しないのか，損害保険の要件を用いて解説する。

(3)広告・パンフレットを用いた「損害保険用語」確認演習：保険会社の広告・パンフレットを用意させる。二人一組でペアとなり，一人が保険会社の営業職員役となって，「保険料」と「保険金」，「被保険者」と「契約者」，「保険事故」と「免責事項」などの損害保険用語を必ず用いて，商品の説明をすることを演じる。もう一人は内容について質問をする。

(4)保険金の支払いを受けた経験による学習：担当者に保険金支払いを受けた経験があれば，その体験談をしたり，手続き書類や支払い関係書類を見せたりして，保険金支払いプロセスを学ぶ。さらに受講生で保険金支払いを受けた体験をした者がいれば，話をさせる。

(5)身の回りのリスクについて，どんな保険に加入しているか確認させる演習：事前に「自分自身や家庭でどのような保険に入っているかを調べてくること」という課題を出しておき，配布した用紙に記入させる。何人かを指名して口頭で答えさせる。

(6)自動車保険の保険証券などを用いた自動車保険の学習：自分あるいは実家の自動車保険の証券をコピーして持参させる。「対人賠償責任保険」「対物賠償責任保険」「人身傷害補償保険」など，各保険について，その内容を確認していく演習。また2012年の10月1日から改定された等級や割引制度についても確認させる。

(7)(6)と同様の方法で，「人身傷害補償保険」で何がカバーされているかを確認する演習。

第14章　事故と損害保険

⑻高齢者ドライバーによる事故増加への対応を考える演習：日本損害保険協会『経済的損失額からみた交通事故削減への提言』（2012年）を事前に読んでくることを課題とする。少人数のグループに分かれて高齢者ドライバーによる事故の防止策について，自分と高齢者との関わりを意識しながらディスカッションさせる。何人かに口頭での意見を促す。

⑼学生教育研究災害保険（学研災）の内容確認演習：多くの大学で入学生に学研災への加入を促している。学研災の証券あるいは契約内容を記した紙をコピーして持参させる。配布した紙にどのような場合に保険金が支払われ，どのような場合には支払われないのかを書かせ，徹底的に分析させる。何人かを指名して保険事故と免責事項について口頭で回答させる。また，大学に関連する活動中の事故ついては学研災で補償されるが，大学に関係のないプライベートな活動中における事故については学研災では補償されないので，学研災に付帯するタイプの学生総合保険等に加入する必要があることを認識させる。

⑽⑼の学研災に関連してボランティア保険について考えさせる演習。

⑾自転車による加害事故を起こした場合の賠償責任保険の有無を確認する演習：まず「自転車に乗っていて歩行者に衝突してけがをさせた場合の賠償責任をカバーする保険に入っていますか」と質問するところから始める。通学途中など大学に関係する活動中の自転車事故による賠償責任であれば，学研災でカバーされること，大学に関係のないプライベートな活動中の自転車事故による賠償責任は学研災付帯の学生生活総合保険等でなければカバーされないことを認識させる。

　なお，2011年における自転車乗用中の交通事故件数は14万4018件であった。交通事故全体の件数が減少している中で，自転車事故の比率は5年連続で20％を超えており漸増傾向にある。自転車による加害事故も目立ってきており，数千万円の賠償金の支払いを命じられるケースもある。(11)自転車には，自動車の自賠責に当たる制度がないため，自転車事故の加害者の賠償責任履行や被害者救済が困難となることが隠れた社会問題となっている。

　本来，自転車は交通ルールを守り，スピードを出さずに安全に乗れば，多額

の損害賠償を請求される加害事故を起こすことはないはずである。したがって，自転車の加害事故の可能性，その保険カバーがない場合はそのことを十分に自覚しながら，自転車に乗ることを促すということも教育の一つとなる。

損害保険（リスクファイナンス）の限界や盲点を知って，事故防止（リスクコントロール）を徹底することが，リスクマネジメントの醍醐味の一つなのである。

　　＊本章執筆に当たり次の方々に助言を受けた。付記して感謝の意を表する。赤堀勝彦（神戸学院大学），大羽宏一（尚絅大学学長），亀井弘明（日新火災海上），中居芳紀（東京海上日動火災），松下泰（損害保険事業総合研究所）。

注
(1) 日本損害保険協会ホームページ（http://www.sonpo.or.jp/useful/word/　2012 年 7 月 3 日アクセス），同「保険約款および募集文書等の用語に関するガイドライン」2008 年 6 月（http://www.sonpo.or.jp/news/file/00341.pdf　2012 年 7 月 3 日アクセス）。
(2) 大谷・中出・平澤（2012, 20 頁）。
(3) 杉浦（2011, 第 7・8 章）。
(4) 日本損害保険協会『日本の損害保険――ファクトブック 2012』2012 年 9 月, 15-16 頁。
(5) 保険 web（http://www.hokenweb.co.jp/　2012 年 7 月 3 日アクセス）。
(6) 東京海上日動火災保険「PL 保険　生産物賠償責任保険について」（http://www.tokiomarine-nichido.co.jp/hojin/baiseki/seisanbutsu/index.html　2012 年 9 月 17 日アクセス）。
(7) 日本損害保険協会『経済的損失からみた交通事故削減への提言』2012 年 9 月。
(8) 杉浦（2011, 第 6 章）。
(9) 大谷・中出・平澤（2012, 246 頁）。
(10) 日本損害保険協会『日本の損害保険――ファクトブック 2012』2012 年 9 月。
　　日本損害保険協会が，高等学校の授業やホームルームの時間における副教材としての利用を念頭に発刊していた情報提供誌『高校教育資料』は第 242 号（2008 年 1 月）で廃刊された。協会のウェブサイトでバックナンバーの PDF 版が公開されている。
(11) 日本損害保険協会『日本の損害保険――ファクトブック 2012』2012 年 9 月, 77 頁。

参考文献
大谷孝一・中出哲・平澤敦『はじめて学ぶ損害保険』有斐閣ブックス, 2012 年。

木村栄一・野村修也・平澤敦『損害保険論　Elements of Non-Life Insurance』有斐閣，2006 年。
杉浦武彦『現代の損害保険』保険教育システム研究所，2011 年。
鈴木辰紀『保険の現代的課題』成文堂，2010 年。
玉村勝彦『損害保険の知識［第 3 版］』日経文庫，2011 年。
松島恵『損害保険入門』成文堂，2008 年。
真屋尚生『保険の知識［第 2 版］』日経文庫，2004 年。

（亀井克之）

第15章
英国の事故防止教育に学ぶ

1　なぜ事故防止教育なのか

　世界で発生するマグニチュード6以上の地震の約2割が日本で発生し（内閣府，2012），また，毎年のように複数個の台風が上陸するなど，わが国では，自然災害への対処が大きな社会的課題の一つとなっている。そのため，防災教育に対する市民の関心は高く，東日本大震災以降は，一層，顕著になっている。一方，ヨーロッパでは，ハリケーンが来襲することはほとんどなく，地震は，2009年のイタリア・ラクイラ地震に代表されるように，南ヨーロッパでは頻繁に発生しているが，北ヨーロッパでは，ほとんど発生していない。そのため，北ヨーロッパ，わけても英国では，防災教育（disaster education）の意味合いが異なっており，英国における防災教育には，日本では安全教育や事故防止教育の範疇に入るものとして取り扱われないような，交通事故防止や水難事故防止といった項目も数多く含まれている。

　しかし，わが国においても不慮の事故で命を落とす人は，1988年以降毎年，3万人以上に上っており，自然災害対策と同様に重要な問題である。そこで，本章では，同一視されることも多い，自然災害と事故の違いをまず明確化し，求められる事故防止教育の在り方について若干の検討を行う。その上で，事故防止教育の先進事例として，英国における事故防止教育について，安全教育センターを事例に取り上げて詳説し，わが国における事故防止教育改善のための提案を行うこととする。

2 事故と自然災害

　人々が事故防止や防災（自然災害の防止・軽減）を行うのは，事故や自然災害よってもたらされる結果が不幸であると認識されているためである。仮に事故や自然災害が幸福をもたらすものであれば，それらを積極的に防ぐ必要はない。事故や自然災害によってもたらされる不幸の捉えられ方とその対処方法は，様々に存在している。しかしながら，事故や自然災害によってもたらされる結果——換言すれば人間の負傷や死亡，財産の損失など——の表面にだけ注目すると，事故と自然災害を同一視してしまうことになる。もちろん，それらを一体で捉えることで得られるメリットもあろう。しかし，例えばグリーフケアを専門とする髙木慶子が「突然襲ってくる天災による喪失体験は，人から生きる希望を奪います。事件や事故といった人災による喪失体験は，悲しみとともに加害者への激しい怒りをもかき立てます」(髙木, 2011, 10頁) と指摘するように，これら二つは本質的には異なるものであり，それぞれの特徴を踏まえた捉え方をする必要がある。

　事故と自然災害が本質的には異なるものであるとの前提に立つと，事故防止と防災もまた異なったものとなる。表15-1は，矢守（2009, 276-279頁）が示している「自然災害による」不幸や不遇の捉え方とその対処の方法例を参考に，筆者がまとめたものである。

　例えば，わが国のように近代化した社会では，自然災害によってもたらされる不幸や不遇を超越的な存在の変調として捉える人は少ないかもしれない。しかし，矢守（2009）も指摘するように，自然災害をどのような不幸・不遇と捉えるのかは，それぞれの人や社会によってさまざまであり，表15-1に示されていないようなものも含め，いずれの不幸や不遇の捉え方も同列に扱われるべきものである。したがって，自然災害による不遇や不幸への対処方法もまた，種々の社会条件を制約条件として，それぞれの人や社会が意図的・無意図的に選び取っていくべきものである。ここでいう社会条件とは，当該社会において，何を幸福（不幸）と捉えているのか，主要な生業は何か，主な居住形態は何か，

第Ⅲ部　事故の防止

表15-1　自然災害による不幸や不遇の捉え方とその対処

不幸や不遇の捉え方	不幸や不遇への対処
科学的な知識や技術の変調	理工学的な取り組みと付随する知識・技術の普及啓発
身体の変調	医師による処置
超越的な存在の変調（天罰や祟り）	宗教家や霊能者による処置
社会の変調	人間・社会科学的な取り組み
こころの変調	カウンセラーやセラピストによる処置

（出所）矢守（2009, 276-279頁）を参考に筆者作成。

信仰されている宗教は何か，経済・技術・教育の水準はどの程度か，災害以外の不幸はどのように扱われているかなどといったことである。

東日本大震災以降，わが国においては，自然災害による不幸を科学的な知識や技術の変調と捉える傾向が強くなっている。しかし，そうした科学的な知識や技術の変調のみを不幸や不遇の唯一の原因であると捉え，それ以外の受け止め方の可能性を閉ざしてしまうことが生み出す不幸にも，注意を払わなければならない。不幸や不遇の捉え方には，その対処の方法も含めて，様々な選択肢が存在することを再確認することを通じて，直面している困難な状況から抜け出すための異なる選択肢を探るということも，復興を考える上では重要な作業である。

一方，「事故」といっても，その指し示す内容は広く，自然災害のように一つのカテゴリーに分類することは難しい。例えば，厚生労働省の統計（厚生労働省, 2010）において主な「不慮の事故」として挙げられている事故は，「窒息」「交通事故」「転倒・転落」「溺死」「火災」「中毒」である。このうち窒息事故や転倒・転落事故，溺死などは，現代と発生形態が異なっているとは考えられるが，人類の誕生とともに発生してきている事故である。もちろん，そもそもそれらを事故とは認識しない社会や時代が存在するとも考えられる。一方，交通事故などは，事故の原因となる技術等が開発され，それが広く社会の中で活用されるようになった結果として起こるようになった，文明の発達による新しいタイプの事故である。前者のような事故や火災の分類は難問であるが，少

なくとも後者のような事故を自然災害と同列に論じることは適切ではない。それは，後者のような事故は，それによってもたらされる不幸や不遇を表15-1に示したように捉えることが困難であるためである。すなわち，表15-1では，不幸や不遇を生み出す原因が自然現象であるということが前提とされているが，後者のような事故は，自然現象ではないことは明らかである。自然現象ではないため，事故の原因そのものを除去することが理論的には可能であり，例えば，交通事故であれば，乗り物という技術を使わなければ事故は発生しない。一方で，前者の事故や火災の分類が困難なのは，その原因が自然現象とも捉えられるし，そうでないとも捉えられるからである。例えば，エレベータのわずかな段差につまづき「転倒」した場合は，原因をその技術に求めることも可能であるが，路上の石につまづき「転倒」した場合は，当然，技術が原因ではない。

　自然災害と事故を同一視することによって，自然災害による不幸や不遇の捉え方を科学的な知識や技術の変調とのみ捉えがちになるという問題が生じる。また，事故をもたらす危険を作り出しているのは，当該社会の人間であるという点が見えにくくなるという問題も発生する。前者の問題はすでに述べたが，後者の問題は，事故は自然災害と異なり，不幸や不遇を生み出すものを社会から取り除くという根本的対策が原理的に可能であるということには目を向けず，事故防止を一面的に捉えがちになるということである。すなわち，現在の社会の在り方をあたかも固定されたものと考え，その条件下での問題解決のみに集中してしまう。脱クルマ社会や脱原発社会の実現は不可能であると考え，それらの技術に起因する事故の防止に取り組むことも重要ではあるが，一方で，そうした考え方に囚われると脱クルマ社会や脱原発社会を実現するようなイノベーションは生みだされないであろう。

　事故を防止する確実な方法は，事故の原因となる技術等を用いないことであることはすでに述べた。しかし，わが国のように近代化を遂げた社会にとって，代替技術がないままにある日を境にして電気や自動車を全く使わないという選択は，非現実的である。また，電気や自動車を用いることで，例えば，先端医療器具や救急車・消防車などが利用でき，こうした技術等によって，不幸や不遇が軽減されているという側面もある。したがって，現在の技術に替わる新た

な技術が生み出されるまでの間，既存の技術による事故を防止することも重要である。そこで，以下では，年間4万人以上の犠牲者を出している，わが国の社会における各種の事故を短期的な視点で防止，軽減することを目的に，事故防止教育について議論する。わが国以上に充実した事故防止教育を行っている英国での事例を参考に，わが国の事故防止教育改善のための方策について検討する。ただし，短期的に実現が困難な問題を永久に実現不可能と考え，その枠内での事故防止策を検討するだけでなく，そうした枠そのものを根本から変えるような中・長期的な事故防止策の検討も，本章では立ち入らないことにするが，重要であることは，再度付言しておきたい。

3　英国の事故防止教育

　わが国において防災教育といえば，自然災害を対象としたものであり，事故防止教育とは異なっている。例えば，学校における安全教育を例にとっても，その三大領域は，生活安全，交通安全，災害安全（防災）であり，防災教育と事故防止教育は区別されている。しかし，地震の発生や台風（ハリケーン）の襲来がまれであるヨーロッパ，わけても英国においては，防災教育といえば，事故防止教育である。英国の事故防止教育では，現代社会において，健康で安全に暮らすためのスキルを身につけることが大きな目標とされている。そのため，事故をもたらす原因の在り方を問うという側面よりも，事故による被害を防止，軽減する側面に重点が置かれている。そして，あらゆる事故による被害を防止，軽減することを目的とした教育を行うための安全教育センターが，英国各地に設置されている。

（1）英国の安全教育センター
　わが国の市民を対象とした防災教育センターや交通安全教育センターと英国の安全教育センターの大きな違いとして，防災や交通安全といったテーマ別に施設が分かれておらず，総合的な安全教育センターとなっているという点が挙げられる。こうした安全教育センターが英語ではセーフティ・センター（Safe-

第15章 英国の事故防止教育に学ぶ

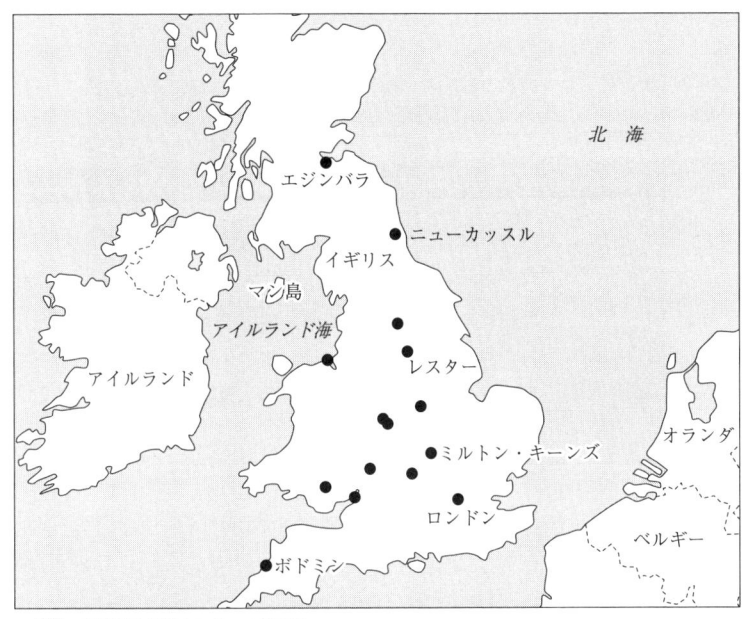

(注) ●は安全教育センターの所在地。
(出所) Safety Centre Alliance ホームページ（http://www.safetycentrealliance.org.uk 2012年12月20日アクセス）より。

図15-1　英国の安全教育センター所在地

ty Centre) あるいは，ライフスキルズ・センター（Lifeskills Centre）とよばれていることからもわかるように，生きるためのスキルの一つとして，あらゆる事故の防止を対象とした教育が行われている。ミルトンキーンズ（Milton Keynes）に最初のセンターであるハザード・アレイ（Hazard Alley）が1994年に開設され，その後，同様のセンターが英国内各地に開設された。2012年12月現在，図15-1に示すように英国内に15のセンターがあり，新たに2ヶ所で建設が進んでいる。これらの安全教育センターは，わが国のように地元自治体や消防，警察によって設立，運営されている場合もあれば，慈善団体によって設立運営されている場合もある。前者のセンターでは，設立自治体が設置する公立学校の生徒が利用する際は，入館料が無料となるが（実際には税金で運営されているので，間接的に支払っている），それ以外の利用者は，5ポンド／人

第Ⅲ部　事故の防止

(出所)　筆者撮影。

図15-2　スーパーマーケットより寄付された展示(ニューカッスル市のSafety Works!)

程度の入館料を支払うのが一般的である。後者のセンターでは、いずれの利用者も同程度の入館料を支払う必要がある。また、詳細については後述するが、センターではシナリオベースの学習環境が提供されており、各シナリオに対応する設備については企業等からの寄付も多い(図15-2)。

　安全教育センターにおける学習がシナリオベースとなっているのは、こうしたセンターが参考としているクルーシャル・クルー(Crucial Crew)の影響である。クルーシャル・クルーは、1990年に英国で発行された少年非行防止に関する報告書"Youth Crime Prevention, a handbook of good practice"において、ショーターズ・ヒルの防犯官であるJ. リンチ(Joe Lynch)の取組みとして紹介されたことが契機となり、全英に広がることとなった(Howell, 2000)。

　クルーシャル・クルーでは、最大で10の警察や消防、電力会社、赤十字といった組織が集まり、それぞれの組織が、子どもたちがなすことによって学ぶことができる活動を用意する。例えば、電話交換機が用意されて、子どもたちは、実際に緊急通報電話などを体験する。参加した組織が用意した学習活動の所要時間は各15分であり、子どもたちは、少人数のグループを作り、順に活

動をこなしていく。安全教育センターにおける学習方法は，まさにこのクルーシャル・クルーそのものである。クルーシャル・クルーは，イングランドの学校では，7歳から11歳（Key Stage2）の子どもを対象とした，PSHE（Personal, Social and Health Education）の一部として組み入れられることが多い。そのため安全教育センターが主な対象としているのも，同年代の子どもたちである。

英国には安全教育センター協議会があり，半年に一度の割合で協議会を開催するなど，積極的に情報交換を行っている。そのため，各安全教育センターの設置者，運営者は異なってはいるが，各センターでの教育内容には大差がない。筆者が訪問したニューカッスル（Safety Works!），レスター（Warning Zone），エジンバラ（The Risk Factory）の安全教育センター間では，施設の規模やシナリオの数を除いては，大きな違いを見いだすことはできなかった。加えて，清永（2012, 180-198頁）は，ボドミン（Flashpoint Life-Skill Centre）とドーセット（Street Wise Safety Centre）にある安全教育センターについて紹介しているが，それらのセンターとの大きな差異も，やはり見出すことはできない。

そこで本章では，比較的規模が大きく，また，筆者が数回訪問して詳細な調査を行った，エジンバラ市にある安全教育センターの「リスク・ファクトリー（The Risk Factory）」を代表事例として取り上げることにする。

(2) リスク・ファクトリー

エジンバラ市に位置する安全教育センターであるリスク・ファクトリーは，エジンバラ市と周辺の西ロジアン町，中央ロジアン町，東ロジアン町の4つの自治体の共同出資によって，2007年に設立された。なお，当地を管轄する消防本部であるロジアン・ボーダーズ消防本部の管轄には，上記の4自治体に加え，ボーダーズ町も含まれるが，ボーダーズ町は安全教育センターの設立，運営には関与していない。それは，センターがエジンバラ市に立地しているため，アクセスが悪く，容易に訪問することができないためである。そのため，ボーダーズ町では，出前講座のクルーシャル・クルーが提供されている。

リスク・ファクトリーの主な教育対象は，初等7年生（11歳）であり，上記の4つの自治体にある公立小学校の団体利用を想定している。そのためリス

ク・ファクトリーは，誰でも自由に訪問できる施設とはなっていないが，このような運用は，その他の安全教育センターでも見られる方法である。

上述したように，英国の安全教育センターは，多数の安全問題を対象としており，リスク・ファクトリーで提供される学習プログラム（シナリオ）も家庭内の事故防止，火災予防，公共交通機関の安全，水の安全，鉄道の安全，電気の安全，インターネットの安全など，下記のように合計で11に上る。

【リスク・ファクトリーで提供される学習シナリオ】
- 警　察
- 家　庭
- 水
- 電　気
- 工事現場
- 農　場
- 火　災
- 鉄　道
- 交通機関（バス）
- 交　通
- インターネット

センターを訪れる子どもたちは，これらの安全に関する諸問題に対して，実際に起こり得るようなリアルなシナリオに沿った体験学習を行う。

例えば，火災予防のシナリオでは，子どもたちは，まず，老婦人が1人で住んでいる部屋に案内される。子どもたちが部屋に入ると，ガイドがいったん部屋の外に出る。その間に，部屋の窓際に置いてあるロウソクの火がカーテンに燃え移り，火災が発生する（実際には炎を模した照明である）（図15-3）。子どもたちは，火災報知器について学習しており，火災報知器の音で，すぐに建物から避難する。その後，建物の前にある公衆電話を使って消防車をよぶことが期待されているが，電話は2台あり，建物に近い方の1台は何者かによって破壊され，故障している。この後，子どもたちが電話の故障に気づくか否かを条件に，シナリオは二つに分岐する。

子どもたちが，電話の故障に気づいた場合，別の公衆電話を使って消防車をよぶことができる。ただし，センターのスタッフが電話の対応を行っており，子どもたちは，実際に消防車の出動を要請するのとまったく同じ手順を取らな

第15章　英国の事故防止教育に学ぶ

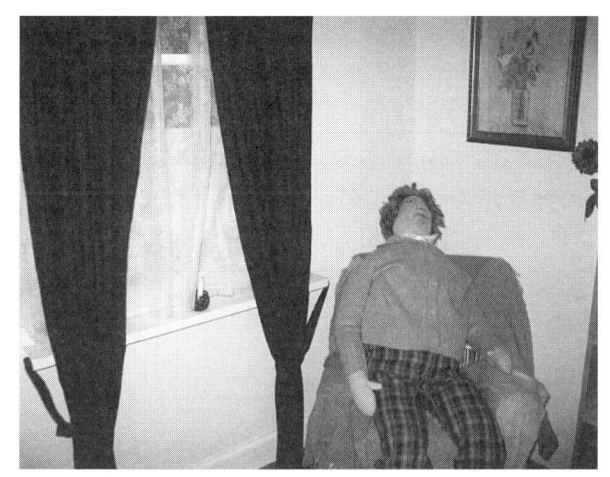

（出所）筆者撮影。

図15-3　ロウソクの火がカーテンに燃え移る

（出所）筆者撮影。

図15-4　スクリーンに投影された消防車到着の様子

ければならない。すなわち，通りの名前の看板を見つけ，部屋番号を確認して住所を伝え，状況を説明する必要がある。

　一方，子どもたちが電話の故障に気づくことができない場合，上述の電話対

応スタッフが隣家の住民役を演じ，建物の中から子どもたちに助けを求める声を上げる。子どもたちがその住民を助けるために，ドアノブに手をかけたところで，消防車と消防士役のスタッフが登場する（図15-4）。そして，子どもたちは消防士から，直前の行動をとがめられるのである。すなわち，火災が起こって建物から一度避難したら，何があっても戻ってはいけないということを消防士から教えられる。加えて，子どもたちは，公衆電話を破壊するような反社会的行為が，緊急時に支障となることもまた，このシナリオから学習するのである。

この他，鉄道のシナリオでは，線路内に入ったボールを取ろうとすると，スクリーンを仕掛けてあるトンネルから突如，大きな音とともに電車の映像が現れるようになっているなど，安全な環境下で危険について体験しながら学ぶことができるシナリオが提供されている。また，各シナリオが伝えたいメッセージはあらかじめ決められているが，それをどのように伝えるのかは各ガイドに任せられており，子どもたちとのインタラクションを重視した学習環境が提供されている。

また，英国の安全教育センターでの教育のもう一つの特徴として，「現状を踏まえた教育」を挙げることができる。例えば，インターネットに関するシナリオでは，単に原理原則を説明したり，利用を禁止したりするようなことはない。そうではなく，子どもたちがたとえ年齢制限があっても，それを無視して様々なサイトを利用しているという現状を認めた上で，そうした状況下で犯罪に巻き込まれないようにする方策について学習する場を提供している。例えば，ソーシャルネットワーキングサービスを利用する際は，顔写真をアップロードしないことや，自宅住所や電話番号などの個人情報を記載してはいけないこと等を教えている。

（3）ボランティアガイド

リスク・ファクトリーは，地元4自治体が雇用している2名，地元消防本部が雇用している1名，そして地元警察本部が雇用している1名の合計4名の専従職員よって運営されている。一方で，表15-2に示すようにリスク・ファクトリーを訪問する子どもたちの数は，年間約7000名である。センターを訪問

第15章　英国の事故防止教育に学ぶ

表15-2　リスク・ファクトリー訪問学校・生徒数

種　別	学校数	生徒数
地元公立学校	193	6,594
特別支援学校	9	87
私立学校	6	519
他地域公立学校	2	139
合　計	210	7,339

（出所）リスク・ファクトリー年次報告書を基に筆者作成。

する子どもたちは，5～10名程度のグループに分かれて，1人のガイドとともに11の学習シナリオをこなしている。この年間7000名にのぼる来館者のガイドのほとんどすべて（2010～2011年は97％）を引き受けているのは，専従職員ではなく，約70名のボランティアスタッフである。ボランティアスタッフは，安全教育センターの運営に欠かせない存在となっている。その点については，センターの年次報告書（The Risk Factory, 2011, pp.1-7）にも「リスク・ファクトリーでは，毎日のシナリオ学習の提供をボランティアに完全に頼っています。ボランティア抜きでは，リスク・ファクトリーが伝えようとする重要な安全メッセージを伝えるのは不可能でしょう」と明記されている。こうしたボランティアスタッフの関与は，リスク・ファクトリーに限ったことではなく，他の安全教育センターにおいてもボランティアスタッフによるガイドが行われている。

　リスク・ファクトリーをはじめとした英国の安全教育センターにおける安全教育を理解する上で重要な点は，ボランティアが関与することで，学びの機会が複層化しているという点である。センターと子どもという二者のみの関係として，英国の安全教育を捉えると，扱っているシナリオの多寡や，シナリオの中身に注目が集まることとなる。その結果，わが国の事故防止教育が英国から学ぶ点として，体験重視の安全教育を導入することなどが提案されるようになる。しかし，わが国の安全教育で問題となっているのは，知識や体験の欠如もさることながら，安全や事故防止の意味が専門家と市民の間で異なっているという点である。こうした意味のずれを修正する方法として，専門家が市民に知

識や技術を伝えるという形態の安全教育がこれまでに行われてきた。しかし，それらが専門家と市民の間の理解のずれを補正する役割を果たしたかと問われれば，その効果は限定的であったといわざるを得ない。専門家による市民向けの体験の場の提供ももちろん重要であるが，それに加えて，真に専門家と市民が協働できる場が，専門家と市民の間の認識のずれを修正する安全教育として提供される必要がある。

　しかし，専門家と市民の間にボランティアを位置づけることで，センターの安全教育の捉え方は変化する。すなわち，安全教育センターでは，子どもたちの体験的な知識・技能の獲得に加え，ボランティアらが，専門家であるスタッフらとの協働によって，事故防止や安全問題について学習している——意味を協働構築している——のである。その点をリスク・ファクトリーにおけるボランティア活動を例に詳細に紹介する。

　リスク・ファクトリーでのボランティアは，希望すれば，誰でも参加することができるようになっており，ボランティアフェアや市のボランティア情報センター，リスク・ファクトリーホームページなどで参加者を募っている。リスク・ファクトリーには，現在70名のボランティアが在籍しているが，最低月2回のボランティア活動をするという点以外，関与の仕方は，各個人に任されている。すなわち，各ボランティアは，それぞれが理想とする関与を行うことができる。

　ボランティア活動に参加することを決めた場合は，主に「シャドーイング」という方法で，ガイドのためのトレーニングを受ける。シャドーイングとは，すでにボランティアガイドとして一人立ちをした他のボランティアがガイドを行う際に随伴し，どのようにガイドを行っているのかを見学することである。リスク・ファクトリーでは，最低限，このシャドーイングを2回行う必要があるが，2回で不十分と感じれば，自信がもてるまで，何度でもシャドーイングを行うことができるようになっている。

　シャドーイングの他は，ガイドのための研修があり，各シナリオで子どもたちに伝えるべき内容を学ぶ。ガイドのための研修は，あくまでも大枠を示すものであり，具体的にシナリオの中身をどのように子どもたちに説明するのかは，

各ボランティアに任されている。そのため,ボランティアの多くは,子どもたちにわかりやすく説明を行うためのヒントを得るために,日々の安全関連のニュースに関心をもつようになるという。例えば,あるボランティアは「私は新聞で,ある少女がニューカッスル北部の踏切で腕を失ったというニュースを見ました。私は今朝,その話を学習シナリオに書き入れ,子どもたちに話をしました」と述べており,子どもたちにとっても身近なニュースをシナリオ解説の際に織り交ぜていることがわかる。

　身近なニュースや話題は,子どもたちから提供されることもあり,それは,体験型シナリオをよりリアルなものにする。あるボランティアは「クラスメートか誰かの発言で,シナリオはリアルなものになります。なぜなら子どもたちの誰かが,事故に巻き込まれたことがあれば,その経験は,事故を子どもたちにとってリアルなものにします」と述べている。シナリオに対する子どもたちの反応は,このように子どもたちの間でも影響をもつばかりではなく,ボランティアにとっても学びの機会となっている。あるボランティアは「時々,あるグループや子どもの誰かが,何か役立つことをいったということに気がつくでしょう。そして,別のグループのガイドの際にその話をすることができます」と述べている。これは,シャドーイングにも当てはまり,ガイドができるようになった後も,シャドーイングを行うことで,他のボランティアのガイド方法から学ぶことが多いという。あるボランティアは「私は,他のボランティアスタッフからのサポートに価値を置き,また,他のボランティアスタッフのシナリオ提示の方法から学んでいます」と記しており (The Risk Factory, 2011, pp. 1-7),ボランティア間で学びあっている様子がうかがえる。

　そして,専従職員とボランティアの間に垣根がないことも大きな特徴である。これはセンターによって多少の雰囲気の違いがあるかもしれないが,筆者がリスク・ファクトリーを訪れた時,専従職員とボランティアを見分けることはできなかった。あるボランティアは「私はボランティアスタッフの意見が受け入れられ,また,私たちの考えがリスク・ファクトリーのスタッフに理解されるという事実に感謝しています」と記しており (The Risk Factory, 2011, pp. 1-7),専従職員もまた,ボランティアから学んでいることがわかる。

以上，ボランティアの活動を概観することでボランティアがセンターの運営に深く関与し，ボランティア自身はもちろんのこと，子どもたちやセンター職員にとっても新たな学習の機会が生じていることが明らかとなった。こうした複層的な学習の機会は，ボランティアが適切に位置づけられている，すなわち，センターの中心的な活動に関与することが認められているからこそ実現できているのであり，わが国の事故防止教育，わけてもミュージアム型の安全教育施設での教育の在り方を考える上で，重要な示唆を与えるものであるといえよう。

　ボランティアの関与によって，複層的な学びが生じているということは，意外にも英国の安全教育センターにおいては，ほとんど意識されておらず，調査の際にもこちらが質問するまでは，その点について，センター側から説明がなされることはなかった。これは，様々な活動へのボランティアの関与が一般的であるという英国の文化を反映した結果であると考えられる。わが国においては，ボランティア活動そのものが一般的ではないので，今後はこうしたボランティアが活躍できる場の提供もまた，事故防止教育，安全教育の一環として実現される必要がある。防災分野では，すでに実現が目指されており，例えば，京都大学阿武山地震観測所におけるサポートスタッフの取組みや，大阪府津波・高潮ステーションでの学生ボランティアの取組みなどは，活動機会の提供そのものを防災教育と捉えた取組みであり，こうした先行事例から事故防止教育が学ぶべき点は大いにあると考えられる。

4　事故防止教育の充実に向けて

　事故と自然災害を比較することで，それぞれの特徴を明確化することができる。技術に起因する事故と自然災害を明確に区別するものは，原因を自然現象に求めることができるか否かであった。換言すれば，理論的に原因そのものを除去することができるものは事故，できないものは自然災害とよばれている。

　こうした事故と自然災害の本質的な違いから，それらを防ぐ活動，すなわち，事故防止と防災が取り得る選択肢も異なっており，事故防止は，原因となる技術を使わないという選択ができるという点が，自然災害と大きく異なる点であ

る。しかし，近代化した社会において，例えば脱クルマや脱原発を短期間に実現することは容易ではないため，現在のわが国における事故防止教育は，これらの技術を利用することに伴って生じる被害を防止，軽減する方法を学ぶことが中心となっている。もちろん，そうしたことを学ぶことは重要である。しかし，事故を生み出す原因そのものを問うような事故防止教育も，イノベーションを生み出し，事故を根本から解決するためには，重要であることは重ねて指摘しておかねばなるまい。

　学習は，異質な他者との出会い，より正確には，協働実践を通じて，生起するといえる。事故防止のイノベーションも，おそらく異質な他者との協働実践を通じて生み出されるのではなかろうか。専門家から市民への一方通行の知識・技術の伝達も，事故防止，安全教育として重要である。しかし，それに加えて，専門家と市民の協働実践の場を作り出すこともまた，事故を根本的に解決するためには重要である。英国の安全教育センターにおける市民ボランティアの関与の実例から，私たちが学ぶべき点は大いにあると考えられる。

　わが国においても，安全や事故防止に関わる活動に市民が気軽に関与できる機会を作り出していくことが，迂遠なように見えるが，事故の防止につながる教育の実現そのものであるといえよう。

参考文献

清永賢二監修『犯罪からの子どもの安全を科学する』ミネルヴァ書房，2012年。
厚生労働省「平成21年度『不慮の事故死亡統計』の概況」2010年（http://www.mhlw.go.jp/toukei/saikin/hw/jinkou/tokusyu/furyo10/index.html　2012年9月30日アクセス）。
髙木慶子『悲しんでいい　大災害とグリーフケア』NHK出版新書，2011年。
内閣府『平成24年版防災白書』2012年（http://www.bousai.go.jp/hakusho/h24/index.htm　2012年9月30日アクセス）。
矢守克也『防災人間科学』東京大学出版会，2009年。
Howell, Rodney, *Crucial Crew Cuts Danger*, 2000. （http://www.gurney.co.uk/rotary/crewcut.htm　2012年9月30日アクセス）。
The Risk Factory, *Annual Report 2010/11*, 2011.

　　　　　　　　　　　　　　　　　　　　　　　　　　　　（城下英行）

あ と が き

　厚生労働省の「平成 22 年（2010）人口動態統計（確定数）の概況」によれば，わが国では 2010 年の 1 年間に約 119 万 7012 人が死亡しているが，そのうちの約 4 万人が，「不慮の事故」によるものである。
　事故によって家族や愛する人が失われると，遺された者は深い悲しみに襲われる。家庭内で起こった事故であれば，「もっと注意して目配りをしておけばよかった」などの後悔の念にもかられ，鉄道事故や航空事故のような社会災害に遭遇した場合には，「なぜ突然，命を奪われてしまったのか」「原因は何なのか」など，時には怒りを伴う感情が発露する。また，「どうしてあの電車（飛行機）に乗せてしまったのだろう」と自責の念にかられることもある。遺族のこうした不幸な体験を繰り返さないためには，事故そのものを減少させるとともに，事故が発生した場合でも可能な限りその被害の程度を軽減させる，事故防止・減災の取組みが必要である。事故防止・減災の備え・対策は，安全・安心な社会を創造していく上で，必要不可欠な取組みなのである。
　事故防止・安全論の泰斗である英国の J・リーズンは，事故を個人事故と組織事故の二つに大別する。個人事故とは，その影響が個人レベルで収まるもので，一方，組織事故とは，その影響が組織全体に及ぶものをいう。それは，非常にまれにしか起こらないが，その発生を予測ないし予知することは困難である。しかも，いったん発生するとしばしば大惨事となるのが組織事故である。個人事故であれ，組織事故であれ，その再発を防止し，事故による被害の程度を低減するには，事故の原因を調査し，得られた知見を社会が活用していくことが必要である。そのためには，技術問題を扱う工学だけでなく，広く人文科学や社会科学をも包含した事故学ないし安全学の構築が必要である。これに挑戦しているのが関西大学社会安全学部・大学院社会安全研究科である。
　本書は，「はしがき」でも触れているように，社会安全学部の専任教員及び

客員教員による共同研究の成果を取りまとめたものである。同時に，執筆者の多くが，関西大学先端科学技術推進機構に設置された「組織事故低減のための安全システムデザイン研究グループ（2010〜2012年度）」（主査：小澤守・社会安全学部長）のメンバーでもあり，本書の出版に当たって同機構からの研究費助成を受けている。

　本書刊行のための原稿締め切りは2012年9月末としていたが，執筆担当者による原稿提出の大幅な遅れはなく，ほぼすべての原稿が10月初めには私の手元にそろった。本書の意義を理解し，夏休みを返上して原稿執筆に傾注してくれた同僚諸氏に感謝したい。

　最後になったが，ミネルヴァ書房編集部の梶谷修氏には，『検証　東日本震災』（2012年2月刊）に引き続き大変お世話になった。この場を借りて御礼申し上げたい。

　　2012年12月　大雪の日に

　　　　　　　　　　　　　　　　　　　　　　　　　編集担当　安部誠治

索　引

あ　行

アーチアクション　50, 59
アーラン分布　76
ICE の事故　262
諦め　188, 189
朝霧歩道橋事故　44, 45, 57
後知恵バイアス　30
安全　4
安全勧告　214
安全教育センター　290
安全教育センター協議会　293
安全神話　246, 262, 263
安全配慮義務　87
アンダーライター　270
アンダーライティング　280
イタイイタイ病　166
移転　156
医療過誤　90
医療事故　83
因果責任　27
因果論的説明　28
インシデント　205
ウイルス　141
牛の個体識別のための情報の管理及び伝達に関する特別措置法　170
運輸安全委員会　204, 217
英国機械技術者協会（IMechE）　101
衛生植物検疫措置の適用に関する協定（SPS協定）　178
エージェントシミュレーション　54, 57, 59
ATC（自動列車制御装置）　262
SIR モデル　71
SIS モデル　74
SEIR モデル　73
SQL インジェクション攻撃　140
NKSJ グループ　272, 279
MS & AD グループ　272, 279
エリート・パニック　182, 191, 193
エンテロトキシンA型　168
黄色ブドウ球菌　168
往復動蒸気機関　101
黄変米　164
汚染マグロ　165
オッズ（比）　64, 66

か　行

加圧水型原子炉　99
害（damage）　16, 18
海外旅行傷害保険　271
回帰分析　62
海上保険　269
海難審判庁　205
カイ2乗検定　64
カイ2乗値　65
回避　156
回復　70
改良大森公式　76
改良型ガス冷却炉　99, 109
改良型沸騰水型原子炉（ABWR）　110
学習シナリオ　294
学生教育研究災害復興保険　283
格納容器　110
確率過程　63, 74
確率分布　74
火災保険　270
過失相殺　280
過重労働　91
家庭用ガス湯沸器　107
カネミ油症事件　167

305

カプラン・マイヤー法　67
我慢　187, 189
可用性　156
過労死　81
環境衛生監視員　160
感受性　70
官設消防　230-232
感染性　70
完全性　156
神田大火　228
鑑定嘱託　220
関東大震災　21, 228, 230, 255
カンピロバクター　163
キーロガー　140
危機管理　179
企業倫理　170
危険社会　35
危険認知　185, 186
基本再生産数　72
機密性　156
帰無仮説　64
牛海綿状脳症（BSE）　161, 169
牛肉偽装　170
牛乳搾取入心得　161
給付反対給付均等の原則　267
行政指導　238, 239
行政命令　238-240
行政命令回避主義　238, 241
協働構築　298
協働実践　301
局所的合理性　125, 131, 137
許容　156
寄与率　66
偶然，偶発，不慮　14
グーテンベルク・リヒターの式　76
偶発性　20, 267
クライシス（危機）・コミュニケーション
　182, 194
クルーシャル・クルー（Crucial Crew）　292
クロス集計表　63

群集なだれ　43, 44
群集密度　43, 46, 49, 50
警察部衛生課　162
軽水炉　109
計数過程　74
警防団　231, 232
契約者　282
結果対象研究　64
健康　4
健康保護庁　161
原子燃料公社　109
原子力委員会　109
原子力委員会設置法　99
原子力基本法　99
原発事故　279
高圧機関　101
公害健康被害補償法　167
公害に係る健康被害の救済に関する特別措置法
　167
公共交通事故被害者支援室　221
航空事故調査委員会　205
航空・鉄道事故調査委員会　217
航空保険　274
公衆衛生監視員　160, 162
公衆衛生検査分析員　160
交通事故被害者　280
交通弱者補償特約　280
合理的・規範的の判断　187
ゴー・チーム（Go-Team）　214
コーデックス（Codex）委員会　176, 177
国際海事機関（IMO）　218
国際民間航空条約第13付属書　205
国民保健医療サービス　160
個人事故　202
個人情報保護法　147
国家運輸安全委員会（NTSB）　206
国家運輸安全連合（ITSA）　207
コックス回帰分析　68
コメット機　20
固有周期　260

索　引

コントロール感　188, 189
コンプライアンス　170

さ　行

災　16
災害（disaster）　3, 17
　　──の定義　18
災害弱者　46
災害対策基本法　249
再保険　272
最尤法　65
堺市学童集団下痢症事件　168
3条機関　219
CSR　280
シートパイル締切工法　252
事故（accident）　3, 13, 14
　　──の意味　13
　　──の再発防止　213
　　──の責任　27
　　悪意による──　278
事故捜査　25
　　──の目的　30
　　──の問題点　30
事後対策　248
事故調査　25, 201
　　──の目的　32
　　──の問題点　32
事故調査官　218
事故防止　284
事故防止教育　286
事故米　172
地震保険制度　20
施設損害賠償責任保険の鉄道（軌道）業者特約条項　274, 275
事前対策　248
自損事故保険　276, 277
自治体警察　232
市町村消防　232
実効再生産数　73
自転車事故　283

自動車事故　275
自動車事故総合分析センター　204
自動車損害賠償責任法　271
自動車損害賠償責任保険（自賠責保険，自賠責）　271, 272, 276, 277
自動車損害賠償責任保険制度　19
自動車損害賠償責任保険普通保険約款　278
自動車損害賠償保障法（自賠法）　276
自動車保険　272, 275
　　──の構成　276
シビアアクシデント　100
JAS法　171
シャドーイング　298
車両保険　276-278
収支相当　282
　　──の原則　267
主席医務監　161
出生死滅過程　77
少額短期保険業　272
将棋倒し　43
少子高齢化社会　279
定火消　226, 227
消費者安全調査委員会　204
消費者庁　159
常備消防　233
消防組　230
消防研究センター　204
消防水利　231
消防組織法　232
消防団　232, 233
消防庁　240-243
消防同意　234
消防法　232, 237, 238, 240
消防本部　232, 233, 237, 239-243
食肉偽装　170
食品安全委員会　159
食品衛生監視員　162
食品衛生監視員設置要綱　162
食品衛生法　171
食品表示　171

307

食物及び薬剤粗悪化防止法　160
震災の帯　259
人獣共通感染症　169
新種保険　269
人身傷害補償保険　276-278, 280, 282
心理的過剰反応　188, 190
推移確率　74
水管ボイラ　107
スイスチーズモデル　31
数値解析コード　114
数理モデル　62
スパイウェア　140
制御可能性　187, 188
生産物賠償責任保険（PL）　271, 274, 275
斉時性　74
脆弱性　145
正常性バイアス　190
生食用食肉　173
　　──の衛生基準　174
製造物責任（PL, Product Liability）　274, 275
生存関数　67
セイフティ　186
SAFE　115
セキュリティ　186
セルオートマトン　53, 57, 59
漸近安定　70
全米ボイラ圧力容器検査官協会　102
相互依存的人間関係　193
総合衛生管理製造過程　168
総合研究開発機構　103
相互独立的人間関係　193
想定外事故　182, 183
想定内事故　182, 183
操法　231
組織事故　31, 202
ソルベンシー・マージン比率　271
損害保険（リスク・ファイナンス）　265, 266, 284
　　──の限界　281

──の効用　281
──の自由化　271
──の要件　282
──のルーツ　269
「新種」の──　270
日本の──　270
損害保険教育　280
損害保険料率算出団体　271
損保・生保　271

た 行

ターン・キー方式　108
大規模地震対策特別措置法　249
第五福竜丸　165
第三者機関　205
第三者検査　102
第三分野への参入規制の撤廃　271
対人賠償責任保険　276, 277, 280
大数の法則　266, 279
第二水俣病　166
耐燃化　225
対物賠償責任保険　276, 277
脱線防止ガード　247, 252
治安　33, 34
中国産中国冷凍餃子事件　163
腸管出血性大腸菌（EHEC）　173
腸管出血性大腸菌 O111　174
腸管出血性大腸菌 O157　162, 174
長時間労働　82
直後対策　248
津波　256
DSS　105
TMI-2 事故　103
低減　156
帝国海事協会　103
定常ポアソン過程　75
低速ディーゼル機関　107
出来事生成責任　27
出来事生成責任説　29
適正製造規範　177

索　引

適正農業規範　177
鉄道事故　274
デマ　194
電気事業法　105
ドイツ技術者協会　102
東海原発1号　99
東海地震　249
東京警視庁　230
東京消防庁　242
東京大空襲　228
統計的仮説検定　64
統合型事故調査機関　208
搭乗者傷害保険　276-278
動力炉核燃料開発事業団　109
特設消防署　230
特定危険部位　169
土砂崩壊　254
土石流　255
トレーサビリティ　170
　牛と牛肉の――　170
トレーサビリティシステム　178

な　行

内務省　103, 230
内務省衛生局　162
南海トラフ巨大地震　249, 256
軟弱地盤　255
新潟県中越地震　251
二次被害　194
二相流　114
日米保険協議　271
日本海事協会　103
日本機械学会　104
日本原子力研究所　109
日本航空機墜落事故　274
日本ボイラ協会　103
ニューコメン　101
任意（の）自動車保険　276
熱伝達　114
ノロウイルス　163

は　行

バージン・エラー　191
パーテイ・システム（Party System）　214
廃炉　100
破壊消防　228
ハザード関数　67
HACCP（方式）　168, 177
8条機関　219
発電設備技術検査協会　103
パニック　47, 188, 190, 193
パニック神話　191
阪神・淡路大震災　250, 259
被害規模　187
被害救済　19
被害者救済システム　279
被害者救済制度　276
被害者保護　279
東日本大震災　250
ひき逃げ事故　278
非現実的楽観主義　190
被災シナリオ　248
非常備町村　233
ひ素中毒　165
非定常ポアソン過程　76
非難可能性　39
被保険者　267, 278, 282
　――に該当しない運行供用者による事故　278
被保険利益　267, 268
ヒヤリ・ハット　85
ヒューマンエラー　31, 79, 203
ヒューマンファクター　127-129
ヒューマンファクターズ　127
費用便益反応　189
比例ハザードモデル　68
疲労折損事故　104
ファイナンシャル・プランニング　281
ファイル交換ソフト　141, 145
フィッシング詐欺　140

フードチェーン　170, 176
フードチェーン・アプローチ　175
風評被害　194
不確実性　184
福島第一原子力発電所　99, 110
福島第二原子力発電所　110
複層的な学習（学び）　300
不正アクセス　144
沸騰水型原子炉　99
部分尤度関数　68
部分尤度法　68
フランクリン協会　101
プリオン　169
不慮の事故　201, 288
「不慮の事故（死）」分類　6
不慮の溺死及び溺水　6
フロイト, S.　120
ブローカー制度　279
プロフェッショナル　102
文化の大火　226
平衡点　63, 69
米国機械技術者協会（ASME）　102
米国原子力規制委員会（NRC）　114
米穀等の取引等に係る情報の記録及び産地情報の伝達に関する法律（米トレーサビリティ法）　173
ベースロード　105
ベテラン・エラー　191
変異型 CJD　169
ポアソン分布　75
ボイラ　101
ボイラコード委員会　102
ボイラ破裂　101
防火対象物　234, 238, 239, 241-243
冒険貸借　269
防災教育　286
放射性物質　100
ボーイング　274
保険価額　268
保険業法　271

保険金　267, 282
保険金不払い問題　279
保険契約者　267
保険事故　7, 268, 282
保険証券　268, 282
保険制度　19
保険仲立人（ブローカー）制度　271
保険の目的　268
保険法　271
保険料　267, 282
ポジティブリスト　171
ボツリヌス菌（A形）　167
ボトルネック　50
保有者　278
ボランティアガイド　296
ボランティアスタッフ　297
ボランティア保険　283
ポリ塩化ビフェニル（PCB）　167

　　　　　　　ま 行

町火消　227
マルコフ過程　74
ミートホープ牛肉偽装事件　170
水俣病　166
ミニマム・アクセス　173
見本過程　74
無限責任主義　270
無資格運転　278
無保険車傷害保険　276, 277
明暦の大火　226
明和の大火　226
メタミドホス　172
免責　268
免責事項　282
メンタルヘルス対策　91
目的の観念　29
元受正味保険料　272

　　　　　　　や 行

弥彦神社事故　44

有意水準　64
尤度関数　65
尤度比検定　66
雪印加工牛乳集団食中毒事件　168
ユッケ　174
ユレダス　247, 251, 252
要因対象研究　64
予防消火　235
予防消防　225, 232, 233, 240, 241, 243

ら行

リアプノフ関数　70
利益認知　185, 186
離散要素法（DEM）　57
リスク　62, 183, 266
　　——の洗い出し　266
　　——の移転　266
　　——の回避　266
　　——の確率　266
　　——の強度　266
　　——の軽減　266
　　——の除去　266
　　——の転嫁　266
　　——の特定　266
　　——の発見　266
　　——の評価・分析　266
　　——の保有　266
　　——の予測　266
リスクアセスメント　176, 265, 266
リスクアナリシス　176
リスクコミュニケーション　176, 178
リスクコントロール　265, 266, 280, 281
リスク処理手段の選択　266
リスク対応　266
リスクトリートメント　265, 266

リスク比　64
リスクファイナンス　265, 266, 279, 281
リスク・ファクトリー　293
リスクマネジメント　176, 265, 280, 281
　　——の醍醐味　284
リスボン大震災　21
利得禁止令　269
粒子モデル　57
流体モデル　56
流体力学　56
lose　18
レーン形成　49, 52
レギュラトリーサイエンス　177
レジリエンス　186
ロイズ　269
ロイド，E.　269
ロイド船級協会　103
労働安全衛生法　91
労働衛生の3管理　79
労働基準法　82
労働契約法　87
労働災害　79
炉形式　110
ROSA（冷却材喪失試験）　115
ロジスティック回帰分析　65
炉心溶融　100
ロッキング運動　251, 252
ロンドン大火　21, 270

わ行

若者の車離れ　279
わざわい　17
ワット（Watt）機関　101
ワルド検定　66

執筆者紹介

小澤　守（社会安全学部長・教授　巻頭言・第6章担当）
　1950年生まれ，大阪大学大学院工学研究科博士課程修了，工学博士，安全設計論。

安部　誠治（社会安全学部教授　はしがき・第11章・あとがき担当）
　1952年生まれ，大阪市立大学大学院経営学研究科中退，公益事業論。

辛島　恵美子（社会安全学部教授　第1章担当）
　1949年生まれ，東京大学大学院工学研究科博士課程単位取得後退学，安全の思想。

西村　弘（社会安全学部教授　第2章第1～5節担当）
　1953年生まれ，大阪市立大学大学院経営学研究科単位取得後退学，博士（商学），交通システム論。

佐藤　健宗（社会安全学部客員教授・弁護士　第2章第6節担当）
　1958年生まれ，京都大学法学部卒業，事故調査学。

川口　寿裕（社会安全学部准教授　第3章担当）
　1966年生まれ，大阪大学大学院工学研究科博士前期課程修了，博士（工学），流体力学・群集安全学。

山川　栄樹（社会安全学部教授　第4章担当）
　1962年生まれ，京都大学工学部卒業，数理計画法。

金子　信也（社会安全学部助教　第5章担当）
　1968年生まれ，福島県立医科大学大学院医学研究科博士課程修了，博士（医学），精神衛生・労働安全衛生。

中村　隆宏（社会安全学部教授　第7章担当）
　1967年生まれ，大阪大学大学院人間科学研究科博士後期課程単位取得後退学，博士（人間科学），産業心理学・交通心理学。

河野　和宏（社会安全学部助教　第8章担当）
　1981年生まれ，大阪大学大学院工学研究科博士後期課程修了，博士（工学），情報セキュリティ。

高鳥毛　敏雄（社会安全学部教授　第9章担当）
　1955年生まれ，大阪大学医学部卒業，博士（医学），公衆衛生学。

土田 昭司（社会安全学部教授　第10章担当）
　1957年生まれ，東京大学大学院社会学研究科単位取得後退学，リスク心理学。

永田 尚三（社会安全学部准教授　第12章担当）
　1968年生まれ，慶應義塾大学大学院法学研究科修士課程修了，消防防災行政論。

河田 惠昭（社会安全学部教授・社会安全研究センター長　第13章担当）
　1946年生まれ，京都大学大学院工学研究科博士課程単位取得後退学，工学博士，総合防災・減災学。

林 能成（社会安全学部准教授　第13章担当）
　1968年生まれ，東京大学大学院理学系研究科修了，博士（理学），地震災害論。

亀井 克之（社会安全学部教授　第14章担当）
　1962年生まれ，関西大学大学院商学研究科単位取得後退学，フランス国DEA（経営学），博士（商学），リスクマネジメント論。

城下 英行（社会安全学部助教　第15章担当）
　1981年生まれ，京都大学大学院情報学研究科博士後期課程修了，博士（情報学），安全・防災教育。

事故防止のための社会安全学
――防災と被害軽減に繋げる分析と提言――

2013年3月25日　初版第1刷発行　　　　　　　　〈検印省略〉

定価はカバーに
表示しています

編　者	関 西 大 学 社会安全学部
発行者	杉 田 啓 三
印刷者	林　 初 彦

発行所　株式会社　ミネルヴァ書房

607-8494　京都市山科区日ノ岡堤谷町1
電話代表　(075)581-5191
振替口座　01020-0-8076

Ⓒ 関西大学社会安全学部, 2013　　　　太洋社・兼文堂

ISBN978-4-623-06568-4
Printed in Japan

検証　東日本大震災
――――――――関西大学社会安全学部　編　Ａ５判　328頁　本体3800円

各専門分野の研究者が被災地を踏査。山積する課題解決のための検証と大災害からの復興への視座を提示する。

災害福祉とは何か
――――西尾祐吾／大塚保信／古川隆司　編著　Ａ５判　272頁　本体4500円

●生活支援体制の構築に向けて　被災者中心の災害支援をソーシャルワークの立場から提言する。

危機管理学総論〔改訂版〕
――――――――――――大泉光一　著　Ａ５判　316頁　本体4000円

●理論から実践的対応へ　多種多様な「危機」に対処する方途を最新の理論と事例から紹介する，待望の改訂版。

危機のマネジメント
――――Ｅ.サラス／Ｃ.Ａ.ボワーズ／Ｅ.エデンズ　編著　田尾雅夫　監訳
深見真希／草野千秋　訳　Ａ５判　340頁　本体6000円

●事故と安全：チームワークによる克服　様々な環境・職業に応用可能な具体的手法を事例とともに紹介する。

犯罪からの子どもの安全を科学する
――清永賢二　監修　清水奈穂／田中　賢／篠原惇理　著　Ｂ５判　224頁　本体2000円

●「安全基礎体力」づくりを目指して　子ども自身の，犯罪へ向き合い克服する力をいかに育てるかを考察。

――――――――ミネルヴァ書房――――――――
http://www.minervashobo.co.jp/